Christof Weber

Mathematische Vorstellungsübungen im Unterricht

Ein Handbuch für das Gymnasium

Klett | Kallmeyer

Bibliografische Information der Deutschen Nationalbibliothek
Die Deutsche Nationalbibliothek verzeichnet diese Publikation in der Deutschen Nationalbibliografie; detaillierte bibliografische Daten sind im Internet über http://dnb.d-nb.de abrufbar.

Impressum

Christof Weber
Mathematische Vorstellungsübungen im Unterricht – Ein Handbuch für das Gymnasium

1. Auflage 2010

Redaktion: Dorothee Landwehr, Köln
Realisation: Gudrun Leszinski
Druck: Kessler Druck + Medien GmbH & Co. KG, Bobingen
Printed in Germany

ISBN: 978-3-7800-1047-6

Christof Weber

Mathematische Vorstellungsübungen im Unterricht

Ein Handbuch für das Gymnasium

Klett | Kallmeyer

Einleitung 7

Teil 1: Das Unterrichtsinstrument – Hintergründe und Handlungsanleitungen 13

1 Charakterisierung von Vorstellungsübungen 14
1.1 Was Vorstellungsübungen sind und was nicht 14
1.2 Was Vorstellungsübungen bewirken wollen 16
1.3 Was Vorstellungsübungen erreichen können 20

2 Durchführung von Vorstellungsübungen 27
2.1 Organisation von Vorstellungsübungen 27
2.2 Vorstellungsübungen im Unterricht – eine Minimal- und eine Luxusvariante 28
2.3 Gelingensbedingungen 40
2.4 Schwierigkeiten und wie mit ihnen umgegangen werden kann 42

3 Entwickeln eigener Vorstellungsübungen 48
3.1 Kriterium des mathematischen Inhalts 49
3.2 Kriterium der Sprache 51
3.3 Kriterium der Reihenfolge von Textelementen 54

Teil 2: Die mathematischen Vorstellungsübungen – Beispielsammlung 59

4 Zum Einsatz der Beispiele 60
4.1 Typen von Vorstellungsübungen 60
4.2 Kommentare zu den Vorstellungsübungen 62

5 Vorstellungsübungen vom Typ „Aufbau“ 67

6 Vorstellungsübungen vom Typ „Problemlösen“ 129

7 Vorstellungsübungen vom Typ „Begründung“ 169

8 Vorstellungsübungen vom Typ „Paradoxon“ 213

Anhänge 239

Anhang 1 Verzeichnis der Vorstellungsübungen 239

Anhang 2 Quellenverzeichnis 247

Anhang 3 Stichwortverzeichnis 251

Anhang 4 Dank 255

Liebe Lehrerin, lieber Lehrer

Stellen Sie sich folgende Situation vor: Eben noch sind einige Schülerinnen und Schüler durchs Klassenzimmer gerannt, haben sich über die gerade absolvierte Französischprüfung ereifert, noch schnell eine SMS auf den Weg geschickt – und jetzt, nur wenige Momente später, sitzen alle konzentriert und mit geschlossenen Augen da.

Was geht hier vor? Sieht so etwa ein moderner Mathematikunterricht aus? Lassen wir gleich zu Beginn einige Schülerinnen und Schüler selbst zu Wort kommen:

„Mit Vorstellungsübungen machen mathematische Probleme Spaß!"

„Sie wecken mein Interesse, da sie lebendiger als Unterrichtsmathe sind."

Spaß und Interesse an Mathe? Und worum geht es bei „Vorstellungsübungen"?

„Vorstellungsübungen sind Übungen, die zum Denken anregen."

„Eine Vorstellungsübung ist eine andere Welt als ein Aufgabenblatt. Ich kann mich dort einfacher bewegen."

Das Foto zeigt also keine Schlafenden. Hier nehmen Schülerinnen und Schüler an einer Vorstellungsübung teil und setzen sich dergestalt mit Mathematik auseinander. Was haben sie davon?

„Ich finde Mathe nicht mehr so kompliziert."

„Ich lasse Matheaufgaben zuerst in meinem Kopf ablaufen und fange erst dann schriftlich an."

„Ich mache jede Vorstellungsübung nochmals mit meinem Vater, was witzig und interessant ist."

Mathematische Vorstellungsübungen

Mathematik kann ein gedankliches Abenteuer sein, ein Abenteuer, das sich im Kopf abspielt. Mathematik lebt dann von der Fähigkeit, sich etwas vorzustellen: Objekte und Inhalte werden vor das „innere Auge" geführt und gedanklich weiterbearbeitet. Im Ergebnis gewinnt man Argumente. Wie lässt sich diese imaginative Seite von Mathematik erlebbar machen und im Unterricht einsetzen?

Mathematische Vorstellungsübungen kultivieren den imaginativen Aspekt unseres Fachs. Zu den Stärken dieses neuen Unterrichtsinstruments gehört, dass Schülerinnen und Schüler mit mathematischen Inhalten direkt und ganz persönlich angesprochen werden. Dadurch finden nicht nur die starken, sondern auch alle anderen Schülerinnen und Schüler einen entdeckenden und persönlichen Zugang zur Mathematik. Sie lernen, sich Mathematikaufgaben bildlicher vorzustellen und ihre individuellen Vorstellungen zu bearbeiten. So fällt es leichter, eigene Lösungswege zu entwickeln. Führen Sie als Lehrperson Vorstellungsübungen im Unterricht durch, erhalten Sie zudem einen Einblick in die Denk- und Lösungswege Ihrer Schülerinnen und Schüler. Hier ein erstes, noch verkürztes Beispiel einer Vorstellungsübung:

> Stellen Sie sich einen Plastikbecher vor, der auf dem Boden liegt. Stoßen Sie den Becher an, sodass er zu rollen beginnt. Wie sieht die Bahn aus, auf der er sich bewegt?

Dieser kleine Text regt Ihre Vorstellungen an, besonders dann, wenn Sie ihn nicht selbst lesen, sondern sich in die Rolle des Zuhörers begeben. Die Wörter evozieren gedankliche Bilder und Handlungen, die die beschriebene Situation ausmalen und weiterentwickeln. So können Sie, wenn Sie den Becher in Gedanken anstoßen, „sehen", vielleicht sogar „spüren", wie er vorwärts rollt. Sieht Ihr Becher aus wie ein gewöhnlicher Becher – oben etwas weiter als unten –, wird er nicht geradeaus, sondern „um die Kurve" rollen. Mag sein, dass Sie den Becher mehrfach anstoßen müssen, bis er schließlich wieder genauso wie zu Beginn vor Ihnen liegt. Damit könnte sich seine Bahn schließen. Ob sie sogar kreisförmig ist? Spätestens mit dieser Vermutung sind Sie mathematisch aktiv, sind Sie mittendrin in Ihrer eigenen mathematischen Welt.

Genau diesen Effekt haben Vorstellungsübungen im Unterricht: Sie eröffnen einen Freiraum, in dem man sich auf eine mathematische Situation einlassen, eigene Vorstellungen und Gedanken entwickeln, mathematische Fragen aufwerfen – und damit im besten Sinne Mathematik machen kann. Mathematik spielt sich im Kopf ab!

Individuelle Vorstellungen im Unterricht – ihr Wert für Lernprozesse

Das oben beschriebene Beispiel leitet zwar dazu an, sich einen Sachverhalt vorzustellen. Dennoch bietet es nur Anhaltspunkte, um Platz für die Ausgestaltung individueller und gleichzeitig sachbezogener Vorstellungen zu lassen. So wird weder die genaue Form noch die Größe oder Dicke des Bechers beschrieben, auch wenn das Wort „Plastikbecher“ einen geraden Kreiskegelstumpf von handlicher Größe suggeriert. Auch die Neigung des Bodens, seine Beschaffenheit und die Geschwindigkeit des Rollens bleiben ungenannt. Wenn man einen mathematischen Sachverhalt erkundet, ihn individuell ausgestaltet und vergegenwärtigt, kann er erschlossen werden.

Ist diese Grundlage geschaffen, kann gedanklich gehandelt und experimentiert werden, können Vermutungen formuliert werden, kann man mathematisch aktiv werden. So hängt die Beantwortung der Frage nach der Bahnform davon ab, wie man sich den rollenden Becher vorstellt. Dank Vorerfahrungen und mathematischen Basiskenntnissen stellen sich einfache Vermutungen ein, wie „Der Becher rollt um die Kurve“ oder „Die Gestalt der Bahn hängt von der Form und der Masseverteilung des Bechers ab“. Ob es sich dabei um eine geschlossene oder sogar kreisförmige „Kurve“ handelt, ist zunächst einmal unsicher, ebenso, welche geometrischen und physikalischen Eigenschaften des Bechers die exakte Gestalt der Bahn festlegen. Weitere Fragen schließen sich an: Können zwei Becher mit verschiedenen Formen entlang derselben Bahn rollen? Wie sieht ein Körper aus, der auf einer spiralförmigen Bahn rollt? Diese Fragen stellt man sich aber erst, nachdem man sich den Sachverhalt vor das innere Auge geführt hat.

Vorstellungsübungen können produktive Gedankengänge anstoßen, ja Vorstellungen selbst können ungeheuer produktiv sein. So kann man sich statt des Plastikbechers ein einachsiges Gefährt mit zwei ungleich großen Rädern vorstellen. Oder der Plastikbecher wird durch einen über den Kegelstumpf des Bechers hinaus gedachten Vollkegel ergänzt. Vorstellungen dieser Art sind kreative Eigenleistungen und führen – weil sie den Kern einer möglichen Antwort beinhalten – weit in die Mathematik hinein. Dessen ungeachtet werden sie im Mathematikunterricht kaum thematisiert – ein ungeahntes Potenzial liegt hier brach.

Vorstellungsübungen im Unterricht – meine eigenen Erfahrungen als Lehrer

Bereits meine ersten Versuche mit mathematischen Vorstellungsübungen überraschten mich angenehm, denn meine gymnasialen Klassen ließen sich unerwartet bereitwillig darauf ein. Aber auch noch nach Jahren der Durchführung kommen Vorstellungsübungen so gut bei Schülerinnen und Schülern an, dass sie regelmäßig eingefordert werden.

Nach und nach habe ich den Eindruck gewonnen, dass während der Durchführung der Vorstellungsübungen mehr Schülerinnen und Schüler präsent sind und intensiv mitdenken, als dies im übrigen Unterricht der Fall ist. Das gilt gerade auch für die Leistungsschwächeren. Beim Austausch über ihre Vorstellungen sind sie mit einer Lebhaftigkeit und einem Interesse bei der Sache, wie ich dies nicht für möglich gehalten habe. Gerade weil Vorstellungsübungen auf die individuellen Vorstellungen jeder einzelnen Person fokussieren, betrifft Mathematik plötzlich alle. Mit dieser Betroffenheit wächst auch die Bereitschaft, sich mit mathematischen Fragen auseinanderzusetzen.

Für mich als Lehrer ergibt sich darüber hinaus noch ein weiterer, entscheidender Nutzen. Wissen Sie, was sich in den Köpfen Ihrer Schülerinnen und Schüler abspielt, wenn sie Mathematik machen? Wenn ich meinen Lernenden bei der Entwicklung ihrer eigenen Denk- und Lösungswege zuhöre, begegne ich immer wieder einem ungeheuren Reichtum an Ideen. Bei genauerem Hinsehen lassen sich – neben Irrwegen – immer auch produktive Ansätze ausmachen. Ansätze, die ohne Weiteres quer zu meinem Denkweg stehen. Kurz, in den Köpfen meiner Schülerinnen und Schüler sieht es anders aus, als ich das im Voraus zu wissen meine.

Wenn Sie Vorstellungsübungen in Ihrem Mathematikunterricht einsetzen, erhalten Sie als Lehrperson einen vertieften Einblick in die Art und Weise, wie Ihre Schülerinnen und Schüler an fachliche Fragestellungen herangehen und wie sie mathematisch denken. Sie können ernst machen mit der alten Forderung, die Lernenden dort „abzuholen", wo sie stehen. Wie dies mit Vorstellungsübungen zu erreichen ist, erfahren Sie in diesem Buch.

Wie Sie dieses Buch lesen und mit ihm arbeiten können

Dieses Buch ist vor allem ein Buch für die Praxis. Daher enthält es eine umfangreiche Beispielsammlung. In Teil 2 (S. 59 ff.) finden Sie über dreißig Vorstellungsübungen, nach Anforderungsstruktur und Klassenstufe sortiert. Alle Beispiele werden in unterschiedlichem Ausmaß kommentiert, und zwar mit Blick auf ihren Vorstellungsgehalt und mit Blick auf mathematische Anschlussfragen. Sie stammen aus den verschiedensten Bereichen der (Schul-)Mathematik und sind in gymnasialen Klassen der Klassenstufen 9–13 eingesetzt worden. Einfachere Vorstellungsübungen lassen sich aber auch schon in den Klassenstufen 7 und 8 des Gymnasiums einsetzen.

Wenn Sie vor allem an der praktischen Seite des Unterrichtsinstruments interessiert sind, dann schmökern Sie zuerst im zweiten Teil.

Dieses Buch möchte Sie aber auch anregen, Vorstellungsübungen im Unterricht einzusetzen und eigene Vorstellungsübungen zu entwickeln. Deshalb finden Sie im didaktischen ersten Teil (S. 13 ff.) Hintergründe und Handlungsanleitungen zu diesem Unterrichtsinstrument. So erfahren Sie, was Vorstellungsübungen sind und was nicht, was sie bewirken wollen und was sie erreichen können (S. 14–26). Sie finden aber auch Hinweise, wie Sie Vorstellungsübungen im Unterricht durchführen können und wie sich individuelle Vorstellungen von Schülerinnen und Schülern für Lernprozesse nutzen lassen (S. 27–47). Im letzten Abschnitt des ersten Teils werden Kriterien benannt, nach denen Sie Ihre eigenen Vorstellungsübungen entwickeln können (S. 48–57).

Wenn Sie vor allem der Konstruktion und dem Einsatz des Unterrichtsinstruments nachspüren möchten, empfiehlt es sich, mit dem ersten Teil zu beginnen.

An welcher Stelle auch immer Sie in dieses Buch einsteigen, es möge Ihnen die Arbeit mit Vorstellungen „schmackhaft machen" und neue Anregungen zur Gestaltung Ihres Unterrichts bieten. Und falls Sie mir von Ihren Erfahrungen berichten, so freue ich mich.

Ihr

Christof Weber

Basel, im Dezember 2009

Teil 1

Das Unterrichtsinstrument – Hintergründe und Handlungsanleitungen

Das eigentliche Problem, dem sich der Mathematikunterricht stellen muß, ist nicht das Problem der Strenge, sondern das Problem der Sinngebung, der „ontologischen Rechtfertigung" der mathematischen Gegenstände.

René Thom

1 Charakterisierung von Vorstellungsübungen

In der Einleitung haben Sie mit dem rollenden Becher bereits ein erstes Beispiel einer Vorstellungsübung kennengelernt. Da es sich um ein neues Unterrichtsinstrument handelt und die Arbeit mit Vorstellungen gemeinhin viele Assoziationen auslöst, wird dieses Kapitel zunächst einige Missverständnisse aus dem Weg räumen. In der Hauptsache aber erfahren Sie, was Vorstellungsübungen wollen, was sie bewirken können und weshalb sich ein Unterricht mit Vorstellungsübungen lohnt.

1.1 Was Vorstellungsübungen sind und was nicht

Die wohl knappste Definition von Vorstellungsübungen lautet:

Mathematische Vorstellungsübungen sind kopfmathematische, vorstellungsbasierte Aufgaben.

Eine ausführlichere Charakterisierung kann etwa so aussehen:

Vorstellungsübungen beschreiben einen einfachen, aber reichhaltigen mathematischen Sachverhalt. Dieser Sachverhalt ist in den Kontext realer Gegenstände und Tätigkeiten eingekleidet. Der Text der Vorstellungsübung leitet dazu an, sich diesen Kontext vorzustellen und ihn gedanklich zu erkunden. Die Zuhörerinnen und Zuhörer ziehen die dabei entstehenden individuellen Vorstellungen heran und entwickeln sie weiter, um eine vorgegebene mathematische Frage zu beantworten. Dies geschieht ohne äußere Hilfs- und Darstellungsmittel.

Diese Beschreibung erinnert an verschiedene bekannte Ansätze, wie etwa an kopfgeometrische Aufgaben oder an Fantasiereisen. Eine Gleichsetzung von Vorstellungsübungen mit Fantasiereisen oder kopfgeometrischen Aufgaben wäre jedoch ein Missverständnis. Weshalb?

Missverständnis Nr. 1: Vorstellungsübungen sind kopfgeometrische Aufgaben zum Training des räumlich-geometrischen Vorstellungsvermögens

Kopfgeometrie ist Geometrie ohne darstellende Hilfsmittel in Form von Skizzen oder Gegenständen. Sie fordert dazu auf, eine geometrische Figur bzw. einen Körper in der Vorstellung zu sehen und zu manipulieren, um eine mathematische Aufgabe zu lösen – Geometrie im Kopf eben.

Wie Kopfrechnen zielen auch kopfgeometrische Aufgaben meistens darauf, elementare Fertigkeiten und Verfahren zu schulen. Es wird suggeriert, dass die wiederholte Lösung von schwierigen kopfgeometrischen Aufgaben das räumlich-geometrische Vorstellungsvermögen trainiert. Rückt dieser Aspekt in den Vordergrund, geht dies nicht selten zulasten des mathematischen Inhalts. In diesem Fall verkommen kopfgeometrische Aufgaben zu einem „Gehirnjogging" und erinnern an entsprechende Fragen aus Intelligenztests. Nun ist das räumlich-geometrische Vorstellungsvermögen von den Erfindern dieser Tests als eine der Komponenten von Intelligenz festgelegt worden. Kein Wunder also, dass man bei entsprechender kopfgeometrischer Schulung in einem Intelligenztest besser abschneiden und somit einen höheren Intelligenzquotienten aufweisen wird.[1]

Über ein größeres mathematisches Wissen, Können oder Verständnis verfügt man deshalb jedoch nicht. So zeigt die empirische Lehr-Lern-Forschung, dass Wissen und Können viel deutlicher auf einen spezifischen Bereich eingeschränkt sind, als lange angenommen wurde. Jemand, der tagtäglich Schachaufgaben löst oder Gedichte auswendig lernt, trainiert damit nicht sein logisches Denken oder sein allgemeines Gedächtnis, sondern nur seine spezifische Fähigkeit, Schachaufgaben zu lösen oder Gedichte zu lernen – nicht mehr und nicht weniger. Der Transfer von Können und Wissen auf andere Bereiche geht nicht zwangsläufig vonstatten und keineswegs so konsequent, wie man sich das wünschen würde.[2]

Auch Vorstellungsübungen zielen darauf, mathematische Fragen zu beantworten, ohne Gegenstände oder Notizen zu Hilfe zu nehmen. Dennoch unterscheiden sie sich in mehrerlei Hinsicht von kopfgeometrischen Aufgaben.

Erstens können in Vorstellungsübungen auch nicht geometrische Inhalte thematisiert werden. Sobald ein Inhalt visualisierbar ist, kann er auch aus den Stoffbereichen der Arithmetik, Algebra oder Analysis stammen. Deshalb sind Vorstellungsübungen eher Kopfmathematik als Kopfgeometrie. Zweitens bieten viele Vorstellungsübungen auch Vorstellungshilfen an. Sie regen – genauso wie *operative Übungen* nach Wittmann – das Erkunden und die Konstruktion mathematischer Objekte an sowie das Argumentieren und plausible Schließen.[3] Mit diesen heuristischen Prozessen gehen Vorstellungsübungen über das bloße Lösen anspruchsvoller Aufgaben hinaus. Es bleibt ein dritter und entscheidender Unterschied zu kopfgeometrischen Aufgaben: Das Unterrichtsinstrument thematisiert individuelle Vorstellungen – Vorstellungen also, die die Schülerinnen und Schüler real aufbauen – und entwickelt sie weiter.

Selbstverständlich spielt in Vorstellungsübungen auch das räumlich-geometrische Vorstellungsvermögen eine gewisse Rolle. Da Vorstellungsübungen jedoch einen mathematischen Inhalt in den Kontext realer Gegenstände und Tätigkeiten einkleiden, spielen mathematische Basiskenntnisse und gegenstandsbezogenes Wissen hier eine genauso große Rolle wie das Vorstellungsvermögen. Zudem ist die Mathematik in Vorstellungsübungen kein Mittel zum Zweck, einen „Muskel" zu trainieren. Es gibt keinerlei Garantie, für das Lösen anderer Mathematikaufgaben fit zu sein. Vielmehr lernen Schülerinnen und Schüler neue Inhalte, weil sie an ihrem eigenen schon vorhandenen und einem spezifischen Bereich zugeordneten mathematischen Wissensnetz weiter knüpfen.

Missverständnis Nr. 2: Vorstellungsübungen sind gelenkte Fantasiereisen

Fantasiereisen aktivieren die individuellen Vorstellungen und sprechen die Emotionen von Zuhörerinnen und Zuhörern an. Im schulischen Umfeld werden dergestalt Intensität und Entspannung kombiniert, um die Lernenden in einen Zustand entspannter Aufmerksamkeit zu führen und Lernprozesse zu erleichtern. Manchmal werden Fantasiereisen auch gelenkt, und ein Thema ist vorgegeben (im Stil „Stellen Sie sich vor, Sie sitzen in einer Blume").

Auch Vorstellungsübungen zielen auf individuelle Vorstellungen von Schülerinnen und Schülern. Sie tun dies aber nicht mit dem Ziel, die Konzentration zu steigern – obwohl dies ein Nebeneffekt ist –, sondern sie greifen individuelle Vorstellungen auf, um auf dieser Grundlage eigenes mathematisches Denken anzuregen. Vorstellungsübungen machen Lernende sowohl auf produktive als auch auf hinderliche Auswirkungen aufmerksam, die die Vorstellungen auf ihr mathematisches Denken haben können. Sie schränken die Imagination deutlicher ein als Fantasiereisen, da nur sachbezogene, jedoch keine assoziativen oder dekorativen Vorstellungen aufgegriffen werden. Die Lenkung ist deshalb streckenweise stärker.

Zusammenfassend kann festgehalten werden, dass sich Vorstellungsübungen zwar mit kopfgeometrischen Aufgaben oder Fantasiereisen überschneiden. Weil sie jedoch auf benennbare fachliche Inhalte und Prozesse zielen, gehen sie über ihre „Verwandten" hinaus und erhalten eine eigene Spezifik.

1.2 Was Vorstellungsübungen bewirken wollen

Vorstellungsübungen wollen interessante mathematische Inhalte in die Schule bringen. Sie zeichnen sich jedoch weniger durch die besondere Auswahl oder neuartige Aufbereitung von Mathematik aus als durch die konsequente Fokussierung auf die individuellen und gleichzeitig sachbezogenen Vorstellungen der Lernenden. Was soll dadurch bewirkt werden?

Immer wieder wird beklagt, dass der Mathematikunterricht der Mittel- und Oberstufe zu sehr auf fertige Lösungen und Lösungsverfahren fokussiere. Allerdings – wie schwer ist es, als Lehrperson einen Unterricht zu gestalten, in dem aktiv-entdeckend gelernt werden kann. Deshalb übernehmen wir der Einfachheit halber den aktiven Part meist selbst: Wir bereiten zu Hause „den einleuchtenden" Zugang oder „die einfache" Erklärung vor, um den Schülerinnen und Schülern alle Irrwege zu ersparen. Im Unterricht führt dies zu einer Demonstration des Fachmanns („Schaut her, ich weiß, wie es geht, und mache es euch vor"). Leider ist gerade der dabei mitschwingende Stolz des überlegenen Wissenden dafür verantwortlich, dass die Lernenden nicht wirklich aktiv werden und sich bestenfalls zum Nachahmen bewegen lassen.

Vorstellungsübungen sind eine Reaktion auf die Klage, der Mathematikunterricht sei zu sehr auf Lösungen und Lösungsverfahren ausgerichtet. Wie andere moderne Unterrichtsvorschläge wollen sie erreichen, dass Schülerinnen und Schüler selbst aktiv werden und so verständig und nachhaltig lernen.

Heuristische und mathematische Prozesse

Die angesprochenen Klagen und Forderungen sind nicht neu. So forderte etwa Freudenthal, „dass man Mathematik nicht als ein Geschaffenes, sondern ein zu Schaffendes unterrichte". Er schlug deshalb vor, „ein Lehrbuch eines mathematischen Gebiets auf zwei Stufen zu schreiben – links und rechts denselben Gegenstand, links wie man ihn sich erarbeitet, rechts wie man ihn formalisiert, wenn man ihn sich erarbeitet hat".[4]

Auch Pólya argumentierte in die gleiche Richtung. Er vertrat die These, die Mathematikdidaktik müsse sich – anders als die Mathematik – nicht nur für die Lösung einer mathematischen Aufgabe, sondern mindestens ebenso sehr für die Entstehungsgeschichte dieser Lösung interessieren. Entsprechend analysierte er Entstehungsgeschichten, um zu verstehen, wie Lösungen zustande kommen. Auf diese Weise erarbeitete Pólya *heuristische Prozesse*, die zur Lösung mathematischer Probleme strategisch eingesetzt werden können.[5]

Vorstellungsübungen schaffen zunächst einmal einen Raum für unterschiedliche Entstehungsgeschichten. Damit agieren sie auf der linken Seite des freudenthalschen Lehrbuchs. Sie fordern dazu auf, sich auf eine Fragestellung einzulassen, diese zu vergegenwärtigen, um schließlich über einen Sachverhalt gedanklich zu verfügen. Auf dieser Grundlage wird der Sachverhalt weiter erkundet: Er wird gedanklichen Experimenten unterzogen, muss sich fremde und eigene Fragen gefallen lassen, neue Zusammenhänge können aufscheinen. In der Folge werden Hypothesen aufgestellt oder plausible Schlussfolgerungen gezogen (wie dies im Unterricht aussehen kann, wird in Abschnitt 2.2 an einem Beispiel ausgeführt). All diese Aktivitäten sind nach Pólya heuristischer Natur (Tab. 1, linke Spalte). Erst jetzt, nachdem eigene, noch „unfrisierte" Gedanken und Vorstellungen kreiert worden sind, wird geprüft, geordnet und aufbereitet. Erst jetzt setzen klassisch mathematische Prozesse wie Modellieren, Beweisen und Verallgemeinern ein, womit man auf die rechte Seite des freudenthalschen Lehrbuchs wechselt (Tab. 1, rechte Spalte).

Lernprozesse, die individuelle Gedanken oder Vorstellungen nicht berücksichtigen, verlaufen verkürzt. Schülerinnen und Schüler neigen dann dazu, ihre Lehrperson nur zu imitieren, das Verstehen bleibt oberflächlich. Vorstellungsübungen agieren

Heuristische Prozesse:	*Mathematische Prozesse:*
▸ Einlassen und Vergegenwärtigen ▸ Verfügbarmachen und Erkunden ▸ Experimentieren, Vermuten, plausibles Schließen und Hinterfragen	▸ Darstellen und Modellbilden ▸ Argumentieren und Beweisen ▸ Variieren und Verallgemeinern
Ziel: Produktion von Lösungen und Wissen	Ziel: Absicherung von Lösungen und Wissen

Tab. 1: Vorstellungsübungen regen heuristische und mathematische Prozesse an

bewusst in einem Bereich, der über das Modellbilden, Argumentieren und Kommunizieren – den „allgemeinen mathematischen Kompetenzen" moderner Lehr- und Bildungspläne – hinausgeht. Weil Vorstellungsübungen gezielt heuristische Prozesse anstoßen, verleihen sie mathematischen Prozessen auch eine andere Qualität: Mathematik wird individuell verankert und deshalb verständlicher. Vorstellungsübungen sind ein Instrument, um einen Unterricht zu gestalten, in dem sowohl heuristische als auch mathematische Prozesse stattfinden.

Thematisierung individueller Vorstellungen jenseits fachlicher Normen

Was unter *individuellen, sachbezogenen Vorstellungen* zu verstehen ist, wurde bereits angedeutet (siehe das Beispiel des rollenden Bechers aus der Einleitung). Ein weiteres Beispiel ist das Bild des Zahlenstrahls. Der Zahlenstrahl stellt eine – aus fachlicher Sicht korrekte – Interpretation der reellen Zahlen dar. Diese geometrische Interpretation ist die fachliche Norm. Nur so sind Aussagen wie „π liegt nahe bei 3" oder „eine Folge nähert sich null" sinnvoll, rekurrieren sie doch beide auf das geometrische Konzept der Entfernung.[6]

Fragt man allerdings beliebige Personen, wie sie die Menge der Zahlen in ihrer Vorstellung anordnen, so erhält man erstaunliche Antworten. In den meisten Köpfen spielt der Zahlenstrahl gar keine Rolle, sondern es liegen nichtäquidistante spiralige oder zickzackförmige Anordnungen vor (siehe Abb. 1). Dabei sind Vorstellungen nicht einfach das Abbild einer Sinneswahrnehmung, sondern sie sind maßgeblich beeinflusst durch individuelle Erfahrungen und bereits konstruiertes Wissen. Solche individuell unterschiedlichen Vorstellungsbilder des Zahlenraums dienen zur Orientierung beim Rechnen und spiegeln die persönliche, singuläre Sicht auf einen mathematischen Inhalt wider.[7]

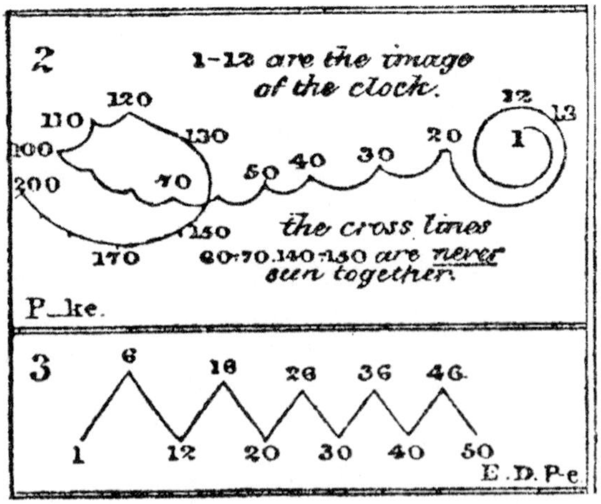

Abb. 1: Individuelle Vorstellungen zur Menge der reellen Zahlen (Ausschnitt aus Galton 1883, S. 91)

In individuellen Vorstellungen verbindet sich ein mathematischer Inhalt – hier: die Menge der reellen Zahlen – mit einer geometrischen Interpretation – einer Zahlenlinie. Obwohl sie aus fachlicher Sicht nicht korrekt zu sein brauchen, sind sie oft nützlich und können mathematisches Denken und Argumentieren unterstützen. So lässt sich die Größe zweier Zahlen auch auf der Grundlage der beiden abgebildeten, individuellen Vorstellungen miteinander vergleichen.[8]

Die Thematisierung individueller Vorstellungen im Unterricht mag an den Literaturunterricht erinnern, der ganz selbstverständlich zu persönlichen Stellungnahmen auffordert. Im üblichen Mathematikunterricht werden Schülerinnen und Schüler mitunter zwar auch gebeten, sich etwas vorzustellen. Diese Vorstellung dient dann zur weiteren gedanklichen Arbeit („Stellen Sie sich einen Würfel vor. Kippen Sie ihn so, dass ..."). Allerdings interessiert man sich dabei meist nur für diejenigen Schülervorstellungen, die mit dem fachlich gesicherten Wissen übereinstimmen, am großen verbleibenden Rest ist in der Regel niemand interessiert.

Erschwerend kommt hinzu, dass Schülerinnen und Schüler ihre Vorstellungen oft in einer unbeholfenen und fachlich auch schon mal falschen Sprache äußern. Sie sprechen dann mit Wagenschein „die Sprache des Verstehens", nicht „die Sprache des Verstandenen".[9] Deshalb werden individuelle Vorstellungen immer wieder als überflüssig oder störend empfunden, vom Unterricht kaum aufgegriffen und von der Didaktik mit Fehlvorstellungen gleichgesetzt.[10]

Welche Chancen lässt man damit aus? Menschen besitzen die genuine Fähigkeit, sich etwas vorzustellen und eigene Vorstellungen auszubilden. Gerade Künstlern, aber auch Wissenschaftlern gelten sie als Basis ihres Schaffens. Da man individuelle Vorstellungen und Vorstellungsweisen selbst verursacht und kontrolliert, sind sie an die eigene Person gebunden. Man erfährt sich als Verursacher und Manipulator der eigenen Vorstellungen. Zunächst einmal ist man mit ihnen unausweichlich allein. Sie können von außen nicht eingesehen werden und unterscheiden sich in der Regel von den imaginierten Welten unserer Mitmenschen. Aus diesem Grund wird die Frage „Was haben Sie sich im Laufe der Vorstellungsübung vorgestellt?", mit der jede Vorstellungsübung schließt, von den Beteiligten kaum als didaktischer Trick oder als rein rhetorische Frage verstanden (siehe Kapitel 3). Die Frage löst vielmehr authentische Betroffenheit und Interesse aus, weil sie jeden Einzelnen anspricht: Wie haben *Sie* sich das vorgestellt? Wenn sich Schülerinnen und Schüler mit eigenen Vorstellungen beschäftigen, erhöht sich auch ihre Bereitschaft, sich auf heuristische Prozesse – und damit auf Mathematik – einzulassen (Tab. 1). Und umgekehrt gilt: Weil mit der Frage nach individuellen Vorstellungen auch Aspekte in den Blick genommen werden, die nicht mit korrektem Fachwissen übereinstimmen, erfährt der Mathematikunterricht eine bedeutende Öffnung.

Individuelle Vorstellungen offenbaren aber nicht nur persönliche Bezüge, sondern Sinnzuschreibungen, also Regeln und Konzepte, die man sich zurechtgelegt hat (siehe auch das Zitat von Thom zu Beginn dieses Buchteils). In dieser Form weisen sie eine nicht zu unterschätzende Erklärungsmacht auf. So produktiv das sein kann, so fatal und hinderlich sind zum Beispiel Regeln wie „Sobald vor einer Zahl ein Minuszeichen steht, weiß ich, dass sie negativ ist". Werden handlungsleitende Vorstellungen dieser Art vom Unterricht nicht aufgegriffen und weiterentwickelt, bleiben sie intakt. Bei größeren Belastungen wie Prüfungen tauchen sie wieder auf, sie lassen das Gelernte „vergessen" und behindern ein sicheres und korrektes Arbeiten. Hinderliche Vorstellungen sind also gerade deshalb wirksam, weil sie vom Unterricht nicht aufgegriffen und weiterentwickelt werden. Wie ein anderer Unterricht aussehen kann, ein Unterricht, der auch hinderliche Vorstellungen thematisiert, wird im Kapitel zur Durchführung von Vorstellungsübungen beschrieben (Abschnitt 2.2, Luxusvariante, sowie Abschnitt 2.4). An dieser Stelle sei nur so viel gesagt: Die Frage nach den Schülervorstellungen soll insbesondere handlungsleitende, regelhafte Vorstellungen an den Tag bringen. Sie erfüllt damit letztlich eine diagnostische Funktion.

Vorstellungsübungen verfolgen also zwei grundsätzliche Ziele:
1. Ziel: Vorstellungsübungen wollen eigenes Denken und damit aktiv-entdeckendes Lernen von Schülerinnen und Schülern anregen. Die Schülerinnen und Schüler werden ermutigt, sich auf vielfältige heuristische Prozesse einzulassen. Diese können in unterschiedliche mathematische Aktivitäten übergehen.
2. Ziel: Vorstellungsübungen wollen individuelle Vorstellungen thematisieren, denn letztere geben Aufschluss darüber, wie Lernende an mathematische Fragen herangehen. Die Lehrperson kann diese Herangehensweisen aufgreifen und daraus einen Unterricht gestalten, in dem die Schülerinnen und Schüler eigene Wege gehen und gemeinschaftlich neues Wissen erarbeiten.

Wie das möglich ist, zeigt Kapitel 2.

1.3 Was Vorstellungsübungen erreichen können

Mathematische Vorstellungsübungen lohnen sich aus unterschiedlichen Gründen. Es mag banal klingen, aber Vorstellungsübungen weisen zunächst einmal folgenden praktischen Nutzen auf: In Vorstellungsübungen wird Unterrichtsstoff bearbeitet (für ein Beispiel siehe Abschnitt 2.2, Luxusvariante).

Unmittelbar nützlich ist auch die Steigerung der Konzentration und des Interesses. Schon von der ersten Vorstellungsübung an richten die Schülerinnen und Schüler ihre Aufmerksamkeit auf ihre gedanklichen Bilder und Handlungen und die damit verknüpften mathematischen Fragen. Dies gilt selbst dann, wenn die Übung in einer zeitlich ungünstig gelegenen Unterrichtsstunde stattfindet und eigentlich mit großen Ermüdungserscheinungen zu rechnen wäre. Mit den Worten eines Schülers: *„Ich freue mich auf die Vorstellungsübung am Freitag, am Anfang der Stunde – deshalb finde ich Mathe am Freitag oft interessanter als sonst."*

Im Folgenden werden vier positive Effekte unterschieden und beschrieben. Nr. 1 und Nr. 2 zeigen, wie Lernende ihre genuinen Vorstellungsmöglichkeiten für das Lösen mathematischer Aufgaben nutzen. Nr. 3 und Nr. 4 sind allgemeinbildender und damit überfachlicher Natur.

Effekt Nr. 1: Aufbau mathematisch produktiver Vorstellungsbilder und Vorstellungshandlungen

In diesem Buch werden verschiedene Typen von Vorstellungsübungen unterschieden (siehe Abschnitt 4.1). Zwei Typen bieten konkrete Hilfestellungen an, um sich komplexe mathematische Objekte (zum Beispiel ein Ikosaeder, siehe A1) oder Sachverhalte (etwa die Innenwinkelsumme des Dreiecks, B1) zu vergegenwärtigen (Typ „Aufbau" und Typ „Begründung"). Andere Vorstellungsübungen fordern dazu auf, eigene Vorstellungen zu entwickeln, um eine mathematische Frage vorstellungsbasiert – nicht rechnerisch oder formal – zu beantworten (Typ „Problemlösen" und „Paradoxon").

Hier wie dort bauen die Schülerinnen und Schüler eigene *produktive Vorstellungen* auf, und dies geschieht mit großer innerer Beteiligung. In der Regel heißt das, dass sie den beschriebenen mathematischen Sachverhalt einer Vorstellungsübung länger erinnern als andere Unterrichtsinhalte. Möglich ist auch, dass sie einen geometrischen Körper nach einer Vorstellungsübung präziser zeichnen können, als wenn er ihnen real vor Augen geführt worden wäre. Damit verfügen Schülerinnen und Schüler nach einer Vorstellungsübung gedanklich über einen neuen mathematischen Sachverhalt.

Diese Verfügbarkeit geht immer auch mit einem Gefühl von Glaubwürdigkeit und einem besseren Verständnis einher. Gerade Vorstellungsübungen vom Typ „Begründung" bieten Hilfestellungen an, um mathematische Sachverhalte gründlicher verstehen zu können. Auf diese Weise wird ein mathematischer Inhalt (wie die Innenwinkelsumme im Dreieck) zugänglicher, verbunden mit einer umfassenden Kenntnis seiner Eigenschaften und Bezüge. Mit den Worten eines Schülers: *„Vorstellungsübungen sind eine Art ‚Aha'-Erlebnis."* Aber auch die Vorstellungsübungen der anderen Typen führen zu mehr Glaubwürdigkeit und Verständnis, dann nämlich, wenn eigene produktive Vorstellungen konstruiert oder Vorstellungen von Mitschülerinnen bzw. Mitschülern als produktiv erkannt werden.

Welche konkreten Vorstellungen die Schülerinnen und Schüler nach und nach aufbauen, hängt natürlich von der Auswahl der Übungen ab. Bei regelmäßiger Durchführung derselben stellen sich drei weitere, über einzelne Vorstellungsübungen hinausgehende Effekte ein.

Effekt Nr. 2: Einsatz von Vorstellungsbildern und Vorstellungshandlungen als gedankliche Strategie

Vorstellungen und ihre gedankliche Manipulation fallen uns im Alltag kaum auf, und sie werden auch nur selten bewusst und explizit für entdeckende Prozesse eingesetzt. Auch im Mathematikunterricht wird nur selten angesprochen, geschweige denn erlebbar gemacht, welche Vorteile es haben kann, sich einen Sachverhalt zu vergegenwärtigen und unabhängig von realen Gegebenheiten oder Darstellungen mit ihm zu experimentieren.

Im Gegensatz dazu werden bei der Arbeit mit dem vorliegenden Unterrichtsinstrument Vorstellungsbilder und Vorstellungshandlungen explizit eingesetzt, um spezifische mathematische Fragen zu erkunden und zu experimentieren. Es liegt damit eine gedankliche *Strategie* vor, die zur Klärung mathematischer Fragen eingesetzt werden kann. Ihr Erwerb ist nicht das Ergebnis einzelner Anlässe, sondern viel eher das Resultat langfristiger Gewöhnung. Nur wenn Vorstellungsübungen regelmäßig durchgeführt werden, kann der Einsatz von Vorstellungen ins bereits bestehende Repertoire an Strategien aufgenommen werden. Die Möglichkeiten zur Bearbeitung mathematischer Fragen werden dann um eine äußerst nützliche Variante erweitert. In der Folge beschreiben Schülerinnen und Schüler, wie sinnvoll es ist, sich eine vorgegebene mathematische Situation bildlich vorzustellen – im Gegensatz zum üblichen Draufloshandeln und -rechnen. Das trifft gerade für Problemlöseaufgaben zu. Mit den Worten eines Schülers nach zwei Jahren Unterricht mit Vorstellungsübungen: *„Ich versuche mir nun Matheaufgaben bildlicher vorzustellen, was mir auch hilft, sie einfacher zu lösen."* So werden Vorstellungsübungen von einem lehrergeführten Unterrichtsinstrument zu einem Arbeitsinstrument der Schülerinnen und Schüler.

Effekt Nr. 3: Förderung von Nachdenklichkeit und Reflexion im Mathematikunterricht

Nachdenklichkeit wird gerne als ein allgemeines Bildungsziel der Schule genannt. Menschen sollen am Ende ihrer Schullaufbahn nicht nur Inhalte kennen und mit ihnen operieren können, sondern auch imstande sein, über die Bedeutung und den Sinn dieser Inhalte zu reflektieren. Oft wird dafür plädiert, nicht nur die *Bedeutungs- und Sinnreflexion*, sondern auch die *Selbstreflexion* zu fördern. Die empirische Lehr-Lern-Forschung unterstützt diese Forderung: Gerade Selbstreflexion (als Reflexion und Steuerung der eigenen kognitiven Lernprozesse) begünstigt das Gelingen des Lernens, falls diese Reflexion entlang konkreter Inhalte und Situationen stattfindet. Ein methodischer Ansatzpunkt für einen nachdenklichen Unterricht ist die authentische Betroffenheit, die zum Beispiel in der Frage „Was hat das mit mir zu tun?" zum Ausdruck kommt.

Hier genau setzen Vorstellungsübungen an. Die Frage „Was haben Sie sich im Laufe der Vorstellungsübung vorgestellt?" regt die Selbstreflexion eigener kognitiver Prozesse im Umgang mit Mathematik an: Wie funktioniert mein Vorstellen in dieser Vorstellungsübung? Wo funktioniert es nicht? Welche Vorstellungsbilder und Vorstellungshandlungen habe ich eingesetzt? Ist es produktiver, ein vorgestelltes Objekt vor mir zu drehen oder es zu umlaufen? Welche Vorstellungen behindern mich? Diese Nachdenklichkeit beschränkt sich jedoch keineswegs auf eigene Vorstellungen und Vorstellungsweisen. Weil Schülerinnen und Schüler von Vorstellungsübungen positiv betroffen sind, liegen nach einer Übung ein enormes Mitteilungsbedürfnis und eine große Neugier auf die Vorstellungen der anderen vor: Wie sehen meine eigenen Vorstellungen im Vergleich zu den Vorstellungen der anderen aus? Wie sehen sie im

Vergleich zu mathematischen Vorstellungen aus? Welche Vorstellungen von Mitschülerinnen und Mitschülern könnten für mich produktiv sein?

Gerade Lernende, die ansonsten eher vermeiden oder gar ablehnen, über mathematische Inhalte nachzudenken, wenden sich durch die regelmäßige Selbstreflexion allmählich einer inhaltlichen Reflexion zu. Insbesondere Übungen vom Typ „Paradoxon" scheinen auf diese Schülergruppe zugeschnitten. Diese Übungen initiieren nicht nur die Reflexion eigener und fremder Vorstellungsweisen, sondern zielen direkt darauf, über mathematische Fachinhalte nachzudenken (etwa in P1, wo es um einen vorstellenden Umgang mit dem Inhalt der Unendlichkeit und gleichzeitig um die Erfassung des Konzepts der Unendlichkeit geht). Mit den Worten einer Schülerin: *„Manche Vorstellungsübungen können mich einen ganzen Tag lang beschäftigen."*

Effekt Nr. 4: Vermittlung eines offeneren und lebendigeren Mathematikbildes

Der Mathematikunterricht, den man in der Schule erlebt, prägt auch das Bild, das man von Mathematik hat. In der Regel werden im Unterricht nur „fertige" und „frisierte" Fachinhalte vorgezeigt. Es geht darum, Definitionen zu erinnern, Formeln und Verfahren anzuwenden. So entwickeln die meisten Lernenden ein ziemlich enges und darüber hinaus ein unrealistisches Bild von Mathematik. Ihre Mathematik besitzt keine unfertige oder experimentelle Seite, von Kreativität kann gar keine Rede sein. Was Mathematik ist, erscheint als a priori festgelegt. Jede gestellte Frage besitzt nur eine einzige Antwort, mehrdeutige Fragen werden nicht gestellt. Und alle Antworten sind bereits bekannt, bevor man sich als Schüler oder Schülerin überhaupt um eine Lösung bemüht. Zudem haben sich Lernende an eine Mathematik anzupassen, die von der Autorität der Lehrperson verkörpert wird. Kaum erstaunlich, dass sich Lernende höchst ungern mit Mathematik befassen und ein negatives Mathematikbild aufbauen.

Vorstellungsübungen weichen dieses enge und statische Bild auf, da sie individuelle Vorstellungen und damit eine Form von „unfertiger" Mathematik in den Blick nehmen. Lernende können das Spannungsfeld, in dem ein Stück Mathematik durch ihr eigenes Zutun entsteht, zunächst einmal ausloten. Sie sind grundsätzlich aufgefordert, eigene, auch unfertige Vorstellungswege zu formulieren und mitzuteilen, noch bevor diese an fachlichen Normen gemessen werden. Auf diese Weise erleben sie, dass sie zur Lösung und Entwicklung mathematischer Fragestellungen etwas beitragen können. Vorstellungsübungen betonen also auch den prozessualen Charakter von Mathematik, deren Genese von der Kreativität und Imagination einzelner Personen abhing und abhängt. Vorstellungsübungen unterstützen einen Unterricht, der sich der Vermittlung eines offeneren und lebendigeren Mathematikbildes verpflichtet sieht. Mit den Worten einer Schülerin: *„Man bekommt eine andere Vorstellung von Mathe als bei den üblichen Themen."*

Alles in allem bereichern Vorstellungsübungen das für den Unterricht zur Verfügung stehende Methodenrepertoire, ohne sich jedoch ihrerseits als neue, universal gültige Methode zu verstehen. Gerade durch diesen kritischen, aber auch bescheidenen Anspruch können sie zu einem methodisch vielfältigen und lebendigen Unterricht beitragen. Die Belebung des Unterrichts bildet wohl auch den Hauptgrund dafür, dass Vorstellungsübungen bei den Schülerinnen und Schülern eine hohe Akzeptanz erfahren und noch nach mehreren Jahren eingefordert werden.[11]

Anmerkungen

[1] Für die Bezüge zwischen der Kopfgeometrie und dem Vorstellungsvermögen siehe Weigand et al. (2009, S. 147–156). Hier finden sich auch einige typische kopfgeometrische Aufgaben.

[2] In der bisher umfangsreichsten Studie zum Transfer von Wissen und Können absolvierten über 10 000 Probanden während mehrerer Wochen mindestens drei Mal wöchentlich Gehirnjogging-Aufgaben aus den Bereichen des Argumentierens, des Problemlösens, des räumlichen Vorstellungsvermögens und gewisser mathematischer Fertigkeiten. Auch diese Studie konnte keinerlei Transfereffekte nachweisen. Im Laufe des Trainings hatten die Teilnehmer bei den Aufgaben zwar starke Leistungssteigerungen erzielt. Aber bereits ähnliche Aufgaben konnten sie nach dem Training nicht besser lösen. Es scheint so zu sein, dass neues Wissen und Können bereichsspezifisch abgelegt wird, also dort, wo es erlernt wurde. Soll neues Wissen und Können auf einen neuen Bereich übertragen werden, muss dieser Transfer gezielt geübt werden. (Owen, Adrian et al. (2010): Putting brain training to the test. In: *Nature*, H. 465, S. 775–778.)

[3] Insofern sind Vorstellungsübungen „operative Übungen im Kopf". Welche Vorstellungsübungen mit welchen Spezialfällen des operativen Prinzips verwandt sind, gibt Anmerkung 1 zu Kap. 4 an (für Details siehe Weber 2007, S. 85–105). Für das operative Prinzip siehe Wittmann (1985) und Weigand et al. (2009, S. 32).

[4] Freudenthal (1978, S. 73 f.)

[5] Siehe Pólya (1966, Bd. 1, S. 11). Beispielhaft dafür ist Pólyas „Zeitlupenaufnahme", eine geometrisch dargestellte Entstehungsgeschichte der Lösung einer stereometrischen Aufgabe (1967, Bd. 2, S. 25).

[6] Individuelle Vorstellungen sind von *Grundvorstellungen* zu unterscheiden, auch wenn beide Begriffsverständnisse Gemeinsamkeiten aufweisen. Grundvorstellungen sind verinnerlichte Bilder und Handlungen, die zum Verständnis mathematischer Begriffe vorhanden sein sollten. Sie sind aus der Rückschauperspektive von Experten und damit aus der Sicht der Mathematik bestimmt, wie das Beispiel des Zahlenstrahls zeigt. Mit anderen Worten sind Grundvorstellungen per definitionem korrekt und geben das Ziel an, wohin ein verständnisorientiertes Lernen führen sollte (vom Hofe, Rudolf (1996): Grundvorstellungen – Basis für inhaltliches Denken. In: *Mathematik lehren*, H. 78, S. 4–8; vom Hofe, Rudolf (2003): Grundbildung durch Grundvorstellungen. In: *Mathematik lehren*, H. 118, S. 4–8). Aus dieser normativen Perspektive erscheint das, was sich jemand beim Lernen und Betreiben von Mathematik tatsächlich vorstellt, als fehlerhaft, sobald es nicht mit Grundvorstellungen übereinstimmt. Konsequent wird dann von Fehlvorstellungen gesprochen, und Schülervorstellungen werden primär defizitorientiert beurteilt.

[7] Für weitere Zahlenraumbilder siehe Galton (1883, S. 91, 97, 101) und Lorenz (1992, S. 139).

8 Im Kontext von Vorstellungsübungen werden unter Vorstellungen nicht nur *Vorstellungsbilder*, sondern auch *Vorstellungshandlungen* verstanden. Während Vorstellungsbilder einen statischen Charakter aufweisen, kommt durch Vorstellungshandlungen beweglich-dynamisches Denken ins Spiel. Es wird zwischen drei Formen von Vorstellungsbildern (visuell – taktil – motorisch) sowie zwischen zwei Formen von Vorstellungshandlungen (Bearbeiten – Bewegen) unterschieden. Dieses Begriffsverständnis ist vor allem für das Verfassen von Vorstellungsübungen bedeutsam (siehe Abschnitt 3.2, Tab. 1 und 2). Für eine detaillierte Ausarbeitung siehe Weber (2007, S. 128–132, 143–149).

9 Wagenschein (1970, Bd. 2, S. 162).

10 Eine Ausnahme stellt der *dialogische Mathematikunterricht* von Ruf und Gallin dar, in dem das Wechselspiel zwischen individuellen Herangehensweisen („Singulärem") und fachlichem gesichertem Wissen („Regulärem") zum didaktischen Prinzip erhoben wird (Ruf/Gallin 1998). Eine weitere Ausnahme ist der Ansatz von Lengnink, mathematische Begriffe aus *lebensweltlichen Vorstellungen* der Schülerinnen und Schüler zu entwickeln (für ein Beispiel zur Einführung des Funktionsbegriffs siehe Lengnink, Katja (2005): „Abhängigkeit von Größen" – zwischen Mathematikunterricht und Lebenswelt. In: *Praxis der Mathematik in der Schule,* H. 2, S. 13–19). Für eine Übersicht über beide Ansätze siehe Weber (2007, S. 114–126).

11 Für eine explorative Studie zur Akzeptanz und zu den Effekten von Vorstellungsübungen siehe Weber (2007, S. 38–81). Alle Schüleraussagen, die in Kapitel 2 und in der Einleitung zitiert sind, stammen aus dieser Studie.

2 Durchführung von Vorstellungsübungen

Wie im Kapitel 1 ausgeführt, haben Vorstellungsübungen nur wenig mit einer neuartigen Aufbereitung mathematischer Inhalte zu tun. Sie zeichnen sich vielmehr dadurch aus, dass sie individuelle Vorstellungen von Schülerinnen und Schülern thematisieren, noch bevor mathematische Prozesse einsetzen. Und dies, so wurde bereits betont, lohnt sich.

Was müssen Sie nun wissen, damit Sie Vorstellungsübungen erfolgreich in Ihrem Unterricht einsetzen und durchführen können? Worauf muss geachtet werden? Dieses Kapitel beginnt mit einigen allgemeinen Überlegungen zur Organisation von Vorstellungsübungen im Unterricht. Im Hauptteil des Kapitels lässt sich nachlesen, wie mit Vorstellungsübungen gearbeitet werden kann. Zwei Möglichkeiten werden skizziert. In den letzten beiden Abschnitten werden Voraussetzungen für einen Unterricht mit Vorstellungsübungen beschrieben. Es wird auch auf Schwierigkeiten eingegangen, die das Unterrichtsinstrument auslösen kann, und Vorschläge zur Lösung dieser Probleme gemacht.

2.1 Organisation von Vorstellungsübungen

Mathematische Vorstellungsübungen eignen sich nur für einen beschränkten zeitlichen und inhaltlichen Ausschnitt des Mathematikunterrichts. Sie decken nicht den ganzen Unterricht ab, sondern ergänzen andere Unterrichtsinstrumente wie Aufgabenblätter oder Schülervorträge und sind auf das Zusammenspiel mit diesen angewiesen.

Zur Organisation der Übungen sei generell Folgendes gesagt:

- In Vorstellungsübungen arbeiten alle Schülerinnen und Schüler phasenweise ganz für sich und können keinerlei darstellende Hilfsmittel (Notizen, Skizzen oder Gegenstände) benutzen. Wegen dieser anspruchsvollen Anlage ist einerseits die volle Konzentration der Klasse erforderlich, andererseits fördern Vorstellungsübungen auch die Konzentration. Deshalb eignen sich die Übungen hervorragend für den Stundenbeginn. Sie können aber auch erst im Laufe der Stunde durchgeführt werden.
- Um eine Klasse möglichst bald an dieses neue Unterrichtsinstrument zu gewöhnen, ist es vorteilhaft, Vorstellungsübungen immer in der gleichen Schulstunde am gleichen Wochentag einzusetzen. Auch zeitlich ungünstig gelegene Lektionen (zum Beispiel die Schulstunde nach zwei Stunden Sport oder die siebte Schulstunde des Tages) eignen sich durchaus. Gerade wenn Schülerinnen und Schüler körperliche oder geistige Ermüdungserscheinungen zeigen, erleichtern (oder ermöglichen) Vorstellungsübungen den Einstieg in den Mathematikunterricht.
- Für die eigentliche Vorstellungsübung müssen mindestens fünfzehn Minuten Unterrichtszeit eingeplant werden. Soll die Übung einen Lernprozess anstoßen, der

sich über mehrere Lektionen hinweg erstreckt, dauert sie ca. zehn Minuten länger (siehe dazu die Minimal- und Luxusvariante im nächsten Abschnitt).

- Vorstellungen werden nicht benotet, insbesondere nicht ihre Richtigkeit. Durch den ausgeklammerten Bewertungsdruck wird Schülerinnen und Schülern glaubhaft signalisiert, dass Vorstellungsübungen in erster Linie eine Erkundungsreise und eine Gelegenheit zum Lernen darstellen, nicht aber ein weiterer Anlass zur Leistungsüberprüfung sind. Nur so gelingt es, ihre individuellen Vorstellungsweisen offen zu thematisieren und ein Praktizieren von Mathematik zu ermöglichen, das nicht sofort nach der fachlichen Antwort der Lehrperson schielt.
- Um Effekte zu erzielen, die über eine einzelne Vorstellungsübung hinausgehen (siehe Abschnitt 1.2 und 1.3), werden Vorstellungsübungen möglichst regelmäßig durchgeführt. Erfahrungsgemäß pendelt sich meistens ein ein- bis zweiwöchiger Turnus ein.

Die meisten Vorstellungsübungen in Teil 2 dieses Handbuchs lassen sich sowohl zur Einführung eines neuen Themas als auch im Rückblick auf ein bekanntes Thema einsetzen:

- Jede Vorstellungsübung leitet dazu an, sich einen spezifischen Inhalt zu vergegenwärtigen und zu erkunden. Deshalb eignet sich das Unterrichtsinstrument besonders zur Einführung in ein neues Thema. Auch wenn ein neuer Begriff gebildet oder ein geometrisches Objekt gezeichnet bzw. berechnet werden soll, empfiehlt es sich, mit einer Vorstellungsübung zu beginnen.
- Vorstellungsübungen leiten auch immer wieder dazu an, sich einen spezifischen Inhalt zu vergegenwärtigen, um ihn dann weiter ausbauen zu können. Deshalb lassen sich Vorstellungsübungen auch rückblickend einsetzen, zum Beispiel wenn ein bekannter Sachverhalt oder ein bekannter Begriff facettenreicher beleuchtet und vertieft werden soll.

Aus diesem Grund ist die Spanne der in Teil 2 angegebenen Klassenstufen auch sehr groß (für Genaueres siehe Abschnitt 4.2).

2.2 Vorstellungsübungen im Unterricht – eine Minimal- und eine Luxusvariante

Wie kann mit Vorstellungsübungen im Mathematikunterricht gearbeitet werden? In diesem Abschnitt werden zwei mögliche Inszenierungen beschrieben. Zunächst handelt es sich um eine einfache Minimalvariante, die zeigt, wie sich Vorstellungsübungen ohne große Umstellung in den üblichen Unterricht integrieren lassen. Individuelle Vorstellungen werden aktiviert und gewissermaßen dem Bewusstsein der Lernenden entlockt. Es folgt ein Gespräch, das diese Vorstellungen zum Thema hat.

In der zweiten Variante, der Luxusvariante, stehen individuelle Vorstellungen nicht nur als Gesprächsstoff zur Verfügung, sondern werden weiterentwickelt. Vorstellungen bilden dann die Basis eines Wissens, das man gemeinschaftlich erarbeitet. An einem konkreten Unterrichtsbeispiel soll demonstriert werden, welche weitreichenden Folgen dieser vorstellungsbasierte Mathematikunterricht hat.

! Bitte verstehen Sie die folgenden Unterrichtsvarianten als Anregungen. Es ist Ihrem didaktischen Feingefühl überlassen, wie Sie die Arbeit mit mathematischen Vorstellungsübungen gestalten.

! Selbst wenn Vorstellungsübungen regelmäßig in der Minimalvariante durchgeführt werden, treten die im Abschnitt 1.3 genannten Effekte auf. Mit der Luxusvariante soll deutlich werden, welches Potenzial darüber hinaus in Vorstellungsübungen liegt. Lassen Sie sich dadurch anregen, selbst zu experimentieren und eigene Wege zu gehen.

Minimalvariante: Aufbau und Besprechung individueller Vorstellungen

Jede Vorstellungsübung durchläuft mindestens zwei Phasen, eine Phase des Vorstellens (etwa fünf Minuten) und eine Phase der Besprechung (zehn bis fünfzehn Minuten) (siehe Abb. 1).

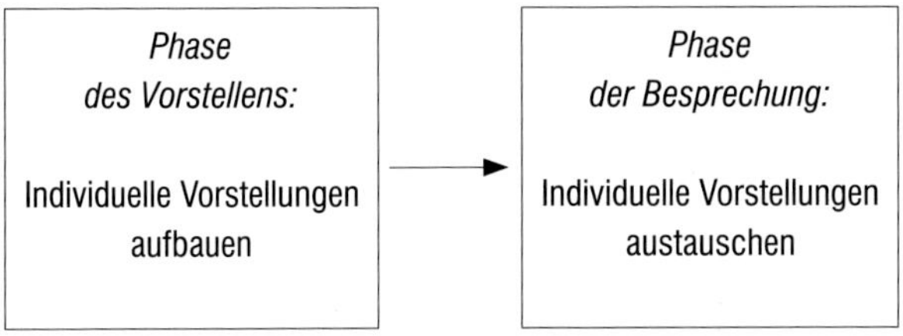

Abb. 1: Ablauf von Vorstellungsübungen (Minimalvariante)

Die Phase des Vorstellens: Aufbau von individuellen Vorstellungen

Die Klasse sitzt an ihren Plätzen. Die Lehrkraft eröffnet die Vorstellungsübung, indem sie die Schülerinnen und Schüler bittet, alle Gegenstände beiseitezulegen und es sich auf dem Stuhl bequem zu machen. Als Option wird vorgeschlagen, den Kopf auf den Arm zu legen oder die Augen zu schließen. Selbst wenn nicht alle Schülerinnen und Schüler schon in ihrer ersten Vorstellungsübung die Augen schließen, so nehmen sie diese Einladung nach wenigen Vorstellungsübungen dennoch wahr.

Zur Unterstützung dienen Sätze, wie sie auch für den Beginn einer Konzentrationsübung typisch sind (drei Pünktchen „…" stehen für eine kurze Sprechpause):

> Bringen Sie bitte Ihren Körper in eine entspannte Position, in der Sie sich für einige Minuten gut konzentrieren können. … Wenn Sie mögen, schließen Sie Ihre Augen. … Achten Sie einen Moment lang auf Ihre Atmung … verändern Sie sie nicht, nehmen Sie einfach wahr, wie die Luft herein- und hinausströmt. … Und nun können wir mit der Vorstellungsübung beginnen.

Hat sich eine Klasse an Vorstellungsübungen bereits gewöhnt, so fällt diese Eröffnung kürzer aus und schließlich ganz weg.

Nach der Eröffnung trägt die Lehrkraft den Text der Übung vor. Mit ruhiger Stimme und gedrosselter Geschwindigkeit spricht sie die Vorstellungsanleitung, ohne dass die Spannung dabei abfallen sollte. Um sich nicht in Formulierungen zu verheddern, liegt der Text am besten in schriftlich ausgearbeiteter Form vor.

Jede Vorstellungsübung wird mit zwei Fragen abgeschlossen, einer mathematischen Frage und einer Frage zum individuellen Vorstellungsaufbau in seiner Gesamtheit. Die Schülerinnen und Schüler erhalten ein bis zwei Minuten Zeit, um sich gedanklich mit diesen beiden Fragen auseinanderzusetzen. Dabei halten sie die Augen wenn möglich weiter geschlossen. In dieser Zeit rekapitulieren sie ihre individuell konstruierten, sachbezogenen Vorstellungen und beginnen bereits, die Vorstellungen umzubauen oder weiterzuentwickeln. Erbringen die Schülerinnen und Schüler diese kognitiv anspruchsvolle Leistung, ist die innere Bühne bereit, um die individuellen Vorstellungen für eine eigenständige und produktive Auseinandersetzung mit der fachlichen Frage einzusetzen.

Die Phase der Besprechung: Austausch individueller Vorstellungen

Nach der Phase des Vorstellens drängt es die Schülerinnen und Schüler, ihre Vorstellungen zu überprüfen und zu vergleichen. So entstehen zu Beginn der zweiten Phase spontane Notizen (für Beispiele von Schülerskizzen, die im Anschluss an die Vorstellungsübung der rutschenden Leiter PL2 entstanden sind, siehe Abb. 2). In der Minimalvariante wird dem großen Mitteilungsbedürfnis und der Neugier in Form von Gesprächen direkt im Anschluss an die Vorstellungsphase stattgegeben. In kleinen, selbstmoderierten Gruppen beschreiben die Schülerinnen und Schüler ihre eigenen Erlebnisse und Vorstellungen und erkundigen sich nach den Erlebnissen und Vorstellungen ihrer Nachbarinnen und Nachbarn.

Auch die mathematische Frage führt meist zu regen Diskussionen. Es wird experimentiert und argumentiert, Vermutungen werden geäußert, begründet oder widerlegt. Dabei sind die Übergänge zwischen den Gesprächen über eigene Vorstellungsweisen und über Vermutungen hinsichtlich der mathematischen Frage fließend. Die Erfahrung zeigt, dass die Lehrperson während dieses Austauschs „außen vor" ist. Nur selten erkundigt sich etwa eine Schülergruppe nach den individuellen Vorstellungen der Lehrperson.

Nach einer Weile flauen die freien Gespräche in den Kleingruppen ab und die ganze Klasse wendet sich wieder der Lehrperson zu. Meistens wird diese nun aufgefordert, die mathematische Frage aus fachlicher Sicht zu klären. Die Lehrperson kann der Forderung nachgeben, kann die mathematische Frage klären und verschiedene weitere, sich anschließende Fragen diskutieren lassen. (Im Teil 2 dieses Buchs finden sich am Ende jeder Vorstellungsübung Anregungen für entsprechende Anschlussfragen.)

An dieser Stelle entscheidet sich, wie weit eine Vorstellungsübung trägt. Entspricht die Lehrperson der Forderung nicht und vermeidet, die Schülervorstellungen zu kommentieren oder die Klasse mit der fachlichen Sicht zu konfrontieren, können Vorstellungsübungen ihr eigentliches Potenzial entfalten. Dann übernehmen die Schülerinnen und Schüler die fachliche Sicht nicht einfach, sondern setzen sich vertieft mit ihren eigenen Vorstellungen auseinander und entwickeln sie weiter. Und erst dann lernt man als Lehrperson viel über die mathematischen Vorstellungen und Herangehensweisen von Schülerinnen und Schülern kennen. Diese Luxusvariante der Durchführung wird nun an einem konkreten Unterrichtsbeispiel gezeigt.

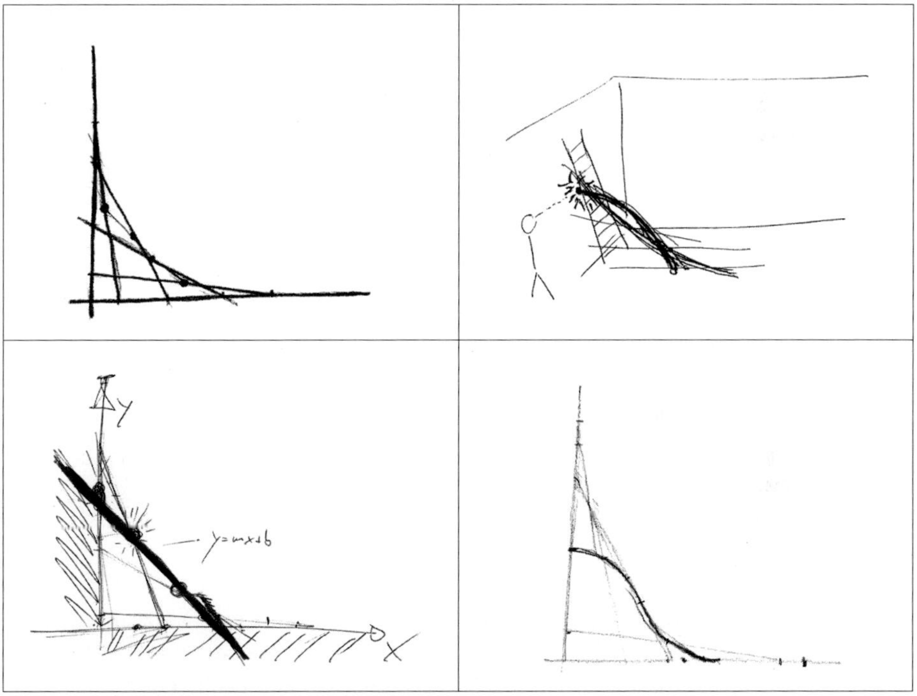

Abb. 2: Schülerskizzen von individuellen Vorstellungen

Luxusvariante: Weiterentwicklung individueller Vorstellungen

Individuelle Vorstellungen werden durch die Tagesrealität leicht verwischt und verflüchtigen sich allzu schnell. Sollen sie nicht nur besprochen, sondern über mehrere Lektionen hinweg weiterentwickelt werden, lohnt es sich, diese Vorstellungen gezielt abzurufen und schriftlich festzuhalten. Deshalb wird zwischen den beiden Phasen der Minimalvariante zusätzlich eine Phase der Verschriftlichung (etwa zehn Minuten) eingeschaltet (siehe Abb. 3).

Phase des Vorstellens: Individuelle Vorstellungen aufbauen	→	*Phase der Verschriftlichung:* Individuelle Vorstellungen dokumentieren	→	*Phase der Besprechung und der Reflexion:* Individuelle Vorstellungen austauschen und weiterentwickeln

Abb. 3: Ablauf von Vorstellungsübungen (Luxusvariante)

Das folgende Beispiel stellt einen Versuch dar, den ich mit meiner eigenen Klasse durchgeführt habe.[1]

Die Phase der Verschriftlichung: Dokumentation individueller Vorstellungen
Als Einführung in das Thema „Kreise und Ellipsen als Bahnkurven" wurde die Vorstellungsübung der rutschenden Leiter durchgeführt (siehe PL2 in Kap. 6). Direkt anschließend erhielten die Lernenden den Auftrag, sämtliche Vorstellungen zu dokumentieren und einzuschätzen. Er lautete folgendermaßen:

> a) *Welche Form hat die Leuchtkurve, die die Lampe bei der Bewegung der Leiter in das verdunkelte Zimmer „zeichnet"? Beschreiben Sie Ihre Vermutungen und fertigen Sie eine Skizze an.*
> b) *Notieren Sie all Ihre Vorstellungen – Bilder und Handlungen –, die Sie im Verlauf der Vorstellungsübung herangezogen haben.*
> c) *Welche Vorstellungen aus b) waren im Hinblick auf Ihre Vermutungen aus a) eher nützlich? Welche waren eher hinderlich?*

Nachdem dieser Auftrag im Unterricht bearbeitet worden war, lag ausführliches Material in Form von Skizzen und Texten vor. Vier Schülerantworten auf die Frage a) wurden – der Häufigkeit nach sortiert – bereits in Abb. 2 gezeigt (siehe auch Umschlagseite). An dieser Stelle werden nun einige Schülerdokumente vollständig abgedruckt und kurz diskutiert. In den Dokumenten spiegeln sich Gedanken und Prozesse wider, die meinen langjährigen Erfahrungen mit Vorstellungsübungen entsprechen. Die abgebildeten Schülerdokumente von Tanja, Jonas und Luca (Namen geändert) sind also typisch.

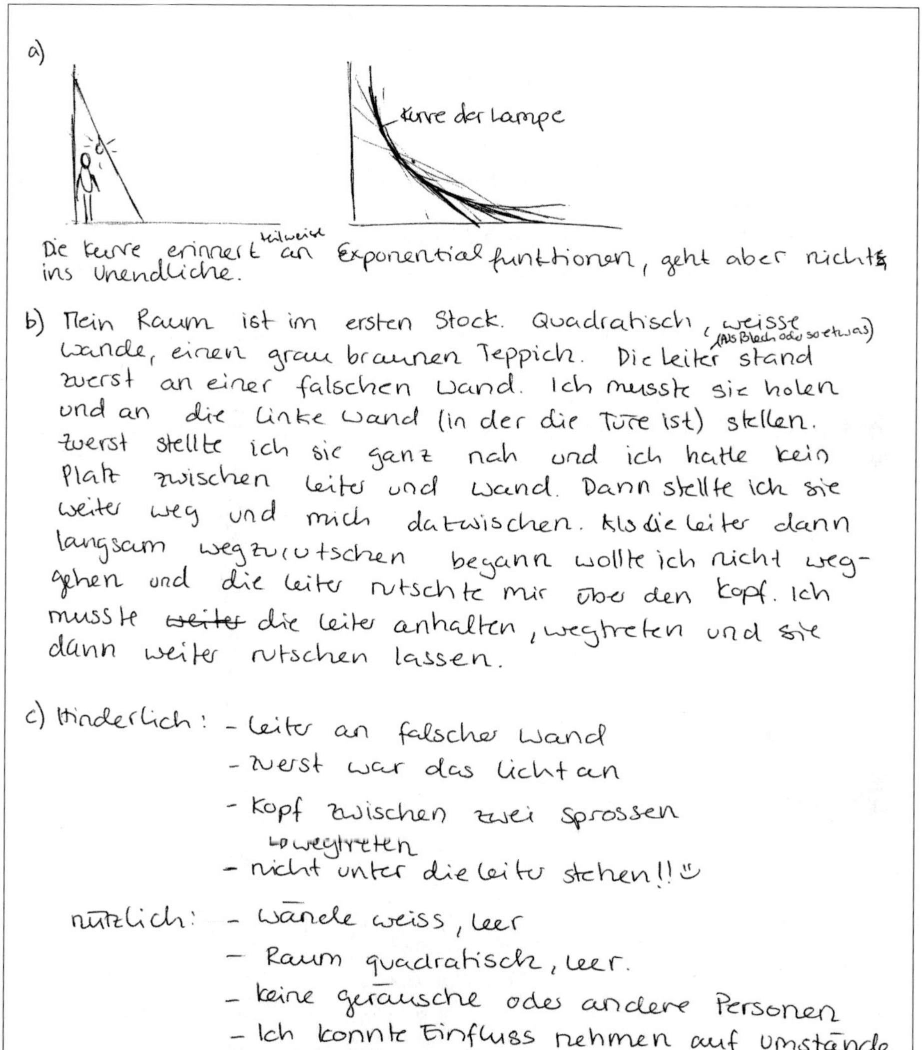

a)

Kurve der Lampe

Die Kurve erinnert teilweise an Exponentialfunktionen, geht aber nicht ins Unendliche.

b) Mein Raum ist im ersten Stock. Quadratisch, weisse (Als Blech oder so etwas) Wände, einen grau braunen Teppich. Die Leiter stand zuerst an einer falschen Wand. Ich musste sie holen und an die linke Wand (in der die Türe ist) stellen. Zuerst stellte ich sie ganz nah und ich hatte kein Platz zwischen Leiter und Wand. Dann stellte ich sie weiter weg und mich dazwischen. Als die Leiter dann langsam wegzurutschen begann wollte ich nicht weggehen und die Leiter rutschte mir über den Kopf. Ich musste ~~weiter~~ die Leiter anhalten, wegtreten und sie dann weiter rutschen lassen.

c) Hinderlich:
- Leiter an falscher Wand
- zuerst war das Licht an
- Kopf zwischen zwei Sprossen
- → wegtreten
- nicht unter die Leiter stehen!! :)

nützlich:
- Wände weiss, leer
- Raum quadratisch, leer.
- keine Geräusche oder andere Personen
- Ich konnte Einfluss nehmen auf Umstände, Licht löschen etc.

Abb. 4: Vorstellungen lassen sich beeinflussen (Tanjas Hefteintrag)

Wie die meisten Schülerinnen und Schüler vermutet Tanja spontan, dass die Bahnkurve nach unten ausgebuchtet sein muss und damit linksgekrümmt ist (siehe Abb. 4). Sie fühlt sich an den Graphen einer „Exponentialfunktion" erinnert, relativiert ihre Aussage aber sogleich und weist auf die Endlichkeit der Bahnkurve hin.

Bemerkenswert an Tanjas Hefteintrag ist der Schlusssatz: *„Ich konnte Einfluss nehmen auf Umstände, Licht löschen etc."* So hinderlich ein individuell aufgebautes Vorstellungsbild auch sein kann – und Tanjas Vorstellung, dass ihr die Leiter *„über den Kopf"* rutscht, ist alles andere als angenehm oder gar produktiv –, sie kann umgebaut oder gar zurückgedrängt werden. Vorstellungen stehen nicht fest, sondern lassen sich beeinflussen – eine weitreichende Erkenntnis für die erfolgreiche Arbeit mit individuellen Vorstellungen!

Auch Jonas scheint „intuitiv" an eine linksgekrümmte Bahnkurve zu denken, wenn er von einer „Hyperbel" spricht (siehe Abb. 5).[2] Seine Skizze verschiedener Haltepunkte der Lampe lässt ihn nicht nur eine „Kreisbahn" vermuten, sondern auch analysieren und verstehen, wie die falsch gerichtete Krümmung zustande kommt. Die Frage nach den hinderlichen Vorstellungen führt Jonas dazu, dass er die kognitive Ursache für die irritierende Linkskrümmung herausfinden will – was ihm dann auch perfekt gelingt: *„Das Bild der Hyperbel kommt daher, dass ich mich auf die Leiter konzentrierte und nicht auf den Punkt. Die Grenze der ‚Leitern-Bilder' ist eine Hyperbel."*

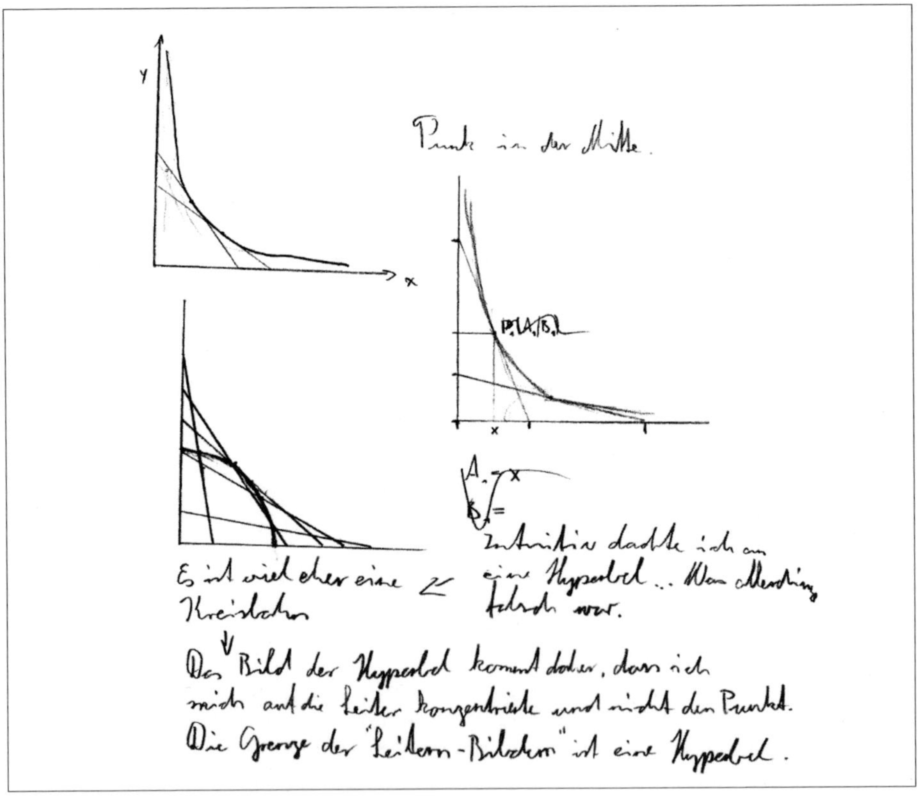

Abb. 5: Hinderliche Vorstellungen haben ihre Ursache (Jonas' Hefteintrag)

Die Ursache für die Dominanz der linksgekrümmten Leuchtkurve scheint also darin zu liegen, dass das Vorstellungsbild der gleitenden Leiter (trotz der Verdunkelung des Zimmers) nicht genug ausgeblendet werden kann. Vielmehr wird die gesuchte Leuchtkurve von der Hüllkurve, entstehend durch die Schar aller Leiterlagen, verdrängt. Durch diese Erkenntnis gelingt es Jonas im Folgenden, das hinderliche Vorstellungsbild der „Hyperbel" zurückzudrängen.

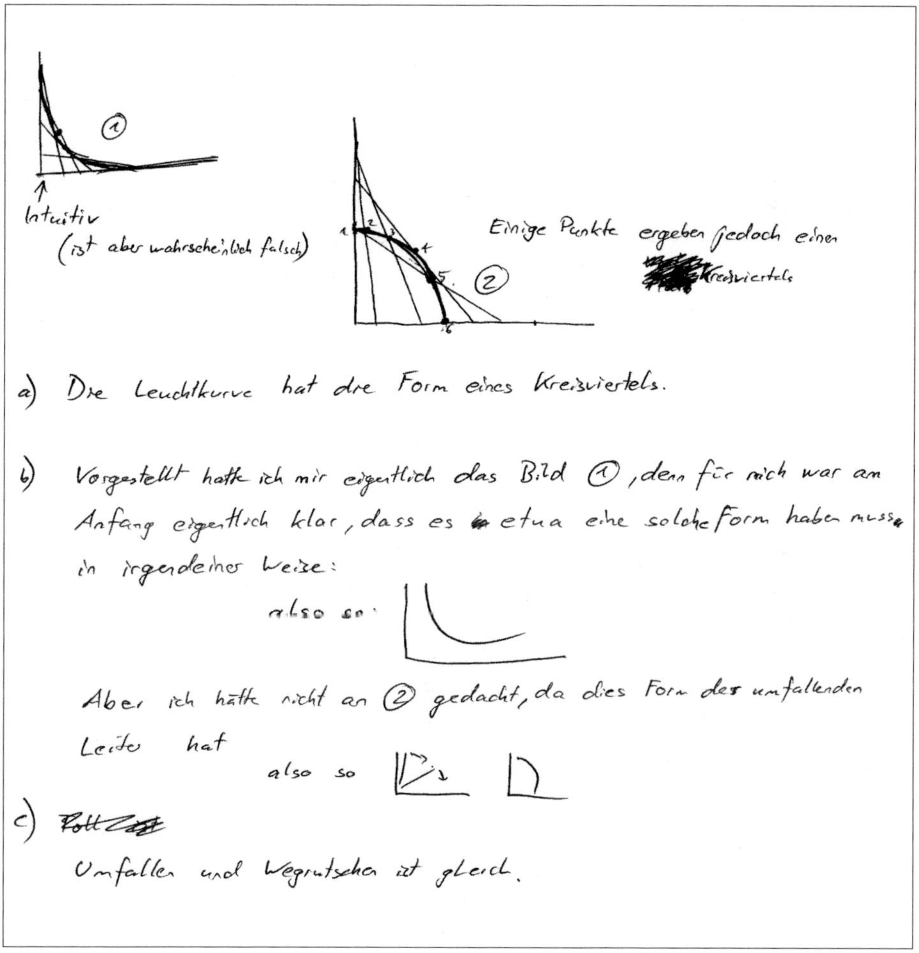
①
Intuitiv
(ist aber wahrscheinlich falsch)
②
Einige Punkte ergeben jedoch einen Kreisviertels

a) Die Leuchtkurve hat die Form eines Kreisviertels.

b) Vorgestellt hatte ich mir eigentlich das Bild ①, denn für mich war am Anfang eigentlich klar, dass es etwa eine solche Form haben muss in irgendeiner Weise:

also so:

Aber ich hätte nicht an ② gedacht, da dies Form der umfallenden Leiter hat

also so

c) ~~Rott Z~~

Umfallen und Wegrutschen ist gleich.

Abb. 6: Vorstellungen können produktiv gemacht werden (Lucas Hefteintrag)

Wie Tanja und Jonas stellt sich auch Luca „intuitiv" eine nach unten ausgebuchtete, linksgekrümmte Leuchtkurve vor (siehe Abb. 6). Erst die Zusammenschau mehrerer einzelner Leiterpositionen lässt ihn umdenken und vermuten, dass es sich bei der Leuchtkurve um ein „Kreisviertel" (und damit um eine rechtsgekrümmte Kurve) handelt. Er beantwortet die Fragen b) und c) zwar nicht, aber er baut die von der Vorstellungsübung beschriebene Situation um und lässt die Leiter umfallen statt rutschen. Entsprechend formuliert er auf die Frage c) nach den nützlichen und hinderlichen Vorstellungen die lapidare Behauptung *„Umfallen und Wegrutschen ist gleich"* – eine produktive Vorstellung, die ins Zentrum der Sache trifft!

Damit kann Luca die Vorstellung der falsch gekrümmten Bahnkurve nicht nur zurückdrängen. Es gelingt ihm darüber hinaus, seine hinderliche Vorstellung so umzubauen und produktiv zu machen, dass sie ihm – und der ganzen Klasse – im Weiteren als tragfähige Kernidee der rutschenden Leiter dient. Auf dieser Grundlage wird es Luca im Laufe der nächsten Phase nicht nur glücken, die Kreisgestalt argumentativ zu begründen, sondern er wird darüber hinaus aus eigenen Stücken algebraisch beweisen, dass die Leuchtkurve einer Lampe, die nicht in der Mitte einer rutschenden Leiter befestigt ist, die Form einer Ellipse hat.

Die Phase der Besprechung und Reflexion: Weiterentwicklung individueller Vorstellungen und gemeinschaftlicher Wissensbildungsprozess

Die entstandenen Schülerdokumente lassen sich hervorragend als Ausgangsmaterial für den weiteren Mathematikunterricht nutzen. Nachdem alle Schülerinnen und Schüler ihre individuellen Vorstellungen aufgebaut und dokumentiert haben, wird ihrem (berechtigten) Interesse an den Vorstellungen und Gedanken anderer Personen Raum gegeben.

Deshalb wird die Klasse mit dem nächsten Auftrag zu einem Schreibgespräch aufgefordert. Die Schülerinnen und Schüler rücken in ihren Bänken um eine gewisse (nicht zu geringe) Anzahl Sitzplätze weiter und kommentieren den Hefteintrag ihrer Mitschülerin oder ihres Mitschülers schriftlich. Der Auftrag, unter dem die Lektüre in unserem Unterrichtsbeispiel stattfand, lautete wie folgt:

Lesen Sie den Hefteintrag Ihrer Mitschülerin/Ihres Mitschülers und formulieren Sie Rückmeldungen:

d) Welche Vorstellungen finden Sie bemerkenswert? Weshalb?
e) Welche Vorstellungen in d) sind Ihnen zur Beantwortung der Frage a) nützlich? Inwiefern?
f) Wie lautet nun Ihre Antwort auf die Frage a)? Welche Begründung haben Sie dafür?

Mit den Fragen d) und e) werden die individuellen Vorstellungen anderer Personen in den Blick genommen und erfahren eine grundsätzliche Wertschätzung. Dadurch wird aber auch – und das ist entscheidend – die Tragfähigkeit der eigenen Vorstellungen genauer erkannt, und dies ist eine grundlegende Voraussetzung für ihre Weiterentwicklung. Nach diesem Perspektivenwechsel erhalten die Schülerinnen und Schüler deshalb Gelegenheit, sich selbst noch einmal mit der rutschenden Leiter auseinanderzusetzen (Frage f)). Auf diese Weise wird die Auseinandersetzung mit der mathematischen Frage und den eigenen Vorstellungen vertieft und findet unter einem neuen, erweiterten Blickwinkel statt.[3]

Im konkreten Fall, das heißt im realen Unterrichtsbeispiel, wurden diese neuen Fragen bearbeitet, ohne dass ich sortierend oder (er)klärend eingegriffen hätte. Meine Rolle bestand nach wie vor in der Moderation des Unterrichtsprozesses. Um den Wunsch nach der erlösenden Antwort aber schließlich zu erfüllen und dennoch die Sache für sich sprechen zu lassen, regte ich im vorliegenden Fall ein Experiment an. Es wurde von zwei Lernenden mit einem großen Lineal an der Wandtafel durchgeführt. Dies führte wenigstens vorübergehend zu einer zufriedenstellenden Klärung des Sachverhalts – dass nämlich die Lampe der rutschenden Leiter auf einem nach oben ausgebuchteten, rechtsgekrümmten Kreisbogen zu laufen scheint.

Der *gemeinschaftliche Wissensbildungsprozess* beginnt jetzt, nachdem die eigenen Vorstellungen aufgebaut und fremde Vorstellungen konsultiert worden sind. Dazu erhält die Klasse eine Auswahl von Schülerdokumenten, die aus den bisher entstandenen Schülerbeiträgen zusammengestellt ist (sog. *Autographensammlung*).[4] Hier, bei der Wahl geeigneter Schülertexte, muss die Lehrperson ihre gesamte fachliche und didaktische Kompetenz ins Spiel bringen – nicht, um möglichst fehlerfreie Gedankengänge oder fachbuchähnliche Darstellungen zu finden, sondern um solche Schülertexte auszusuchen, die jenseits fachlicher Normen auf einen kreativen Kern schließen lassen (siehe auch Abschnitt 2.3). In eine Autographensammlung gehen geniale Irrtümer also genauso ein wie Erkenntnisse oder Fragen der Klasse. So wurden im vorliegenden Fall unter anderem Auszüge aus den bereits abgebildeten Heften von Jonas und Luca aufgenommen (siehe Abb. 5 und 6 weiter oben).

Diese Autographensammlung wurde der Klasse mit einem weiteren Auftrag abgegeben:

> *Unser Experiment deutet darauf hin, dass die an der Leiter befestigte Lampe eine rechtsgekrümmte Kurve beschreibt:*
> *a) Entwickeln Sie weitere Argumente, die für diese Gestalt der Leuchtkurve sprechen.*
> *b) Bestimmen Sie die genaue mathematische Gestalt der Leuchtkurve.*

Da der Auftrag auf der Grundlage des gemeinsamen Experiments und der ausgewählten Schülerdokumente bearbeitet wurde, entwickelte die Klasse Schritt für Schritt gemeinschaftliches Wissen, und dieses Wissen steht im Gegensatz zur Vermittlung von fertigem Fachwissen.

Zur Illustration folgen zwei Schülerdokumente, die infolge des zweiten Auftrags entstanden sind. Die Vermutung „Umfallen und Wegrutschen ist gleich" fließt in mehrere Argumente für die Kreisgestalt der Leuchtkurve ein. Ihr Autor Luca untermauert sie nun, indem er die rutschende und die fallende Leiter zusammenfasst und mit den Klingen einer Schere vergleicht. Darüber hinaus erkennt er, dass gewissen Klapptischen dasselbe Funktionsprinzip zugrunde liegt: *„Das Prinzip wird auch bei Möbeln ausgenutzt, nämlich bei Möbeln bei denen eine Front zur Tischplatte geöffnet werden kann. z. B. eine Bar kombiniert in einer Commode"* (siehe Abb. 7; die Stange, die die Tischplatte an der Führungsstange befestigt, entspricht der halben Leiter).

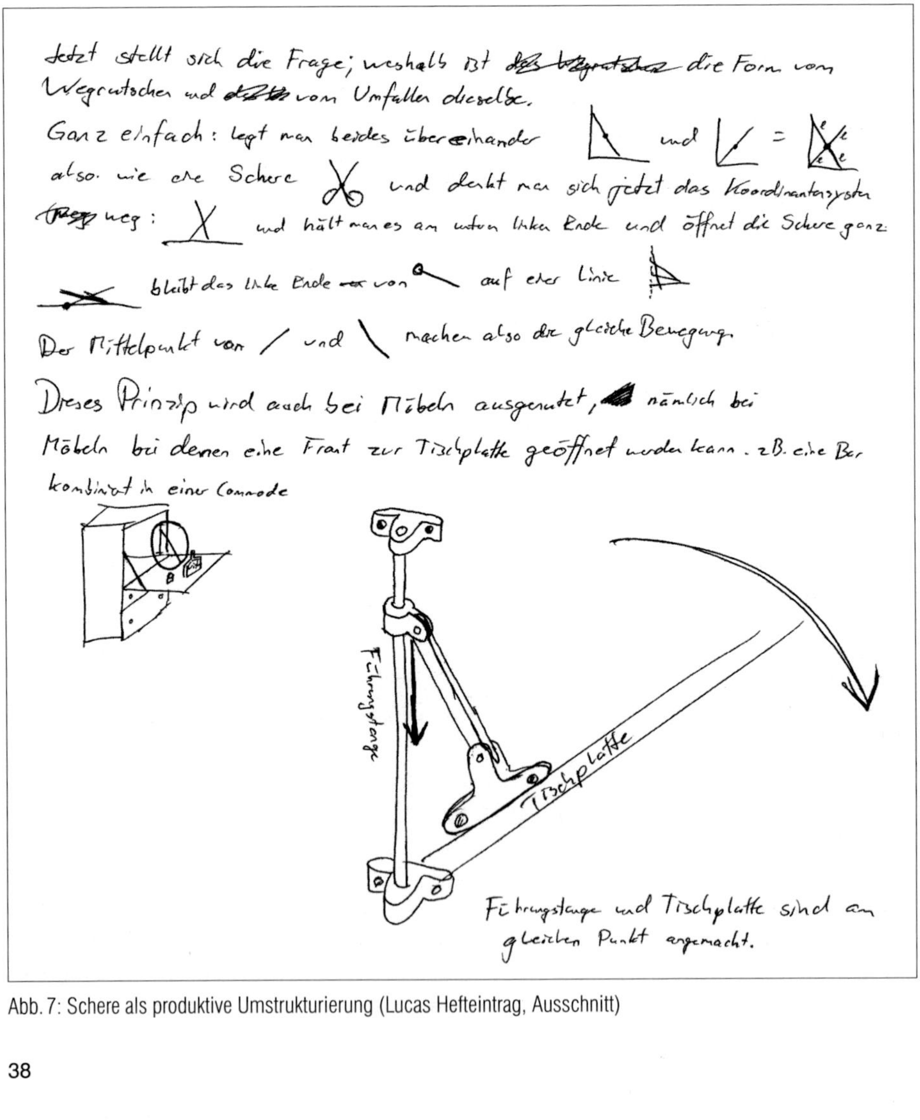

Abb. 7: Schere als produktive Umstrukturierung (Lucas Hefteintrag, Ausschnitt)

In eine ähnliche Richtung denkt Tom, der die Leitermitte und die Stelle, wo die Wand auf den Boden trifft, mit einer Stange – er spricht von „Pfahl" – verbindet. Bei ihm greift die Bewegung nicht mehr an der Leiter, sondern vielmehr an der Stange an. Dies stellt ihn jedoch nicht zufrieden: *„Wieso muss der Raum statisch sein und die Leiter mobil?"* Anschließend nimmt er eine radikale Umstrukturierung vor und vertauscht die Rollen von Leiter und Zimmer: Tom schlägt vor, die Leiter festzuhalten und das Zimmer um die Leiter herumzudrehen (siehe Abb. 8). Eine unerwartete Sichtweise, deren Produktivität dem Autor wohl kaum bewusst ist: Mit ihr wird der Satz des Thales – und damit die Konstanz des Abstands zwischen der Stelle, an der die Wand senkrecht auf dem Boden steht, und der Lampe – nur knapp verfehlt. Nach einem erneuten Rollentausch folgt daraus die gesuchte Viertelkreisform der Leuchtkurve.

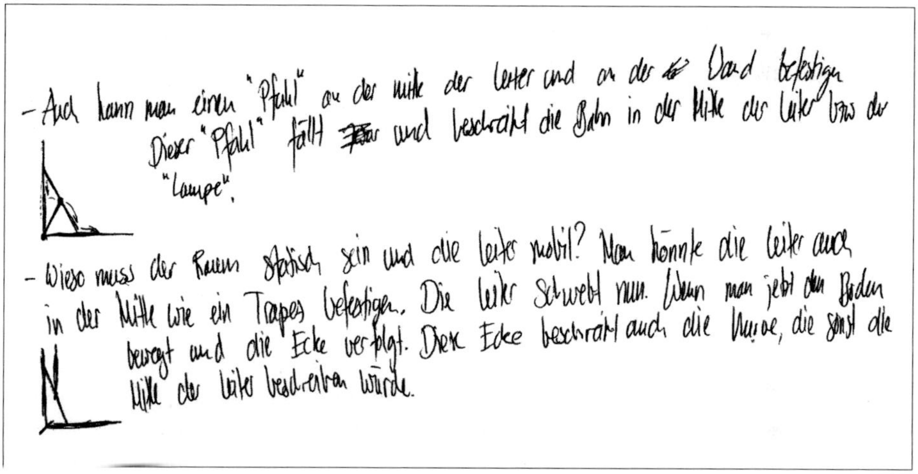

Abb. 8: Bewegung des Raums als produktive Umstrukturierung (Toms Hefteintrag, Ausschnitt)

Aus den hier abgebildeten und den verbleibenden Schülerdokumenten wird eine zweite Autographensammlung erstellt. Nun gelingt es mehreren Schülerinnen und Schülern aufgrund ihrer Vorarbeiten – immer noch ohne Lehrerintervention –, endgültig von der linksgekrümmten Kurvenform abzurücken und zu beweisen, dass die Lampe auf einem Kreisbogen läuft. Luca glückt nach mehreren Fehlversuchen sogar der Beweis, dass eine Lampe, die nicht in der Mitte der rutschenden Leiter befestigt ist, auf einer Ellipsenbahn läuft.[5]

Damit ist zwar einiges erreicht, aber längst nicht die ganze Fülle der Schülervorstellungen ausgenutzt. Wie können Lehrperson und Unterricht hier noch weiter profitieren?

Da in der Regel viele Schülerbeiträge gehaltvoll sind – was nicht mit ihrer Richtigkeit zu verwechseln ist –, lohnt es sich, einige auf ihren mathematischen Gehalt hin zu untersuchen. Deshalb wurde im beschriebenen Unterrichtsversuch statt eines einzelnen Folgeauftrags die Form eines Aufgabenblatts gewählt. Ein solches Aufgabenblatt kann diverse Vorstellungen und neue Ideen der Lernenden aufgreifen und aus fachlicher Sicht systematisieren. Beispielsweise war in einer Aufgabe die Kreisförmigkeit der Leuchtspur aus Toms Umstrukturierung abzuleiten und zu beweisen.[6]

Wie bei herkömmlichen mathematischen Aufgaben mussten die Schülerinnen und Schüler in dieser Unterrichtsphase Modelle bilden und formalisieren, argumentieren und beweisen. Mit Vorstellungsübungen lässt sich also ein Unterricht moderieren, der individuelle Vorstellungen evoziert und weiterentwickelt, ohne auf gymnasiale Ansprüche zu verzichten.

2.3 Gelingensbedingungen

In diesem Abschnitt werden einige wichtige Bedingungen für die erfolgreiche Durchführung von Vorstellungsübungen genannt. Diese Bedingungen sind als Orientierungen und Empfehlungen zu verstehen, nicht als starre Regeln. Sie können auch das Gelingen der Übungen nicht garantieren. Da die Persönlichkeit des Lehrers und der Lehrerin mit über den Erfolg und Misserfolg eines neuen Unterrichtsinstruments entscheidet, zielen die folgenden Empfehlungen besonders auf Haltungen von Lehrpersonen.

Vorstellungsübungen verlangen die gesamte fachliche und didaktische Kompetenz

Ein Unterricht mit Vorstellungsübungen ist, ähnlich wie der Einsatz offener Aufgaben, viel weniger vorhersehbar und deshalb auch viel weniger planbar als ein Unterricht, in dem fertige Verfahren und Lösungen dargestellt werden. Deshalb macht der Kommentar zu den Übungen in Teil 2 dieses Buchs mit einigen überraschenden Vorstellungs- und Denkwegen von Schülerinnen und Schülern bekannt (bei den jeweils ersten beiden Übungen eines Typs).

Selbstverständlich muss die Lehrperson nicht alle Vorstellungen aufgreifen, insbesondere dann nicht, wenn sie rein assoziativer oder dekorativer Natur sind. Die herausfordernde Frage lautet vielmehr: *Welche Vorstellungen enthalten einen produktiven Kern, der für den intendierten mathematischen Themenkreis relevant ist?*[7] Hier muss die Lehrperson ihre gesamte fachliche und didaktische Kompetenz ins Spiel bringen. Das heißt auch, dass sie sich nicht mit dem Königsweg zur Lösung zufriedengeben sollte. Stattdessen kennt sie unterschiedliche fachliche Sichtweisen ein und desselben Lerngegenstandes. Die Lehrperson ist an dieser Stelle besonders gefordert (siehe dazu in Abschnitt 2.2, Luxusvariante).

Vorstellungsübungen setzen Interesse an der Genese von Wissen voraus

Vorstellungsübungen fokussieren in erster Linie auf die Entstehungsgeschichten von Lösungen und erst in zweiter Linie auf die Lösungen. Das A und O des Gelingens besteht deshalb darin, dass sich die Lehrperson für alle individuellen Vorstellungen interessiert, auch für die eigenen. Gefordert ist eine Haltung, die sich mit *forschender Neugier* umschreiben lässt. Wenn die Lehrperson vom Sinn und Zweck der Übungen nicht überzeugt ist, kann das Instrument auch nicht richtig genutzt werden. Findet sie die Vorstellungen der Schülerinnen und Schüler langweilig, wird es der Klasse kaum anders ergehen. In diesem Fall verkommen die Übungen zu einem anspruchsvollen mentalen „Fitnesstraining" (siehe auch Missverständnis Nr. 1 in Abschnitt 1.1).

Forschende Neugier heißt unter anderem, fachliches Wissen mindestens so lange zurückzustellen, bis die Schülerinnen und Schüler ihre Vorstellungen dargelegt haben (ohne sich deswegen zurückzuziehen). Forschende Neugier heißt aber auch, die Schere, die alles „Überstehende" und „Falsche" wegschneidet, nach einer Vorstellungsübung nicht gleich einzusetzen. Es geht nicht um Fragen wie „Was gibt zwei mal zwei?", sondern um Fragen der Art „Wie berechnen Sie zwei mal zwei? Wie stellen Sie sich das vor?".

Die Lernenden nehmen diese Grundhaltung viel leichter ein als wir Lehrerinnen und Lehrer. Gerade wenn wir uns primär als Fachleute für mathematisches Wissen verstehen, können wir mit dem neuen Unterrichtsinstrument nicht gut umgehen. Seien Sie neugierig auf die Vielfalt an kreativen und immer wieder auch überraschend produktiven Vorstellungen, die Ihnen entgegenkommen. Schülervorstellungen können auch uns neue Perspektiven eröffnen und ungeahnte Zugänge zur Mathematik aufzeigen, ob wir nun Berufsanfänger oder alte Hasen sind.[8]

Vorstellungsübungen erfordern Respekt

Damit Vorstellungsübungen gelingen, müssen sich alle Beteiligten – die Lehrperson wie auch die Schülerinnen und Schüler – ernst nehmen und Respekt füreinander aufbringen. Nur unter dieser Prämisse werden Vorstellungen überhaupt mitgeteilt.

Respekt drückt sich darin aus, dass individuelle Vorstellungen nicht mit einem defizitorientierten Blick betrachtet und nicht benotet werden. Die Lehrperson sollte vor allem versuchen, die Vorstellungen ihrer Schülerinnen und Schüler aus einer ermutigenden und entwicklungsorientierten Perspektive zu betrachten und zu verstehen. Auch mit Interpretationen darf sie nicht zu schnell bei der Hand sein. Auf die Frage, was sie an dem neuen Unterrichtsinstrument ärgert, schrieb zum Beispiel eine Schülerin: *„Wenn zu viel darüber geredet wird. Jeder hat seine eigenen Gedanken!"* Und Respekt kann schließlich heißen, dass man die Fortführung der Übungen einmal pro Schuljahr zur Diskussion stellt.

Vorstellungsübungen setzen Zeit und Muße voraus

Eigene Vorstellungen von mathematischen Inhalten aufzubauen, aufrechtzuerhalten und eventuell sogar schriftlich zu dokumentieren, ist anstrengend und bedarf einer großen Konzentration. Wenn eine Klasse übermütig oder erschöpft in den Mathematikunterricht kommt, lohnt es sich, die Vorstellungsübung mit einer kleinen Konzentrationsübung einzuleiten (siehe Abschnitt 2.2). Auf diese Weise wird die nötige Verlangsamung des Unterrichts erreicht. (Für das entsprechende Missverständnis Nr. 2 siehe Abschnitt 1.1.)

In Vorstellungsübungen befasst man sich streckenweise alleine mit einer mathematischen Frage, spürt den Auswirkungen der Fragestellung auf die eigenen Vorstellungen nach, stellt sich eigene Fragen. Das steht quer zu einer Unterrichtskultur, die sich dem „Durchnehmen" des Lehrplans verschrieben hat. Vorstellungsübungen unter Zeitdruck funktionieren nicht, sie brauchen eine gewisse Zeit. Aber sind fünfzehn bis zwanzig Minuten ein Zeitverlust, wenn dadurch intensive und sinnstiftende Lernprozesse in Gang kommen?[9]

Selbst wenn die genannten Gelingensbedingungen erfüllt sind, können Vorstellungsübungen zu Schwierigkeiten führen. Darum geht es im nun folgenden Abschnitt.

2.4 Schwierigkeiten und wie mit ihnen umgegangen werden kann

Der kognitive Anspruch des Unterrichtsinstruments bedingt, dass es mitunter nicht als Herausforderung, sondern als Überforderung wahrgenommen wird. Manche Hürden sind eher zu Beginn der Arbeit mit Vorstellungsübungen zu nehmen, andere Schwierigkeiten treten auch noch nach einer längeren Eingewöhnungszeit auf. Allerdings – und dies sei betont – tun sie der Akzeptanz von Vorstellungsübungen keinerlei Abbruch. Schwierigkeiten und Gegenmaßnahmen werden im Folgenden behandelt.

Anfangsschwierigkeiten

Wenn Vorstellungsübungen in einer Klasse neu eingeführt werden, lacht schon mal eine Schülerin oder ein Schüler. Vorstellungen scheinen nicht in ihr Bild von Mathematik zu passen, zu privat oder gar peinlich zu sein. Diese Verunsicherung legt sich spätestens dann, wenn alle Schülerinnen und Schüler die kognitive Seite ihrer Vorstellungen erlebt haben. Sie erkennen, dass nur dieser kognitive Aspekt relevant ist und thematisiert wird. Zudem haben sie es immer selbst in der Hand, welche Vorstellungen sie mitteilen und welche nicht.

Vermutlich aus demselben Grund verhalten sich einzelne Schülerinnen und Schüler – eher Schüler – in den ersten Vorstellungsübungen recht reserviert und warten erst einmal ab. Sie beobachten, was die anderen machen, was sie sich vorstellen und was sie preisgeben. Dies ist kein wirkliches Problem, denn mit zunehmender Gewöhnung an die Inszenierung kommen auch diese Lernenden mit Vorstellungsübungen zurecht. Nach und nach lassen sich alle Schülerinnen und Schüler auf die eigenen

Vorstellungen ein, beteiligen sich aktiv und beginnen, über Mathematik nachzudenken (siehe Effekt Nr. 3 in Abschnitt 1.3).

Eine weitere Anfangsschwierigkeit liegt in unangemessenen Erwartungen. Schülerinnen und Schüler gehen manchmal davon aus, dass ihre Vorstellungen „gestochen scharf" sein müssten und auf einer Art innerem Monitor erscheinen sollten. Die Verschwommenheit und Vagheit der real entstehenden Vorstellungen weckt zunächst wenig Vertrauen in die eigene Vorstellungskraft und in die Belastbarkeit eigener Vorstellungen. Gerade junge Menschen mit hohen Ansprüchen an die eigene Leistung tendieren dann zur Resignation, sie schließen: „Ich kann mir nichts vorstellen!" Solche vermeintlichen Vorstellungsschwierigkeiten lösen sich bei zunehmender Vertrautheit mit dem Unterrichtsinstrument auf.

Vorstellungsschwierigkeiten und hinderliche Vorstellungen

Wenn die Lernenden die Vorstellungsanleitung nicht verstehen und sich etwas anderes vorstellen, oder wenn sie ihre Vorstellungen nicht produktiv machen können, sprechen sie davon, „stecken zu bleiben" oder „aus der Kurve zu fallen". Meistens äußern sich diese *Vorstellungsschwierigkeiten* nicht erst bei der Besprechung, sondern bereits in der Vorstellungsphase: Man kann beobachten, wie eine Schülerin oder ein Schüler unruhig wird, sich zu bewegen beginnt oder die Augen öffnet.

Im Gegensatz zu den genannten Anfangsschwierigkeiten treten Vorstellungsschwierigkeiten immer wieder und unabhängig von der Vertrautheit mit dem neuen Unterrichtsinstrument auf. Wie eine Vorstellungsübung verfasst sein muss, um dieses Risiko klein zu halten, wird in Kapitel 3 ausgeführt. Dennoch sind Vorstellungsschwierigkeiten unvermeidlich. Es liegt in der Natur der Sache, dass die eigenen und die angeleiteten Vorstellungen leicht divergieren und man einen rein sprachlich vermittelten Sachverhalt nur teilweise nachvollziehen und sich unvollständig vorstellen kann. In dieser zu erbringenden Leistung besteht ja gerade eine der Herausforderungen des Unterrichtsinstruments. Mit folgenden Maßnahmen kann Vorstellungsschwierigkeiten vorgebeugt werden:

- Manchmal ist schon vor der Durchführung einer Vorstellungsübung abzusehen, dass ein Sachverhalt kognitiv sehr anspruchsvoll ist, etwa wenn er sich auf Vorerfahrungen bezieht, auf die nicht alle zurückgreifen können. In diesem Fall kann der Sachverhalt eingangs kurz erklärt oder auch dargestellt werden (Skizzen, Modelle). Dadurch entschärft sich zwar das Problem des Verständnisses, gleichzeitig wird der Vorstellungsübung etwas von ihrem Reiz – sich etwas bis dahin Unbekanntes vorzustellen – genommen. Hier ist zu überlegen, ob der intendierte Sachverhalt nicht anders, gewissermaßen traditionell präsentiert werden sollte. Will man dennoch mit einer Vorstellungsübung arbeiten, so empfiehlt es sich, Unterbrechungen einzuplanen. In die Vorstellungsphase wird ein Moment der klärenden Besprechung eingeschoben, um das Verständnis der angeleiteten Vorstellungen zu sichern (für ein Beispiel siehe P2). Im Anschluss an eine solche Unterbrechung werden die Schülerinnen und Schüler wieder in die aktuelle Vorstellungsübung zurückgeführt.

- Selbst bei umsichtiger Planung treten Vorstellungsschwierigkeiten auf. Oft sind sie nicht vorhersehbar und machen sich während der Durchführung in Form nonverbaler Signale (Unruhe, Öffnen der Augen) bemerkbar. Dieser Irritation kann man durch eine Abmachung begegnen: Wenn die Lernenden bei Vorstellungsschwierigkeiten die Hand heben, so zeigen sie an, dass sie die soeben beschriebenen Vorstellungsbilder und -handlungen nicht konstruieren können. Durch dieses nonverbale Signal wird der Rest der Klasse nicht gestört. Die Lehrperson kann – allenfalls mit anderen Worten – die letzte Vorstellungsanweisung langsam wiederholen oder das bisher Aufgebaute kurz zusammenfassen (also einen ungeplanten Haltepunkt einbauen). Lernende mit Vorstellungsschwierigkeiten erhalten dadurch eine weitere Möglichkeit, Vorstellungen zu entwickeln, Lernende ohne Schwierigkeiten können ihre Vorstellungen überprüfen.
- Mitunter überfordert eine Vorstellungsübung sogar die ganze Klasse. In diesem Fall kann die schriftliche Vorstellungsanleitung zur Verfügung gestellt werden. So können sich die Lernenden den Text im eigenen Tempo aneignen oder gegenseitig in Partner- bzw. Gruppenarbeit vorlesen. Da der Text dann allen vorliegt, lassen sich die Gründe für Vorstellungsschwierigkeiten leichter lokalisieren und die intendierten Vorstellungen doch noch aufbauen.

Vorstellungsschwierigkeiten entstehen jedoch nicht nur, wenn man sich einen beschriebenen Sachverhalt nicht oder nur ungenau vorstellen kann.[10] Auch bereits erworbene Vorstellungen und Konzepte, kurz: das vorhandene Wissen, auf das Vorstellungsübungen bewusst rekurrieren, kann sich den Vorstellungsanweisungen – ähnlich wie Denkbarrieren – in den Weg stellen. Diese *hinderlichen Vorstellungen* kommen aus sehr unterschiedlichen Gründen zustande:

- Der außermathematische Kontext kann Erinnerungen wecken, die zum Abschweifen einladen, und so von den intendierten Vorstellungen abführen. Dies ist wohl der häufigste Grund für Vorstellungsschwierigkeiten.
- Hinderliche Vorstellungen entstehen immer wieder beim Umbau eines Vorstellungsbilds: Durch Fokussierung auf Ausschnitte oder auf Symmetrieaspekte tritt das ursprüngliche Vorstellungsbild leicht in den Hintergrund. Wird es dann vom Ausschnitt ausgehend rekonstruiert, so sieht das neue Vorstellungsbild plötzlich anders aus als das ursprüngliche. Beispielsweise kann ein Würfel zu einer Pyramide mutieren, wenn man zu sehr auf die in einer Würfelecke zusammenlaufenden drei Kanten fokussiert (siehe Kommentar zu A2).
- Wie in visuellen Darstellungen werden auch bei Vorstellungsbildern nicht immer alle Merkmale gleichzeitig und gleichgewichtig wahrgenommen. Manche Elemente drängen sich in den Vordergrund oder werden – wider besseres Wissen – als zusammengehörig „gesehen". Die dafür verantwortlichen Mechanismen werden von den *Gestaltgesetzen* beschrieben. Hinderliche Vorstellungen, die auf Gestaltgesetze zurückzuführen sind, werfen immer wieder auch mathematische Fragen auf (für Beispiele siehe A2 und PL2).[11]

- Falls Vorstellungen wie reale visuelle Wahrnehmungen erlebt werden (sog. *Eidetik*), kann dies ihre gedankliche Bearbeitung erschweren. Die spezifischen Vorstellungen sind dann so realistisch, dass es kaum möglich ist, sie zu manipulieren und die mathematische Frage zu beantworten.
- Schließlich können individuelle Vorstellungen auch emotional negativ besetzt sein und die Übung scheitern lassen. Ein selbstbestimmter Umgang mit den eigenen Vorstellungen ist dann nicht mehr möglich, und die Vorstellungsübung ist abzubrechen. Stellt sich jemand beispielsweise vor, über einem dunklen, nach unten sich öffnenden Schacht zu stehen, kann dies Angst auslösen (für ein Beispiel siehe A9).

All diese hinderlichen Vorstellungen unterscheiden sich von Fehlvorstellungen. Während Fehlvorstellungen aus fachlicher Sicht nicht stimmen, sind hinderliche Vorstellungen aus denkpsychologischer Sicht zwar unpassend, können aber dennoch einen mathematisch produktiven Kern enthalten. Die Beurteilung von Schülervorstellungen hinsichtlich ihrer fachlichen Richtigkeit bzw. Falschheit setzt eine defizitorientierte Perspektive voraus, während die Beurteilung von Schülervorstellungen hinsichtlich ihrer Produktivität bzw. Hinderlichkeit eine entwicklungsorientierte Haltung erfordert. Um eine solche Haltung geht es hier. Entsprechend sind hinderliche Vorstellungen nicht – wie im Fall von Fehlvorstellungen – zu beseitigen, sondern sie sind umzubauen, bis sie passen (wie dies im Unterricht aussehen kann, zeigt Abschnitt 2.2). Dadurch erfahren die Lernenden, dass hinderliche Vorstellungen weder einfach hingenommen werden müssen noch für immer feststehen.

Dominiert ein hinderliches Vorstellungsbild so sehr, dass es sich einem Umbau widersetzt, kann ihm eine andere Vorstellung beigestellt werden (wie etwa die Ergänzung der rutschenden durch eine fallende Leiter in PL2). Dadurch verliert die hinderliche Vorstellung wenigstens ihre Dominanz.[12]

Anmerkungen

[1] Im Unterrichtsversuch wurde eine Klasse der Sekundarstufe II durch die Phase der Verschriftlichung zum Schreiben als Technik der Reflexion und Erkenntnisgewinnung geführt (Weber 2008). Dies gelang über einen Prozess, der nach den Prinzipien der dialogischen Didaktik gestaltet war (Ruf / Gallin 1998, Ruf 2008, Gallin 2008).

[2] Dieses Beispiel zeigt sehr schön, dass sich individuelle Vorstellungen oft in einer unbeholfenen und – aus fachlicher Sicht – falschen Sprache äußern, der „Sprache des Verstehens" (siehe Abschnitt 1.2).

[3] Obwohl im vorliegenden Unterrichtsversuch auf Wunsch der Klasse unterlassen, wäre dies die einzige Stelle, an der im Rahmen von Vorstellungsübungen eine Benotung denkbar wäre. Die Schülerdokumente könnten einer Prozessbewertung unterzogen werden, in der es nicht um die Richtigkeit, sondern um die Intensität geht, mit der man sich mit den eigenen und anderen Vorstellungen auseinandersetzt. Siehe auch Ruf / Gallin (1998, Bd. 1, S. 80–90) und Gallin (2008, S. 98 f.).

[4] Für die Arbeit mit Autographensammlungen in der dialogischen Didaktik siehe Ruf / Gallin (1998, Bd. 2, S. 244–250; 1998, Bd. 2, S. 167–176) und Gallin (2008, S. 99 f.).

[5] Dies ist beeindruckend, denn ihm (und der Klasse) waren Ellipsengleichungen unbekannt. Zum Beweis von Luca siehe Weber (2008, S. 156).

[6] Dieses Aufgabenblatt ist in Weber (2008, S. 157–159) erläutert und abgebildet.

[7] Im Sinne der dialogischen Didaktik geht es darum, zu erkennen, welche individuellen und damit singulären Vorstellungen „Auswirkungen im Regulären" haben (Ruf / Gallin 1998, Bd. 1, S. 257).

[8] Schon Freudenthal betont, wie wichtig es für Lehrpersonen ist, Lern- und Denkprozesse zu beobachten. Nur durch die Beobachtung solcher Prozesse bei den Schülerinnen und Schülern wie auch bei sich könne man verstehen, was lernenswert sei und wie Denken und Lernen verlaufe. Nicht zuletzt verbessere sich auf diese Weise auch das eigene mathematische Verständnis. (Freudenthal 1978, S. 74, 163, 171, 173 f.)

[9] Siehe auch Wagenscheins Aufsatz „Über die Aufmerksamkeit" (1979, Bd. 1, S. 351–361).

[10] Ein weiterer, denkpsychologischer Grund für Vorstellungsschwierigkeiten kann in unterschiedlichen Denkstilen liegen. Zieht man die Unterscheidung zwischen *prädikativen* und *funktionalen* Präferenzen heran, so könnten Personen, die einen prädikativen Denkstil bevorzugen, eher Mühe haben, ihre Vorstellungen zu bearbeiten und zu bewegen als solche Personen, die einen funktionalen Denkstil präferieren (Weber 2007, S. 221). Für eine Einführung in die Unterscheidung zwischen prädikativen und funktionalen Denkstilen anhand von Schülerbeispielen siehe Kaune, Christa (2007): „Der denkt irgendwie anders als ich" – Spuren kognitiver Strukturen in Schüleräußerungen. In: *Praxis der Mathematik in der Schule*, H. 15, S. 23–30.

[11] Die Gestaltgesetze erfassen Regeln, nach denen gewisse Gruppen von Bildpunkten („Gestalten") in visuellen Mustern bevorzugt wahrgenommen werden, zum Beispiel in optischen Täuschungen. Gestaltpsychologen wie Wertheimer interessierten solche wahrnehmungspsychologische Fragen besonders im Hinblick auf mathematisches Problemlösen. (Wertheimer 1957, Metzger 1986)

[12] In diesem Zusammenhang spricht Oser von *negativem Wissen* (2005, S. 26). Diese Form von Wissen besagt, was etwas nicht ist, wie etwas nicht funktioniert, welche Strategien zur Lösung komplizierter Probleme nicht beitragen und warum bestimmte Zusammenhänge nicht stimmen. Ein weiteres Beispiel negativen Wissens wird im Kommentar zur Vorstellungsübung B5 erwähnt.

3 Entwickeln eigener Vorstellungsübungen

Um Vorstellungsübungen zu verfassen, muss ein mathematischer Inhalt sprachlich aufbereitet werden. Wie ein Blick in die Beispielsammlung in Teil 2 zeigt, wird dazu nicht einfach ein bestimmter Kalkül oder ein mathematischer Beweis versprachlicht, denn Vorstellungsübungen sind keine Mathematikvorlesungen. Wie Vorstellungsübungen konstruiert werden und welche Inhalte sich besonders für Vorstellungsübungen eignen, erfahren Sie in diesem Kapitel. Damit erhalten Sie Hinweise für die Entwicklung eigener Vorstellungsübungen.

Im Folgenden werden drei Kriterien unterschieden, die beim Entwickeln eigener Vorstellungsübungen zu beachten sind: der mathematische Inhalt, die Sprache sowie die Reihenfolge der Textelemente. Jedem Kriterium sind weitere Anforderungen zugeordnet. Soll eine Vorstellungsübung im Unterricht gelingen, so muss sie diesen Anforderungen mindestens teilweise genügen. Vorab zwei Hinweise:

! Lassen Sie sich von der Fülle der Anforderungen nicht beeindrucken oder gar abschrecken – nicht jede Vorstellungsübung kann alle Anforderungen erfüllen, denn nicht in jedem Fall sind sie gleichermaßen wichtig. Je nachdem führen die verschiedenen Anforderungen sogar in unauflösbare Zielkonflikte und widersprechen sich. Es geht also weniger darum, jede Vorstellungsübung nach allen genannten Anforderungen zu optimieren, sondern ihnen bestmöglich gerecht zu werden.

! Orientieren Sie sich beim Verfassen Ihrer ersten Vorstellungsübungen an den vorgeschlagenen Regeln (für Übersichten siehe Tab. 1–3). Sobald Sie erste Erfahrungen gemacht haben, wissen Sie, worauf es ankommt, und werden weitere, eigene Anforderungen entwickeln.

Wie entstehen Vorstellungsübungen? Wie gehe ich zum Beispiel selbst vor? Ich entwerfe den entsprechenden Anleitungstext nur ganz selten am Schreibtisch und keinesfalls unter Vorlage von Texten und Skizzen aus Büchern, da sie mir den Blick verstellen. Die Idee für eine Vorstellungsübung stellt sich viel eher dann ein, wenn ich gewissermaßen „nebenbei" an der fachlichen Pointe eines mathematischen Inhalts herumdenke, also auf dem Sofa sitze oder Rad fahre. Nachdem ich mir die fachliche Pointe klargemacht habe, suche ich einen passenden, visualisierenden Kontext und entwerfe einen ersten Anleitungstext. Mit diesem konfrontiere ich einen Freund, vorzugsweise am Telefon. Anschließend arbeite ich die sprachlichen Formulierungen aus. Erst dann setze ich die Vorstellungsübung im Unterricht ein.[1]

Die Erfahrung zeigt, dass Vorstellungsübungen besonders gut funktionieren, wenn sie aus der eigenen Vorstellung heraus entwickelt und – unter Berücksichtigung der jeweiligen Zielgruppe – in möglichst natürlicher, ungekünstelter Sprache formuliert sind. Was heißt das genau?

3.1 Kriterium des mathematischen Inhalts

Vorstellungsübungen thematisieren *einfache* und gleichzeitig *reichhaltige mathematische Inhalte,* um ihre übergeordneten Ziele zu erreichen, nämlich Zuhörerinnen und Zuhörer durch mathematische Fragen anzusprechen und dadurch fachliche Prozesse anzustoßen (siehe Tab. 1). Die Anforderung der Einfachheit heißt keineswegs, nur Banales zu thematisieren oder altbekanntes Wissen einfach aufzuwärmen. Es geht vielmehr darum, die kognitive Komplexität eines Inhalts angemessen zu wählen, also weder zu tief noch zu hoch zu greifen. Der Inhalt einer Vorstellungsübung muss leicht zugänglich sein und gleichzeitig herausfordern.

Diese Anforderung ist in der anspruchsvollen Anlage des Unterrichtsinstruments begründet: Schließlich soll man sich einen Inhalt ohne Zuhilfenahme von Skizzen oder Modellen vorstellen. Je weniger Aufmerksamkeit für die gedankliche Rekonstruktion des Inhalts dabei in Anspruch genommen wird, umso leichter kann die Pointe entdeckt werden. Diese Bedingung ist erfüllt, wenn einfache mathematische *Phänomene* und *denkwürdige Probleme* zur Debatte stehen, wenn der Inhalt von Vorstellungsübungen also zum Staunen und Nachdenken anregt. Dadurch lösen Vorstellungsübungen Spannung und Interesse aus und ermöglichen einen persönlichen Zugang zur Mathematik. Sie kommen hinsichtlich des Inhalts der Forderung „Weniger ist mehr" in besonderem Maße nach.[2]

Eine nächste Bedingung, die ein mathematischer Inhalt erfüllen muss, ist seine *Visualisierbarkeit.* Geometrische Konstruktionen und Probleme, aber auch geometrische Begründungen erfüllen diese Anforderung naturgemäß. Topologische Inhalte bieten sich für Vorstellungsübungen ganz besonders an. Denn Vorstellungsbilder sind nicht exakt genug, um gemessen und berechnet werden zu können, und für geometrische Eigenschaften jenseits von Messen und Berechnen ist die Topologie zuständig.

Das heißt nicht, dass der mathematische Inhalt zwangsläufig aus dem Stoffgebiet der Geometrie stammen muss. Es genügt, wenn sich der Inhalt geometrisch umsetzen und veranschaulichen lässt. Aus diesem Grund lassen sich immer wieder auch Inhalte aus der Arithmetik (zum Beispiel Zahlenmuster, siehe PL5), der Algebra (binomische Formeln, B5) oder der Analysis (Konvergenz einer geometrischen Reihe, B2) aufgreifen. Dennoch hat die Forderung nach Visualisierbarkeit zur Folge – und darauf sei ausdrücklich hingewiesen –, dass sich nicht alle Stoffgebiete des Lehrplans thematisieren lassen. Vorstellungsübungen verstehen sich nur als ein Unterrichtsinstrument unter vielen anderen. Und: Ein Sachverhalt kann auch schon mal abseits des Lehrplans liegen, besonders wenn er als interessantes Phänomen im Horizont einer Klasse liegt.

Die notwendige Visualisierbarkeit bringt es insbesondere mit sich, dass Inhalte, die exakte oder absolute Größenangaben erfordern, nur unter Zuhilfenahme qualitativer Argumente zu einer Vorstellungsübung aufbereitet werden können (siehe beispielsweise B3). Da sich gedanklich vorgestellte Situationen beliebig strecken oder stauchen lassen, genügt es in den meisten Fällen schon, die Größenordnung („von einer Handbreit Länge") oder das Größenverhältnis („ein Drittel des Stabs") anzugeben. Damit schränkt die Forderung nach einer adäquaten Größenangabe weniger ein, als dies auf den ersten Blick erscheinen mag.

Eine dritte Anforderung lautet: Der mathematische Inhalt muss sich in einen *Bild- und Handlungskontext* einkleiden lassen, der *außermathematischer Natur* ist. In Vorstellungsübungen werden reale Objekte beschrieben, die man sich vorstellen kann. Das heißt nicht, dass nur Gegenstände beschrieben werden. Vielmehr werden die Zuhörerinnen und Zuhörer selbst in den Bildzusammenhang versetzt, um zu agieren, um an dem Inhalt gewissermaßen teilzunehmen. Und – das ist nicht minder wichtig – jede Vorstellungsübung leitet immer auch gedankliche Handlungen an. Diese Handlungen können sogar die ganze vorstellende Person ansprechen und sie auffordern, nicht nur Bilder zu bearbeiten und zu manipulieren, sondern sich selbst im Bildzusammenhang zu bewegen. Damit kommt Dynamik ins Spiel.[3]

Die Einkleidung in einen Alltagskontext soll nicht künstlich, nicht an den Haaren herbeigezogen wirken. Sie soll auch nicht suggerieren, hier würde Mathematik angewandt, um reale Probleme zu lösen. Der Alltagskontext soll die mathematische Frage zugänglicher machen, als es ein rein mathematischer Kontext zulassen würde. Dadurch wird der Einstieg in die Vorstellungsübung, die ja ohne darstellende Hilfsmittel auskommen muss, nicht zu hoch angesetzt. Schließlich lässt die Einkleidung viele Vorurteile, die gegenüber der Mathematik in Anschlag gebracht werden können, gar nicht erst aufkommen. Schülerinnen und Schüler haben zunächst mit einem außermathematischen Kontext zu tun und können dann sukzessive den mathematischen Inhalt erkunden, Vermutungen formulieren, eigene Fragen stellen. Anleitungen zur gedanklichen Manipulation mathematischer Symbole – „Stellen Sie sich vor, beide Seiten mit x zu multiplizieren!" – verfolgen offensichtlich ganz andere Ziele als Vorstellungsübungen.

Wie stark diese drei Anforderungen ausgeprägt sind, hängt von den Fähigkeiten der Zuhörenden ab. Eine Vorstellungsübung muss auf die entsprechende Schulklasse zugeschnitten sein und die Lehrperson darf nicht überschätzen, was sich Jugendliche in einem bestimmten Alter vorstellen können. Wenn sich eine Übung auf Hintergrundwissen und Vorerfahrungen bezieht, die gar nicht vorhanden sind, sind Vorstellungsschwierigkeiten vorprogrammiert.

Visualisierbarkeit und Einkleidung hängen sehr eng mit der Sprache zusammen, in der Vorstellungsübungen abgefasst werden. So darf die Visualisierung eines Inhalts nur so komplex sein, dass sie noch sprachlich zu fassen ist. Auch die Einkleidung eines mathematischen Inhalts in einen außermathematischen Kontext stellt eine sprachliche Herausforderung dar, ist man als Lehrkraft doch gewohnt, ein gewisses fachsprachliches Niveau zu pflegen. Mehr dazu im folgenden Abschnitt.

Einfacher, reichhaltiger Inhalt	▸ Fachlich herausfordernde Pointe: Phänomen oder denkwürdiges Problem ▸ Angemessene kognitive Komplexität ▸ Keine bloße Reproduktion bekannten Wissens ▸ Keine Begriffsklauberei
Inhalt lässt sich visualisieren	▸ Inhalt kann geometrisch umgesetzt werden ▸ Größen nur als Größenordnungen oder Größenverhältnisse ▸ Keine exakten bzw. absoluten Größenangaben
Inhalt lässt sich in einen außermathematischen Bild- und Handlungskontext einkleiden	▸ „Reale“ Gegenstände und Handlungen ▸ Kontext wird durch die ganze Vorstellungsübung beibehalten ▸ Vorstellende Person beobachtet und agiert in diesem Kontext ▸ Handlung kann die ganze vorstellende Person erfassen ▸ Keine Manipulation von mathematischen Symbolen, keine Umformungsanweisungen

Tab. 1: Übersicht über die Anforderungen an den mathematischen Inhalt

3.2 Kriterium der Sprache

„Der Mathematiker macht leicht zu große Schritte. Wenn Worte in Vorstellungen umgewandelt werden sollen, muss jedes Wort verständlich sein, damit jede Aussage sofort interpretiert wird. Der Zuhörer muss schön an einem Faden gezogen werden, Stufe für Stufe. Sonst bleibt er auf der Strecke." Dieses Zitat eines Studenten bringt die entscheidende Rolle der Sprache auf den Punkt. Da der Inhalt einer Vorstellungsübung nur mündlich vermittelt wird, kommt der Sprache eine mindestens so entscheidende Rolle zu wie der Wahl des Inhalts. Selbst wenn eine Vorstellungsübung alle inhaltlichen Anforderungen erfüllt, können sich die Schülerinnen und Schüler den intendierten Inhalt nicht vorstellen, wenn er nicht in eine angemessene Sprache gebracht ist. Das Resultat sind dann vermehrte Vorstellungsschwierigkeiten. (Eine Übersicht über die Anforderungen an die Sprache gibt die Tab. 2.)

Die erste Aufgabe jeder Vorstellungsübung ist, einen Sachverhalt so darzubieten, dass er vergegenwärtigt werden kann. Ein Anleitungstext soll nicht dazu anregen, die Anleitung zu entschlüsseln. Deshalb sprechen Vorstellungsübungen eine *anschauliche und gegenständliche*, keine abstrakte *Sprache*. Diese Sprache grenzt an die Alltagssprache und verzichtet auf Fachbegriffe, von denen man – mit etwas Abstand betrachtet – annehmen muss, dass sie dem Zielpublikum nicht sicher vertraut sind. Um die Vorstellungsanweisungen so nachvollziehbar wie möglich zu machen, muss die Sprache altersangemessen und schülernah sein. Man muss sich deswegen nicht anbiedern und Ausdrücke aus dem Jugendslang verwenden. Gerade um mathematische Inhalte in außermathematische Zusammenhänge zu kleiden, greifen Vorstellungsanweisungen auf die Alltagserfahrungen und das Vorwissen von Schülerinnen und Schüler zurück. Das bedeutet etwa, dass auf Wissen wie „zwei Punkte in der Ebene lassen sich durch eine Gerade verbinden" rekurriert wird, nicht aber auf Formelwissen wie „wegen des ersten Strahlensatzes". Auch rein logische Argumente („im Widerspruch zu ...") sind im Rahmen einer Vorstellungsübung wenig ergiebig.

Zusätzlich muss berücksichtigt werden, dass jede Person bei der Durchführung einer Vorstellungsübung ganz auf sich allein gestellt ist. Deshalb empfiehlt es sich, die einzelnen Personen im Singular – und nicht die Klasse im Plural – in kurzen prägnanten Sätzen anzusprechen („Stellen Sie sich vor, ..." oder „Stell dir vor, ..." statt „Stellt euch vor, ...").

Weitere Anforderungen an die Sprache betreffen die Einkleidung des mathematischen Inhalts in einen Bild- und Handlungskontext. Dabei sind insbesondere die *metaphorischen* Qualitäten der Sprache möglichst optimal auszunutzen:

- Metaphern sind Wörter oder Redewendungen mit übertragener Bedeutung. Sie nehmen beim Schaffen und Lernen von Mathematik die Rolle gedanklicher Brücken ein und stellen Analogien her. Weil sie die Vielfalt einzelner Fakten, die schnell nicht mehr überschaubar sind, in ein einziges Bild verdichten, übernehmen sie insbesondere eine gedächtnis- und sprachentlastende Funktion. Dies ist gerade bei einem Unterrichtsinstrument, das ohne darstellende Hilfsmittel und formale Bezeichnungen auskommen will, ein unschätzbarer Wert. Kurz, Metaphern und Analogien sind ein hervorragendes Stilmittel, um Vorstellungen zu evozieren.[4]

  Metaphern wie „in Form des Buchstabens L" oder „ein Dreieck mit Flügeln" suggerieren bildhafte, also visuelle Vorstellungen. In Vorstellungsübungen können aber auch Metaphern eingesetzt werden, die auf taktile oder motorische Vorstellungen zielen („ein massiver Klotz", „ein Scharnier"). Prinzipiell könnten sogar Vorstellungen angesprochen werden, die von anderen Sinnesorganen abgeleitet sind (Gehörsinn, Geruchssinn). Dies passiert jedoch eher selten (für ein Beispiel siehe B10).
- Obwohl eine metaphernreiche Sprache den Vorstellungsaufbau erleichtert, geht man dadurch auch Risiken ein. Es ist immer nur ein Teil der Bildkonnotation erwünscht und hilfreich. So kann das Wort „Schale" in A1 die mentale Konstruktion eines halben Ikosaeders unterstützen, es kann aber auch Vorstellungen anregen, die in eine andere Richtung gehen. Das Bild der Schale erfasst zwar, dass fünf um einen Punkt zusammengesetzte, gleichseitige Dreiecke ein Objekt bilden, das nicht eben, sondern eingebuchtet ist. Schalen sind dank ihrer Einbuchtung aber auch dazu da, Gegenstände aufzunehmen, und diese Vorstellung muss außer Acht gelassen werden.[5]

Der hier angedeutete Zwiespalt ist von grundsätzlicher Natur. Er lässt sich mit übergenauen, detaillierten Beschreibungen nicht überbrücken. Vorstellungsübungen – und erst recht das Lernen von Mathematik – müssen mit der Bedeutungsvielfalt der Sprache grundsätzlich zurechtkommen, Missverständnisse müssen in Kauf genommen werden (für den Umgang mit entsprechenden Vorstellungsschwierigkeiten siehe Abschnitt 2.4).

Würde der Anleitungstext einer Vorstellungsübung Bild an Bild reihen, wäre er einseitig und fade. Wie bereits mehrfach angesprochen wurde, spielen Vorstellungshandlungen eine mindestens ebenso tragende Rolle wie Vorstellungsbilder. Durch die Verwendung von *Verben*, die dazu anweisen, sich Handlungen vorzustellen, wird die Forderung sprachlich umgesetzt, den mathematischen Inhalt in einen *Handlungskontext* einzukleiden. Dabei gilt es, zwei Arten von Handlungen zu unterscheiden, gedankliche Bearbeitungen und gedankliche Bewegungen:

- Manche geometrischen Figuren und Objekte lassen sich Stück für Stück zusammensetzen. Damit gibt es ein „Vorher" und ein „Nachher", das heißt einzelne, diskret aufeinanderfolgende Vorstellungsbilder. So lässt sich ein Würfel Seite für Seite aus einzelnen Quadraten aufbauen. In dieser gedanklichen Bearbeitung erhält man eine Folge von statischen Bildern, wie bei einer Serie von Fotografien: Das erste Bild zeigt ein Quadrat, das auf dem Tisch liegt, das nächste zeigt zwei quadratische Flächen, die senkrecht aufeinanderstehen, usw. Weitere Beispiele für gedankliche Bearbeitungen, die in vielen Vorstellungsübungen eingesetzt werden, sind Zerlegen, Abschneiden, Färben und Halbieren.
- Daneben können Teilaspekte geometrischer Figuren variiert werden, wodurch sich eine kontinuierliche Veränderung der Gesamtfigur ergibt. Diese gedanklichen Bewegungen sind üblicherweise von Bildern begleitet, die wie in einer Filmsequenz „ineinanderfließen". So können die beiden Endpunkte einer Strecke auf zwei rechtwinkligen Achsen verschoben werden, um zu entdecken, auf welcher Bahn der Mittelpunkt der Strecke dabei läuft (siehe Vorstellungsübung PL2). Aber auch gedankliche Bewegungen wie das Scheren, Abschreiten, Zoomen oder ein Perspektivenwechsel werden in vielen Vorstellungsübungen verwendet. Damit weist das Unterrichtsinstrument auf die dynamische Seite von Mathematik hin, die in Schulbüchern häufig zu kurz kommt.[6]

Um die Lernenden möglichst direkt anzusprechen, sind alle Handlungsanweisungen auffordernd zu formulieren („Schneiden Sie ... ab", „Schieben Sie ..."). Passive oder unpersönliche Formulierungen („... wird gedreht ...", „Wir ergänzen jetzt ...", „Man sieht ...") sprechen die Zuhörenden viel weniger an als aktive Formulierungen und sind deshalb ganz zu vermeiden. Gleichfalls zu vermeiden sind Handlungsanweisungen im Konjunktiv („... wenn Sie ... würden ...", „sei ... gegeben"). Sie machen in der Welt der Vorstellungen, die sowieso eine hypothetische Welt ist, keinen Sinn.

Anschauliche und gegenständliche Sprache	▸ Alltägliche Sprache ▸ Rückgriff auf Alltagserfahrungen sowie Allgemeinwissen ▸ Schülernahe Sprache ▸ Ansprechen der einzelnen Person ▸ Keine formale oder fachliche Sprache ▸ Keine triviale oder anbiedernde Sprache
Einsatz von Analogien oder Metaphern	▸ Metaphern, die auf visuelle, taktile oder motorische Vorstellungsbilder zielen ▸ Bildhafte und konkrete Begriffe ▸ Nicht nur Eigenschaften beschreiben ▸ Keine unnötigen Details oder überexakten Angaben
Zentrale Verben in Form von Handlungsanweisungen	▸ Verben zielen auf Vorstellungshandlungen: gedankliche Bearbeitungen und dynamische Bewegungen ▸ Direkte und konkrete Anweisungen sowie Imperative ▸ Keine unpersönlichen oder passiven Formulierungen, keine Konjunktive

Tab. 2: Übersicht über die Anforderungen an die Sprache

Mit dem Kriterium der Sprache ist die Reihenfolge der Textelemente eng verknüpft, verlaufen doch Sprache und Schrift immer in der Zeit.

3.3 Kriterium der Reihenfolge von Textelementen

Jeder Satz ist, nachdem er gesprochen wurde, verflogen und vergangen. Wird der Text vorgelesen, kann man nicht mehr zurück, um eine verpasste Information nochmals zu hören. Deshalb müssen Vorstellungsübungen bestimmten Anforderungen an die Reihenfolge der Anweisungen genügen, und zwar sehr viel strikter als übliche Aufgaben in Schulbüchern. (Eine Übersicht über die entsprechenden Anforderungen gibt die Tab. 3.)

Jede Vorstellungsübung folgt, vereinfacht gesagt, dem Schema „Aufbau – Handlung – Fragen". Die Reihenfolge der Textelemente ist eng an die *zeitliche* und *kausal logische Abfolge* gebunden. So sind Objekte nicht auf Vorrat zu nennen, sondern erst dann, wenn sie Thema sind. Würden sie genannt und erst nach einer Weile beschrieben, käme es bei Schülerinnen und Schülern, die das Objekt nicht kennen, zu Verunsicherungen. Aus demselben Grund sind Gedankensprünge oder vorgreifende Bemerkungen zu vermeiden.

Die Reihenfolge der Textelemente entspricht am ehesten einem Kochrezept oder einer Bastelanleitung. Schritt für Schritt wird ein Zusammenhang aufgebaut. Idealerweise entsteht eine Spannung, die auf die fachliche Pointe zielt und in der mathematischen Frage zum Abschluss der Vorstellungsübung kulminiert (siehe weiter unten in diesem Abschnitt).

Zeitlich und kausal logische Reihenfolge der Textelemente	▸ Schritt für Schritt, wie ein Kochrezept oder eine Bastelanleitung ▸ Spannungsbogen entwickelt sich in Richtung der fachlichen Pointe ▸ Keine Gedankensprünge
Einbau von Haltepunkten	▸ An geeigneten Stellen die bisher aufgebauten Vorstellungen rekapitulieren ▸ Keine redundanzfreie Sprache
Abschluss durch zwei Fragen	▸ Frage nach dem spezifisch mathematischen Inhalt: zielt auf die mathematische Pointe ▸ Frage nach den sachbezogenen, individuell aufgebauten Vorstellungen: offen und selbstdifferenzierend

Tab. 3: Übersicht über die Anforderungen an die Reihenfolge der Textelemente

Die mathematische Fachsprache vermeidet Redundanz und verzichtet darauf, zweimal dasselbe zu sagen. In Vorstellungsübungen sollte dagegen nach einer kleineren Sinneinheit ein *Haltepunkt* eingebaut werden. Hier wird das bisher Erreichte rekapituliert und der aktuelle Stand der Dinge kurz zusammengefasst. So kann vermieden werden, dass Unsicherheit aufkommt. Besonders Schülerinnen empfinden solche Haltepunkte als hilfreich. In Vorstellungsübungen geht es gerade nicht darum, mathematisches Gedankengut von sämtlichen Überschüssen und Mehrdeutigkeiten zu befreien.

Jeder Anleitungstext wird von zwei Fragen abgeschlossen, einer *mathematischen Frage* und einer *Frage nach den individuell aufgebauten Vorstellungen*:

- Die erste Frage zielt auf den mathematischen Kern der Vorstellungsübung, auf die Entdeckung des Phänomens, von dem die Übung handelt. Meistens deutet sich die Frage durch den Aufbau des Anleitungstexts bereits an und liegt gewissermaßen „in der Luft". Sie ist immer so formuliert, dass sie vorstellungsbasiert, das heißt unter Rückgriff auf die intendierten Vorstellungen beantwortet werden kann. Diese Frage kann so weit reichen, dass sie zur Leitfrage für mehrere Unterrichtsstunden wird (für ein solches Beispiel siehe Abschnitt 2.2).
- Die zweite Frage zielt auf vorgestellte Bilder und Handlungen. Jede Übung wird wie folgt abgeschlossen: *„Was haben Sie sich im Laufe der Vorstellungsübung vorgestellt?"* Obwohl persönlich formuliert, soll doch nicht das ganze Fass an Einfällen und Assoziationen geöffnet werden. Die Frage will vielmehr diejenigen individuellen Vorstellungen auf den Plan rufen, die sachbezogen sind.

> Im Unterschied zur mathematischen Frage lässt sich diese Frage auf allen Niveaustufen beantworten. Sie führt zu einer *natürlichen Differenzierung*, weil sie unabhängig vom Leistungsniveau beantwortet werden kann. Jeder Schüler, jede Schülerin, ob gut oder schlecht in Mathematik, stellt sich etwas vor und baut individuelle, sachbezogene Vorstellungen, die erst einmal weder richtig noch falsch sind. Es ergibt sich ein breites Spektrum von Antworten, das sich kaum vorhersagen lässt. Insofern handelt es sich um eine *echte* und *offene Frage*.

Mit anderen Worten ist es die Frage nach individuellen Vorstellungen, die Prozesse anstößt, die auf den ersten Blick nicht fachlich scheinen. Auf sie zu verzichten aber hieße, ein wesentliches Potenzial von Vorstellungsübungen zu verschenken (siehe Kapitel 1).

Anmerkungen

1 Eine Präzisierung: Medien, die einen mathematischen Inhalt visualisieren, können ebenfalls Vorstellungsübungen anregen. Gerade mathematische Filme oder Comics sind eine inspirierende Quelle für eigene Vorstellungsübungen (für die entsprechenden Quellenangaben siehe den zweiten Teil des Handbuchs). Auch einfache „Beweise ohne Worte" können am Anfang einer Vorstellungsübung stehen. Für eine Sammlung solch inhaltlich-anschaulicher Beweise siehe Nelsen (1993, 2000).

2 Der Anspruch, Phänomene ins Zentrum des Mathematikunterrichts zu stellen, ist nicht neu. So fordert Wittmann, sich in der Lehrerausbildung verstärkt an Phänomenen zu orientieren (Wittmann, Erich Ch. (2001): Rettet die Phänomene! In: Selter, Christoph / Walther, Gerd (Hrsg.): *Mathematik lernen und gesunder Menschenverstand*. Leipzig: Ernst Klett Grundschulverlag, S. 222–242). Mit seinem Plädoyer rekurriert Wittmann auf den gleichnamigen Artikel von Wagenschein, für den Verstehen nichts anderes als das „Stehen auf Phänomenen" heißt (Wagenschein 1988, S. 90–104).

3 Unter Vorstellungen werden sowohl Vorstellungsbilder als auch Vorstellungshandlungen verstanden (siehe Anmerkung 8 zu Kap. 1). Zur Rolle von Handlungen beim Aufbau flexibler Vorstellungen siehe Weigand et al. (2009, S. 104–107).

4 Siehe Ruwisch, Silke (2003): Metaphern und ihre Bedeutung für das mathematische Tätigsein. In: *Beiträge zum Mathematikunterricht*. Hildesheim / Berlin: Franzbecker Verlag, S. 553–556.

5 Zur zwiespältigen Rolle, die Metaphern beim Lernen der mathematischen Fachsprache spielen, siehe Malle, Günther (2009): Mathematiker reden in Metaphern. In: *Mathematik lehren*, H. 156, S. 10–15.

6 Mit der Betonung der gedanklichen Variation von mathematischen Objekten greifen Vorstellungsübungen eine alte didaktische Forderung auf: die Ausbildung des *funktionalen Denkens* im beweglich-dynamischen Sinne (Weigand et al. 2009, S. 32, 277 f.; Weber 2007, S. 85–105). In der „Meraner Reform" von 1905 propagierte eine Kommission um Klein unter anderem, mathematische Lehrsätze durch Beweglichmachen zu visualisieren. Methodisch wurde diese Forderung etwa durch Daumenkinos umgesetzt (Krüger 2000, S. 199).

Teil 2

Die mathematischen Vorstellungsübungen – Beispielsammlung

An expert problem solver must be endowed
with two incompatible qualities:
a restless imagination and a patient pertinacity.

Howard W. Eves

4 Zum Einsatz der Beispiele

Im folgenden Teil des Buchs finden Sie eine umfangreiche Beispielsammlung. Die Vorstellungsübungen stammen aus den verschiedensten Bereichen der gymnasialen Mathematik. Da sich die Reihenfolge, in der sie hier angeordnet sind, nach bestimmten heuristischen und mathematischen Prozessen richtet (dazu gleich mehr), finden Sie im Anhang 1 eine Übersicht über alle Vorstellungsübungen. Dort sind sie nicht nur nach Klassenstufen sortiert, sondern es sind auch die entsprechenden Bezüge zum Lehrplan ausgewiesen. Falls Sie mit den abgedruckten Vorstellungsanleitungen arbeiten wollen, zwei Hinweise:

! Die gedruckte Reihenfolge der Vorstellungsübungen bedeutet keineswegs, dass sie in dieser Ordnung oder gar vollständig durchgeführt werden müssten: Schmökern Sie und wählen Sie eine Vorstellungsübung aus, die in Ihren Unterricht passt. Die fachliche Pointe und die Voraussetzungen, die zu Beginn jeder Vorstellungsübung angegeben sind, können Ihnen bei der Wahl helfen. Wie Vorstellungsübungen im Unterricht durchgeführt werden, wird in Kapitel 2 erläutert, für ihre Hintergründe siehe Kapitel 1.

! Alle Vorstellungsübungen wurden mehrfach erprobt und können im Mathematikunterricht eingesetzt werden. Je nach Ihren eigenen Absichten oder den Voraussetzungen Ihrer Schülerinnen und Schüler müssen Sie jedoch – inhaltliche bzw. sprachliche – Anpassungen vornehmen. In diesem Fall oder wenn Sie eigene Vorstellungsübungen verfassen möchten, lohnt sich ein Blick in Kapitel 3.

Der erste Abschnitt dieses Kapitels ist eine Typologie. Der zweite Abschnitt erläutert die Informationen und Kommentare, die den einzelnen Vorstellungsübungen beigegeben sind.

4.1 Typen von Vorstellungsübungen

Jede Vorstellungsübung möchte im Minimum erreichen, dass sich die Schülerinnen und Schüler auf einen mathematischen Sachverhalt einlassen und ihn sich vergegenwärtigen. Zu diesem Zweck beschreibt die Übung einen Bild- und Handlungszusammenhang.

Darüber hinaus zielt jede Übung in unterschiedlichem Maße auf bestimmte heuristische Prozesse: auf das Verfügbarmachen und Erkunden, das Experimentieren und Vermuten, das plausible Schließen oder das Hinterfragen (siehe Abschnitt 1.2). Entsprechend ergeben sich vier Typen von Vorstellungsübungen: „Aufbau", „Problemlösen", „Begründung" und „Paradoxon".[1] Diese Typen lassen sich wie folgt charakterisieren:

A – Vorstellungsübungen vom Typ „Aufbau“

Vorstellungsübungen vom Typ „Aufbau“ geben Anleitungen, um einen Sach- und Handlungszusammenhang gedanklich konstruieren zu können. Mithilfe der entstehenden Vorstellungen soll dann die vorgegebene mathematische Frage beantwortet werden. In den meisten Fällen unterstützen die Anweisungen nur die Vorstellungskonstruktion. Der Text beschreibt den gedanklichen Aufbau eines mathematischen Objekts oder Prinzips sehr detailliert und fordert auf, das Objekt gedanklich auf gewisse Eigenschaften hin zu untersuchen. In diesen Übungen geht es in erster Linie um das *Verfügbarmachen* sowie das *Erkunden* von mathematischen Objekten und Prinzipien.

PL – Vorstellungsübungen vom Typ „Problemlösen“

Vorstellungsübungen vom Typ „Problemlösen“ begünstigen die Formulierung eigener Vermutungen und Hypothesen. Ein Beispiel für diesen Typus ist der in der Einleitung beschriebene rollende Becher. In diesen Übungen wird die Strategie zur Beantwortung der mathematischen Frage nicht mitgeliefert. Anders als beim Typ „Aufbau“ handelt es sich also um offene Aufgaben. Kurz: In Vorstellungsübungen vom Typ „Problemlösen“ steht das *Experimentieren* und *Vermuten* im Vordergrund.

B – Vorstellungsübungen vom Typ „Begründung“

Vom Typ „Begründung“ sind Übungen, die ein Plausibilitätsargument enthalten. Auch falls der begründete Sachverhalt den Beteiligten bereits bekannt ist, wird er hier doch in einem neuen Kontext präsentiert. Vorstellungsübungen dieser Art sind keine axiomatisch-deduktiven, formallogisch belastbaren Beweise. Sie decken vielmehr Eigenschaften und Hintergründe auf, durch die eine Behauptung „Sinn macht“ und glaubwürdig wird. Solche Übungen lösen oft ein Aha-Erlebnis aus. Und gerade dieser subjektive Aspekt der Glaubwürdigkeit ist nicht unwichtig für die Akzeptanz von mathematischen Beweisen (auch in der Wissenschaft!). Er sollte also auch im gymnasialen Unterricht nicht zu kurz kommen. Vorstellungsübungen vom Typ „Begründung“ initiieren *plausibles Schließen* und ergänzen so formale Argumente und Beweise.[2]

P – Vorstellungsübungen vom Typ „Paradoxon“

Vorstellungsübungen vom Typ „Paradoxon“ beschreiben eine mathematische Situation, die der alltäglichen Erfahrung unzugänglich und deshalb kontraintuitiv ist. Sie erscheint dem „gesunden Menschenverstand“ befremdlich, ja paradox. In diesem Fall forcieren Vorstellungsübungen den scheinbaren Widerspruch (ohne dass sie im logischen Sinne widersprüchlich wären). Damit verfolgen Vorstellungsübungen vom Typ „Paradoxon“ ein ganz anderes Ziel als Vorstellungsübungen vom Typ „Begründung“. Hier wird ein kognitiver Konflikt verursacht, um über Alltagserfahrungen und mathematische Schulkenntnisse hinauszugehen, um Fragen zu stellen oder erkenntnistheoretische Diskussionen anzustoßen. Mathematische Objekte, Begriffe und Verfahren werden zum Gegenstand des *Hinterfragens*. Sie sollen durch dieses Infragestellen besser vernetzt und verstanden werden.

Wie jede Typologie vereinfacht natürlich auch diese. So lässt sich ein gedanklich aufgebautes mathematisches Objekt immer auch zur Begründung eines Sachverhalts heranziehen. Oft kann dieselbe Objektkonstruktion durch wenige Abänderungen zu einer offenen Aufgabe umformuliert werden.

Insbesondere stellt die Typologie keine Anforderung dar, die eine Vorstellungsübung für ihre erfolgreiche Durchführung im Unterricht erfüllen müsste. Sie soll im Folgenden primär die Reihenfolge der Vorstellungsübungen determinieren. Jede Vorstellungsübung wird aufgrund ihrer fachlichen Pointe einem Typ zugeordnet. Die Kurzbezeichnung (Buchstabe und Zahl) markiert diese Zuordnung. So steht A7 für die siebte Vorstellungsübung vom Typ „Aufbau". Zu Beginn jedes Kapitels findet sich zudem eine kurze Übersicht.

4.2 Kommentare zu den Vorstellungsübungen

Alle Beispiele für Vorstellungsübungen werden ausführlich kommentiert. Zum einen werden die didaktischen und mathematischen Hintergründe herausgearbeitet, zum anderen werden mögliche Schwierigkeiten genannt und Anschlussfragen skizziert. Dies geschieht immer nach folgendem Schema:

Überblick

Eingangs wird über die Klassenstufen, in denen die Übung eingesetzt werden kann, über die fachliche Pointe und über die notwendigen Voraussetzungen der Übung informiert. Bei den Klassenstufen wird von insgesamt 12 Schuljahren ausgegangen.

Klassenstufe: In welchen Klassen kann eine Vorstellungsübung eingesetzt werden? Zwei Zahlen zeigen den Spielraum an: Die erste Zahl bezieht sich auf den Lehrplan („ab Klasse …" passt die Übung zum vorgesehenen Unterricht), die zweite Zahl markiert das Potenzial (die Übung generiert Fragen, die „bis in Klasse …" reichen).

Der relative Schwierigkeitsgrad wird symbolisch angezeigt:

- • ≙ einfach
- •• ≙ anspruchsvoll
- ••• ≙ sehr anspruchsvoll

Fachliche Pointe: Um welchen Inhalt geht es in der Vorstellungsübung? Hier wird die mathematische Kernidee vorgestellt.

Voraussetzungen: Eine Liste informiert über Fähigkeiten und Vorkenntnisse, die für eine Übung notwendig sind:

- Alltagserfahrungen oder -fertigkeiten: zum Beispiel das Abschreiten einer Figur, das Zerschneiden eines quadratischen Stücks Papier, das Konstruieren eines Kreisbogens mit einem Zirkel usw.

- Mathematisches Vorwissen: zum Beispiel den Winkel als Aufforderung zum Drehen, das Bild eines auf der Ecke stehenden Quadrats, die Tatsache, dass jeder ebene Schnitt einer Kugel einen Kreis ergibt, usw.

Der unter *Klassenstufe* angegebene Ab-bis-Bereich ist nicht apodiktisch, sondern im Sinne eines Richtwerts zu verstehen. So lässt sich eine Vorstellungsübung für die Klassenstufe 9 je nach Reichweite auch in einer 10. oder 11. Klasse sinnvoll einsetzen, wenn ein mathematischer Inhalt rekapituliert oder vertieft werden soll. Umgekehrt kann einer leistungsstarken 8. Klasse auch eine Vorstellungsübung für Klassenstufe 9–11 zugetraut werden.

Der *Schwierigkeitsgrad* einer Vorstellungsübung bezieht sich nur auf die angegebene Klassenstufe und nur auf die Vorstellungsübung selbst, also nicht auf die Anschlussfragen. Diese Einschätzung ist relativ zu verstehen, denn Lernstand, Sprachverständnis, Konzentrationsfähigkeit und die aktuelle Tagesform von Schülerinnen und Schülern entscheiden neben vielen weiteren Faktoren darüber, ob die Übung leicht- oder schwerfallen wird. Auch wird eine Vorstellungsübung als einfacher empfunden, wenn sie im Unterricht retrospektiv, also nicht propädeutisch, zur Einführung eingesetzt wird. Die symbolische Kennzeichnung des Schwierigkeitsgrads ist mit anderen Worten nur als grober Richtwert zu lesen.

Mathematischer und didaktischer Hintergrund

Auf den Überblick folgt ein Aufriss des mathematischen und didaktischen Hintergrunds einer Vorstellungsübung. Insbesondere wird hier beschrieben, wie die Vorstellungsübung an die fachliche Pointe heranführt.

Vorstellungsanleitung

Es folgt ein Kasten, der den Text der Vorstellungsübung, also die genaue Vorstellungsanleitung, enthält.

> - Größere Sinneinheiten werden unter einem Aufzählungszeichen („ ▸ “) zusammengefasst.
> - Der Text enthält Markierungen für Sprechpausen (drei Pünktchen „…“) und die Betonung wichtiger Begriffe (unterstrichen gesetzt „________“).

Diese gestalterischen Elemente sollen Sie beim Vorlesen der Vorstellungsanleitung unterstützen.

Da die Vorstellungsanleitungen mehrfach erprobt wurden, können Sie diese Texte in der Regel wortwörtlich übernehmen und im Unterricht einsetzen. Je nach Ihren eigenen Absichten oder den Voraussetzungen Ihrer Klasse empfiehlt es sich jedoch, die Anleitung den realen Gegebenheiten anzupassen.

Hinweise

Auf den Anleitungstext folgen fachliche und didaktische Hinweise. Manchmal finden Sie unter dieser Rubrik auch spezifische Schülervorstellungen und Vorstellungsstrategien. Die Kommentare zu den zwei ersten Vorstellungsübungen jeden Typs weichen deutlich von den restlichen ab. Sie sind viel ausführlicher mit Hinweisen versehen, und zwar mit Blick auf den Vorstellungsgehalt der Übung.

Zum einen werden hier die Vorstellungen genannt, deren Aufbau die Übung intendiert (*„Hinweise auf intendierte Vorstellungen"*). Zum andern werden Vorstellungen beschrieben, die Schülerinnen und Schüler in der Schulrealität konstruieren (*„Hinweise auf produktive und hinderliche Vorstellungen, die die Lernenden konstruieren"*). Diese Vorstellungen werden nicht nach fachlichen Kriterien beurteilt (richtig oder falsch?), sondern danach, ob und wie sie die Beantwortung der mathematischen Frage unterstützen:

- *Produktive Vorstellungen* können den Aufbau weiterer, von der Lehrperson „geplanten" Vorstellungen vorwegnehmen oder modellhaften, handlungsleitenden Charakter haben. Dies ist der Fall, wenn sie einen Schlüssel zur Beantwortung der mathematischen Frage in sich tragen. Solche Vorstellungen stellen kreative Leistungen von Schülerinnen und Schülern dar und können auch anderen Beteiligten als Vorstellungshilfen dienen. Sie können zum Überwinden von Vorstellungsschwierigkeiten und so zum Gelingen der Übung beitragen.
- Manche Vorstellungen, die Schülerinnen und Schüler im Verlauf einer Vorstellungsübung aufbauen, behindern die Entfaltung des weiteren Vorstellungsprozesses. Da das Unterrichtsinstrument das Fass der individuellen Vorstellungen ansticht, treten unweigerlich auch *hinderliche Vorstellungen* zutage. (Zum Umgang mit Vorstellungsschwierigkeiten, insbesondere mit hinderlichen Vorstellungen, siehe Abschnitt 2.4.)

Falls Sie sich für die Vorstellungs- und Denkweisen von Lernenden interessieren, sei Ihnen die Lektüre dieser ausführlichen Hinweise ganz besonders nahegelegt. Allerdings ist auch diese Rubrik zwangsläufig unvollständig – bleiben Sie neugierig auf die Vorstellungs- und Denkweisen *Ihrer* Schülerinnen und Schüler!

Mathematische Anschlussfragen

Im letzten Abschnitt des Kommentars zu einer Vorstellungsübung werden unter dem Titel „mathematische Anschlussfragen" Fragen aufgeworfen und Aktivitäten genannt, die sich aus der Vorstellungsübung heraus entwickeln können. Es ist nicht das Ziel – und darauf sei hier ausdrücklich hingewiesen –, dass mit einer Klasse alle genannten Fragen und Bezüge durchgearbeitet oder vorgetragen werden. Die hier versammelten Impulse wollen vielmehr andeuten, in welche Richtungen die individuellen Vorstellungen weiterentwickelt werden können. Das Material dieses Abschnitts ist deshalb weder in formaler Sprache präsentiert noch mit allen Antworten und Beweisen versehen.

Eine letzte Bemerkung gilt den Abbildungen: Wenn eine Vorstellungsübung mit Bildmaterial versorgt ist, dann nur im Abschnitt der „Anschlussfragen". Auf eine Illustration der Hinweise oder gar der Vorstellungsanleitungen wurde in den meisten Fällen verzichtet. Abbildungen könnten zu dem falschen Schluss führen, die Vorstellungen müssten dem vorgegebenen Bild entsprechen – und darum geht es bei der Konstruktion eigener Vorstellungen gerade nicht.

Anmerkungen

1 Schon Wittmann sortiert Mathematikaufgaben nicht nach mathematischen Themen, sondern nach den Prozessen, auf die sie zielen. So sind Vorstellungsübungen vom Typ „Begründung“ mit *operativen Beweisen* verwandt und mehrere Vorstellungsübungen vom Typ „Problemlösen“ erinnern an Aufgaben zur *operativ-konstruktiven Begriffsbildung*. (Wittmann 1985; Weber 2007, S. 84–89)

2 Aus diesem Grund wird hier auch der Begriff „Begründung“ dem Begriff „Beweis“ vorgezogen. Für die Reichweite und die Grenzen von visualisierenden Begründungen siehe Winter (1991, S. 136–139). Theorieelemente und praktische Ansätze, um Begründungssituationen im gymnasialen Unterricht zu diagnostizieren und zu fördern, finden sich in Meyer, Michael/Prediger, Susanne (2009): Warum? Argumentieren, Begründen und Beweisen. In: *Praxis der Mathematik in der Schule*, H. 30, S. 1–7.

5 Vorstellungsübungen vom Typ „Aufbau“

In diesem Kapitel finden sich Vorstellungsübungen vom Typ „Aufbau“. Sie leiten dazu an, einen mathematischen Inhalt zu konstruieren, um anschließend eine mathematische Frage beantworten zu können. Im Unterschied etwa zu Vorstellungsübungen vom Typ „Problemlösen“ (siehe Kapitel 6) bieten sie Hilfestellungen an.

Zur groben Orientierung sind in Tab. 1 alle dreizehn Beispiele aufgelistet. In allen Vorstellungsübungen wird der didaktische Hintergrund erläutert. Ebenso werden mathematische Fragen aufgeworfen, die nachfolgend den Unterricht leiten können. Die intendierten und tatsächlich auftretenden Schülervorstellungen werden nur anhand der ersten beiden Übungen A1 und A2 ausführlich diskutiert. Deshalb gehen sie den restlichen, nach Klassenstufe und Schwierigkeitsgrad sortierten Vorstellungsübungen voran. (Zu den verschiedenen Übungstypen und zum Aufbau der Kommentare siehe Kapitel 4.)

Vorstellungsübung	Fachliche Pointe	Voraussetzungen	Klassenstufe	Seiten
Ikosaeder konstruieren	Ikosaeder lassen sich aus zwei kongruenten Objekten mit je fünf Anhängseln zusammensetzen.	▸ Reguläre Sechsecke bestehen aus sechs regulären Teildreiecken (z. B. B3) ▸ Wird ein Stück Karton entlang einer Strecke geritzt, lässt es sich knicken	9–12 ••	**(A1)** S. 70 ff.
Würfel schneiden	Würfelschnitte senkrecht zur Raumdiagonalen sind reguläre Drei- oder Sechsecke.	▸ Positionieren des Würfels, sodass eine Raumdiagonale senkrecht zur Tischfläche steht ▸ Würfel als Vollwürfel und als Kantenmodell	9–12 •••	**(A2)** S. 76 ff.
Harmonisches Dreieck des Pythagoras legen	Legen eines dreieckigen Punktmusters aus zehn Steinen	▸ Regelmäßiges Legen von Spielsteinen ▸ Abzählen im Zahlenraum bis 10	7–12 •	**(A3)** S. 81 ff.

▶

Vorstellungsübung	Fachliche Pointe	Voraussetzungen	Klassenstufe	Seiten
Ecken eines Dreiecks abschneiden	Das fortgesetzte Abschneiden der drei Ecken eines Dreiecks erzeugt eine Folge von Sechsecken, die in ein Dreieck mündet.	▸ Gleichseitiges Dreieck ▸ Trapez als Dreieck mit einer parallel zu einer Seite abgeschnittenen Ecke	8–10 •	**(A4)** S. 84 ff.
Pentagramm konstruieren	Das Pentagramm lässt sich aus kombinatorischen Vorgaben konstruieren.	▸ Kreis ▸ Hüpfen und Überhüpfen (z. B. mit Spielsteinen)	8–10 •	**(A5)** S. 87 ff.
Tetraeder falten	Tetraeder lassen sich aus einem rechteckigen Blatt Papier ohne Einschnitte und ohne Überlappungen falten.	▸ Rechteckiges Blatt Papier im Format A4 ▸ Herstellen einer Zylinderröhre aus einem Blatt	8–10 ••	**(A6)** S. 91 ff.
Fläche konstanter Breite konstruieren	Nicht nur der Kreis, auch andere konvexe Flächen haben konstante Breite.	▸ Konstruieren eines gleichseitigen Dreiecks mit dem Zirkel ▸ Einklemmen einer Figur zwischen zwei parallelen Tangenten	8–10 ••	**(A7)** S. 95 ff.
Ebene Pflasterung dualisieren	Die reguläre Pflasterung mit Quadraten ist invariant unter Dualisierung.	▸ Reguläre Pflasterung mit Quadraten ▸ Mittelpunkt eines Quadrats	8–11 ••	**(A8)** S. 98 ff.
Pyramide kippen	Der Grundriss des Kantenmodells einer quadratischen Pyramide kann unterschiedlich gedeutet werden.	▸ Grundriss der quadratischen Pyramide	9–11 ••	**(A9)** S. 101 ff.
Dodekaeder konstruieren	Dodekaeder lassen sich aus zwei kongruenten Objekten mit je fünf Anhängseln zusammensetzen.	▸ Form eines regulären Fünfecks ▸ Werden an die Seiten eines regulären Fünfecks fünf weitere kongruente Fünfecke angeklebt, entstehen keilförmige Lücken zwischen den angeklebten Fünfecken	9–12 ••	**(A10)** S. 104 ff.

Vorstellungsübung	Fachliche Pointe	Voraussetzungen	Klassenstufe	Seiten
Körper konstanter Breite konstruieren	Nicht nur die Kugel, auch andere konvexe Körper haben konstante Breite.	▸ Konstruieren eines Reuleaux-Dreiecks (z. B. A7) ▸ Rotieren eines regulären Dreiecks im Raum	9–12 ••	**(A11)** S. 108 ff.
Cantor-Menge konstruieren	Gewisse geometrische Objekte sind ein Zwischending zwischen einem Punkt und einer Strecke.	▸ Unterteilen einer Strecke und Entfernen eines Teils der Strecke ▸ Fortgesetztes Wiederholen einer Handlung	11–12 •••	**(A12)** S. 111 ff.
Vierdimensionalen Hyperwürfel konstruieren	Infolge einer geeigneten Verschiebung eines Würfels entsteht ein vierdimensionaler Hyperwürfel.	▸ Strecke, Quadrat und Würfel ▸ Wird ein leuchtender Punkt geradeaus verschoben, hinterlässt er als Leuchtspur eine Strecke	11–12 •••	**(A13)** S. 115 ff.

Tab. 1: Liste der Vorstellungsübungen vom Typ „Aufbau“

(A1) Ikosaeder konstruieren

Klassenstufe: 9–12 / • •

Fachliche Pointe: Ikosaeder lassen sich aus zwei kongruenten Objekten mit je fünf Anhängseln zusammensetzen.

Voraussetzungen:
- Reguläre Sechsecke bestehen aus sechs regulären Teildreiecken (z. B. B3)
- Wird ein Stück Karton entlang einer Strecke geritzt, lässt es sich knicken

Das Ikosaeder ist – im Gegensatz zum allgegenwärtigen Unterrichtsgegenstand des Würfels – wohl nur bei wenigen Schülerinnen und Schülern in Form eines Vorstellungsbildes verfügbar, da dies die eingehende Befassung mit dem Gegenstand erfordert. Üblicherweise setzt man sich dazu mit einem realen Modell (aus Holz oder Draht) bzw. einem virtuellen Modell (auf dem Computerbildschirm) auseinander.

Die Beschreibung definitorischer Eigenschaften, beispielsweise „Zwanzig kongruente gleichseitige Dreiecke werden zusammengesetzt, wobei pro Ecke fünf Dreiecke aufeinandertreffen", vermittelt zwar auch eine Vorstellung des Körpers. Sie ist jedoch auf die lokalen Umgebungen der Eckpunkte beschränkt. Der durch den Text dieser Vorstellungsübung angeleitete gedankliche Konstruktionsprozess hat dagegen zum Ziel, die gedankliche Verfügbarkeit des ganzen Ikosaeders zu ermöglichen.

Der Text dieser Vorstellungsübung liest sich wie die Bastelanleitung für ein Kartonmodell eines Ikosaeders. Er nimmt seinen Ausgang beim Vorstellungsbild eines regulären Sechsecks. Mit verschiedenen Werkzeugen wird diese ebene Figur gedanklich bearbeitet, daraus ein räumlich gewölbtes und gezacktes Gebilde hergestellt und mit einer Kopie des Gebildes zu einem Ikosaeder zusammengefügt.

- Betrachten Sie ein ebenes regelmäßiges Sechseck aus Karton. …
- Verbinden Sie die einander gegenüberliegenden Eckpunkte mit einem Stift, sodass das Sechseck in sechs gleichseitige Dreiecke gegliedert wird. …
- Ritzen Sie die Kanten der sechs Dreiecke mit einer Nadel nach. Schneiden Sie eines der Dreiecke heraus und legen Sie es beiseite. …
- Betrachten Sie die übrig gebliebene Figur aus fünf Dreiecken und verkleben Sie die durch das Schneiden neu entstandenen beiden Kanten miteinander. Dadurch wölbt sich die Figur zwangsläufig zu einer Art „Schale" auf, gebildet durch fünf gleichseitige Dreiecke. …

- An jede der fünf freistehenden Kanten dieser Schale kleben Sie nun je ein gleichseitiges Dreieck an, welches genau die gleiche Größe hat wie das zuvor herausgeschnittene. Dadurch erhält die Schale einen Kranz von fünf „Zacken". ...
- Bauen Sie nochmals eine genau gleiche zweite Schale mit Zackenkranz. ...
- Legen Sie die eine Schale wie einen Deckel auf die andere, und zwar leicht gedreht, sodass sich die beiden Zackenkränze ineinander verzahnen. Verkleben Sie jede Zacke der unteren Schale mit zwei Zacken der oberen Schale. ...
- Wie sieht der entstandene Körper aus? Aus wie vielen Dreiecken und Ecken besteht er? Wie viele Kanten laufen pro Ecke zusammen?
- Was haben Sie sich im Laufe der Vorstellungsübung vorgestellt?

Hinweise auf intendierte Vorstellungen

Die Vorstellungsanweisungen zielen zum einen auf visuelle Vorstellungsbilder. Ohne im Text direkt angesprochen zu werden, können aber auch taktile Vorstellungen den Vorstellungsvorgang begleiten und unterstützen. Um die durch das Schneiden neu entstandenen Kanten miteinander verkleben zu können, muss das Kartonmaterial mit etwas Kraft in Form gezogen werden. Dieser Widerstand führt zum „Ausweichen" der ebenen Figur in die räumliche Dimension und kann taktil wahrgenommen werden.

Zum anderen werden Vorstellungshandlungen ausschließlich in Form von Bearbeitungen angeregt, die den Prozess beschreiben, der zum intendierten mathematischen Objekt führt. Gedankliche Bewegungen werden keine angeleitet, auch wenn solche ohne Weiteres beteiligt sein können.

Die erste mathematische Frage „Wie sieht der entstandene Körper aus?" zielt nicht auf die Nennung des Fachbegriffs (was an dieser Stelle wenig sinnvoll wäre, denn entweder ist der Fachbegriff bekannt oder eben nicht) als vielmehr auf eine Gesamtschau des Körpers, auf seine Vergegenwärtigung. Die Fragen nach der Anzahl von Dreiecken, Ecken und Kanten zielen darauf, die kombinatorische Beschaffenheit des Körpers zu erkunden. Während die Anzahl der Dreiecke aufgrund der Konstruktion noch nennbar ist, ohne sich das ganze Ikosaeder vorstellen zu müssen, muss für die Beantwortung der Frage nach der Anzahl Kanten pro Ecke mindestens das Vorstellungsbild einer „Schale" vorliegen. Für die Anzahl Eckpunkte schließlich ist es, wenn auch nicht zwingend, so doch von Vorteil, sich den Körper als Ganzes vorstellen zu können. Es ist zu erwähnen, dass beide Fragen nicht auf metrische, sondern auf topologische Eigenschaften des Ikosaeders zielen.

Hinweise auf produktive und hinderliche Vorstellungen, die die Lernenden konstruieren

Die Schülerinnen und Schüler können an mehreren Stellen ihres Vorstellungsaufbaus über ihre Vorstellungshürden straucheln. Typisch sind die folgenden hinderlichen Vorstellungen:

- Wird beispielsweise vorgestellt, dass sich eine „Schale" über der anderen befindet und dabei der Schwerkraft ausgesetzt ist, hängen deren „Zacken" senkrecht hinunter. Diese passen dann nicht perfekt schließend in die Lücken zwischen die Zacken der unteren Schale (die entsprechend senkrecht nach oben ragen), sondern verkeilen sich vielmehr. In der Folge misslingt es, die Zacken ineinander zu verzahnen.
- Einzelnen Lernenden fällt auf, dass die aus fünf regulären Dreiecken gebildete „Schale" nicht starr, sondern beweglich ist, können doch zwei nicht aufeinanderfolgende Dreieckskanten eine Scharnierfunktion übernehmen. Damit kann es geschehen, dass die Schale mit ihren angesetzten Zacken zu viele Freiheitsgrade besitzt, um noch stabil zu sein und um als Ganzes vorgestellt zu werden.
- Oft ist der vorgestellte Körper gestauchter, manchmal auch länglicher als eine Kugel. Dafür sind zwei Gründe denkbar: Zum einen werden die Bauteile des Körpers – die gleichseitigen Dreiecke – tendenziell zu wenig hoch oder aber zu hoch (also eher gleichschenklig statt gleichseitig) vorgestellt. Zum anderen bewirkt die Zusammensetzung des Körpers aus zwei kongruenten Teilen – den Schalen – eine Fokussierung auf ihre Zweiteiligkeit. In Folge werden nicht alle räumlichen Ausdehnungen des Körpers gleich wahrgenommen. Statt sechs fünfzähligen Rotationsachsen wird nur eine bemerkt. Und es werden zwei verschiedene Äquivalenzklassen von Eckpunktumgebungen ausgemacht statt nur eine: erstens die Klasse des Nord- und Südpol-Eckpunkts, zweitens die Klasse der oberen und unteren Äquatoreckpunkte.[1]

Im Verlauf dieser Vorstellungsübung entwickeln die Schülerinnen und Schüler immer wieder auch eigene Vorstellungshilfen, um die genannten Hürden zu nehmen. Typisch sind folgende produktive Vorstellungen:

- Die beiden Hände können mit ihren Fingern zur Vorstellungshilfe für das Gelingen der Ikosaederkonstruktion werden. Analog dazu, dass die Zacken der beiden Schalen gegeneinander geführt werden und sich ineinander verzahnen, können die beiden eigenen Hände, die gegeneinander bewegt werden, und deren fünf (!) Finger ineinandergreifen. Dieses taktile Vorstellungsbild wird zwar nicht unmittelbar angesprochen (genauso wie die Aufwölbung zur Schale aufgrund der taktil vorstellbaren Zugkraft), es kann jedoch als tragende Idee der Ikosaederkonstruktion entwickelt werden und damit den Körper gedanklich auch zu einem späteren Zeitpunkt verfügbar machen.
- Werden die Zacken beweglich vorgestellt, können sie, wenn beispielsweise die Zacken an der einen Schale nicht auf Anhieb perfekt schließend in die Zacken der anderen Schale greifen, zurechtgerückt werden.

- Obwohl aus dem Charakter der Bastelanleitung die Größenverhältnisse des Körpers relativ eindeutig abzuleiten sind, kann es für die gedankliche Vergegenwärtigung des Ikosaeders günstig sein, sich ihn größer als eine Faust vorzustellen. So berichten Schülerinnen und Schüler immer wieder, dass ihr Ikosaeder einen Durchmesser in der Größenordnung ihres eigenen Körpers aufweist. Vermutlich erleichtert dies den Blick auf Details des Körpers. Für die Bearbeitung der Frage nach dessen kombinatorischer Beschaffenheit drehen diese Personen Ecke für Ecke des Körpers vor sich hin oder „fliegen" gar um ihr großes Ikosaeder herum.

Mathematische Anschlussfragen

Diese Vorstellungsübung stößt Prozesse aus verschiedenen Bereichen an, so das Argumentieren und Beweisen:

- Die beiden Fragen „Aus wie vielen Dreiecken und Ecken besteht er? Wie viele Kanten laufen pro Ecke zusammen?" lassen sich selbst dann beantworten, wenn am vorgestellten Körper zwei verschiedene Kongruenzklassen von Eckpunktumgebungen ausgemacht werden. Ihre Antwort hängt nicht von den Größen oder Größenverhältnissen des Körpers ab.
- Die Frage „Wie sieht der entstandene Körper aus?" reicht sehr viel weiter als die Frage nach den Anzahlen. Ist das Ikosaeder bereits bekannt, wird die Diskussion anders laufen, als wenn die Klasse den Körper nicht kennt. Zudem geht die Frage implizit davon aus, dass ein geschlossenes und starres Gebilde, eben ein Körper, aufgebaut wurde. Aufgrund der Vorstellungsanweisungen ist dies jedoch nicht unmittelbar klar. Weshalb greifen die Zacken der beiden Schalen nahtlos ineinander und bilden keine Lücken?

  Ein erstes Argument auf dem Weg zu einer Antwort könnte folgendermaßen lauten: Da die Zacken drei- und nicht rechteckig sind, handelt es sich bei der Parallelprojektion der beiden Ränder der Schalen (längs der Rotationsachse) um gleich große, um ihr Zentrum gegeneinander verdrehte reguläre Fünfecke. Da die Projektion aller Ecken des einen Fünfecks außerhalb der Kanten des anderen Fünfecks liegt und die dreieckigen Zacken entlang ihrer Kanten an einer Schale festgemacht sind, ist jeder Zackenkranz (in Abb. 1 grau unterlegt) leicht „geöffnet".

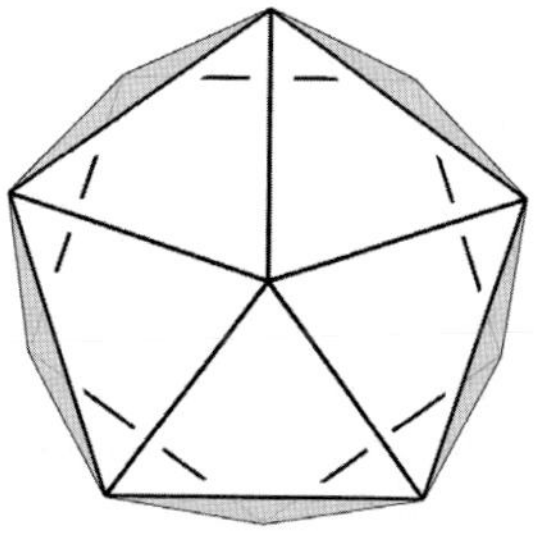

Abb. 1: Leicht geöffneter Zackenkranz eines Ikosaeders

(A2) Würfel schneiden

Klassenstufe: 9–12 / • • •

Fachliche Pointe: Würfelschnitte senkrecht zur Raumdiagonalen sind reguläre Drei- oder Sechsecke.

Voraussetzungen:
- Positionieren des Würfels, sodass eine Raumdiagonale senkrecht zur Tischfläche steht
- Würfel als Vollwürfel und als Kantenmodell

Der Würfel ist wegen seines einfachen, rechtwinkligen Aufbaus der im Unterricht wohl am häufigsten verwendete geometrische Körper. Meistens wird er in seiner stabilen Lage – auf einer Seitenfläche liegend – dargestellt und wohl deshalb auch liegend vorgestellt. Diese Position mag für manche Fragestellungen günstig sein, für andere ist sie es jedoch keineswegs. Interessiert man sich etwa für dreieckige ebene Querschnitte oder für den Umriss seiner isometrischen Darstellung, lohnt es sich, den Würfel auf eine seiner Ecken zu stellen.

Auch in dieser Vorstellungsübung wird „gebastelt", weil sie dazu anleitet, aus einem Klumpen Ton einen Würfel zu formen. Dieser Würfel wird so aufgerichtet, dass eine seiner Raumdiagonalen senkrecht auf dem Tisch steht. Dann wird die obere der Würfelecken mit einem (senkrecht zur Diagonalen geführten) Schnitt abgeschnitten. Fortgesetzte Schnitte parallel zum ersten Schnitt produzieren eine Folge von drei- und sechseckigen Schnittfiguren. Mit anderen Worten wird aus dem Vorstellungsbild eines Würfels durch mehrere Vorstellungshandlungen eine Folge von Vorstellungsbildern – Würfelquerschnitten – aufgebaut.

- Formen Sie aus einem Klumpen Ton oder Plastilin einen Würfel von einer Handbreit Kantenbreite und legen Sie ihn vor sich auf den Tisch. …

- Stellen Sie den Würfel auf eine seiner Ecken und halten Sie ihn mit der einen Hand fest. …

- Räumlich gegenüber der Ecke, auf welcher der Würfel steht, befindet sich eine andere Würfelecke. Richten Sie den Würfel mit der Hand so aus, dass diese gegenüberliegende Ecke einigermaßen senkrecht über der ersten Ecke zu liegen kommt. …

- Fassen Sie diese oberste Ecke ins Auge: Von ihr laufen drei Würfelkanten nach unten weg. …

- Führen Sie nun mit der anderen Hand ein Messer parallel zur Tischoberfläche. Schneiden Sie mit einem ebenen Schnitt die oberste Würfelecke ab. Als Schnittfigur entsteht … ein kleines Dreieck. …
- Schneiden Sie noch weitere dünne Scheibchen vom Würfel weg. …
- Von welcher Form sind Ihre Schnittfiguren? Von welcher Form sind sie, wenn immer weiter, über die Würfelecken hinaus, Scheibchen weggeschnitten werden? …
- Was haben Sie sich im Laufe der Vorstellungsübung vorgestellt?

Hinweise auf intendierte Vorstellungen

Der Text dieser Vorstellungsübung beginnt mit dem Vorstellungsbild eines Klumpens Ton bzw. Plastilin, der in mehreren Schritten bearbeitet wird (alternativ kann auch Blumensteckschaum verwendet werden). Daraus wird ein Würfel geformt, der in viele dünne Scheibchen zerschnitten wird. Gedankliche Bewegungen regt der Text nicht an, obwohl sie konstruiert werden und sogar produktiv sein können. Die angewiesenen Vorstellungsbilder sind allesamt visueller Ausprägung, wobei die erste Bearbeitung des Materials ohne Weiteres mit der taktilen Vorstellung des feuchten oder kühlen Tons einhergehen kann.

Die mathematischen Fragen „Von welcher Form sind Ihre Schnittfiguren? Von welcher Form sind sie, wenn immer weiter, über die Würfelecken hinaus, Scheibchen weggeschnitten werden?“ zielen darauf, sich die Folge der Schnittbilder zu vergegenwärtigen. Während die Schnittfiguren für Schnitthöhen im oberen und unteren Drittel der Raumdiagonalen gleichseitig und dreieckig sind, handelt es sich für Schnitthöhen im mittleren Drittel um sechseckige Schnittfiguren. Führt der ebene Schnitt durch den Mittelpunkt des Würfels, ist die sechseckige Schnittfigur aus Symmetriegründen regulär. Diese Figur fällt mit dem Umriss der isometrischen Würfeldarstellung zusammen.

Hinweise auf produktive und hinderliche Vorstellungen, die die Lernenden konstruieren

Im Verlauf dieser Vorstellungsübung entwickeln die Schülerinnen und Schüler immer wieder folgende produktive Vorstellungen:

- Es kann für die Beantwortung der mathematischen Frage von Vorteil sein, die (in den Vorstellungsanweisungen festgelegte) Lage des Würfels zu verändern oder eine günstigere als die (nicht explizit beschriebene) seitliche Beobachterposition zu wählen. Verläuft die Blickrichtung etwa in Richtung der senkrecht stehenden Raumdiagonalen, tritt ihre Dreizähligkeit besonders gut hervor.
- Die Veränderung der Beobachterposition kann damit einhergehen, dass der Würfel statt auf die Tischoberfläche in eine leicht geöffnete Hand gesetzt wird. Sind dar-

über hinaus Kühle und das Gewicht des Tonwürfels spürbar, hat die entsprechende Vorstellung taktile Ausprägung.

- Oder man stellt sich den Würfel stattdessen an einer Ecke aufgehängt vor. Dann richtet er sich dank der Schwerkraft so aus, dass die entsprechende Raumdiagonale vertikal zur Tischfläche steht.
- Spätestens im Moment, da die Vorstellungsübung auf die Kanten des Würfels fokussiert, kann der materielle Würfel durch das Vorstellungsbild eines Kantenmodells ergänzt und teilweise sogar abgelöst werden. Dann gehen vom obersten Eckpunkt des Würfels symmetrisch drei Kanten aus, die in drei Würfelecken münden, um sich dort in jeweils zwei neue Kanten zu gabeln usw.
- Einzelne Schülerinnen und Schüler setzen in ihren Vorstellungsbildern flüssige Farbe ein, die ausgehend von der obersten Würfelecke gleichmäßig langsam die Kanten entlangläuft. Sie konzentrieren sich auf die Endpunkte des Farbmaterials und ziehen diese Punkte zur Erzeugung der einzelnen Schnittfiguren heran.
- Statt einer Vielzahl einzelner Schnittfiguren kann – wie in einem Film – eine Sequenz bewegter Vorstellungsbilder aufgebaut werden: Zuerst erscheint ein kleines Dreieck, das wächst. Nach einer Weile brechen die Dreiecksecken auf und es wachsen aus ihnen neue Seiten. Damit wird das Dreieck zu einem (nichtregulären) Sechseck. Im weiteren Verlauf des Films wachsen die kurzen Seiten zulasten der langen Seiten, bis sie gleich lang sind wie diese und ein reguläres Sechseck erscheint. Anschließend läuft der ganze Prozess in umgekehrter Reihenfolge ab. Damit erscheinen die einzelnen Schnittfiguren als Metamorphose eines Dreiecks.

An hinderlichen Vorstellungen, die sich im Verlauf dieses Vorstellungsprozesses einstellen, müssen folgende genannt werden:

- Wegen des weichen Bastelmaterials ist der Würfel leicht deformierbar. So wird die Ecke, auf die der Würfel gestellt wird, immer wieder etwas eingedrückt vorgestellt.
- Zeigt das Vorstellungsbild die Parallelprojektion des Würfels, ist dessen Umriss von hexagonaler Gestalt. Dieses Bild kann so dominant sein, dass es den Aufbau des Vorstellungsbilds der (um 30°) verdrehten hexagonalen Schnittfigur erschwert oder gar unmöglich macht. Vermutlich wirkt hier ein Gestaltgesetz (siehe Abschnitt 2.4).
- Bei vielen Schülerinnen und Schülern mutiert der Würfel, wenn sie ihn vom oberen Eckpunkt aus bearbeiten. Indem sie ihren Blick ausschließlich auf die von dort weglaufenden Kanten richten, blenden sie den Rest des Würfels aus und finden im Moment, da sie den Blick zurück auf den ganzen Körper richten wollen, das Vorstellungsbild einer Pyramide (in seltenen Fällen gar das eines Kegels) vor. Der Grund dafür könnte darin liegen, dass in einer Spitze zusammenlaufende Kanten im Zusammenhang mit der Pyramide und dem Kegel kennengelernt wurden und deshalb als Eigenschaft interpretiert werden, die für diese Körper charakteristisch ist.
- Einigen Personen gelingt es nicht, den Würfel in der beschriebenen aufgestellten Lage fixiert zu halten. Vielmehr kippt ihr Würfel in die stabile Lage zurück und liegt

auf einer Seitenfläche. In dieser üblichen Sicht dominieren die vierzähligen, senkrecht zu den Seitenflächen stehenden Symmetrieachsen und erscheinen als „natürliche“ Blickrichtungen. Die Vierzähligkeit kann so suggestiv sein, dass die vorgestellten Schnittfiguren des Würfels viereckig werden!

Mathematische Anschlussfragen

Die im Zentrum stehenden Schnittfiguren können veranschaulicht werden, indem ein Plexiglaswürfel mit farbigem Wasser gefüllt und auf eine seiner Ecken gestellt wird. Kann das Wasser abfließen, zeigt seine sich verformende Oberfläche die Metamorphose der Schnittfiguren an.

Diese Vorstellungsübung leitet verschiedene mathematische Prozesse aus dem Bereich des Variierens und Vermutens ein. Im Anschluss an sie können Fragen gestellt werden, die sich teilweise auch wieder im Rahmen von Vorstellungsübungen bearbeiten lassen:

- Die Schnittfiguren in der Vorstellungsübung weisen drei oder sechs Kanten auf. Gibt es ebene Schnittfiguren des Würfels mit vier oder fünf Kanten? Kann es Schnittfiguren mit sieben oder mehr Kanten geben?
- Welche (platonischen bzw. archimedischen) Körper entstehen, wenn nicht nur eine, sondern alle Würfelecken gleich stark scheibchenweise abgeschnitten werden?
- Der Würfelschnitt mit regelmäßig sechseckiger Schnittfläche teilt den Würfel in zwei kongruente Hälften. Welche weiteren Würfelschnitte gibt es mit dieser Eigenschaft? (Siehe auch den Schluss dieser Kommentare.)
- Schülerinnen und Schüler vermuten bald einmal, dass die regelmäßig sechseckige Schnittfigur einen größeren Flächeninhalt hat als alle anderen Schnittfiguren, die senkrecht zur Raumdiagonalen des Würfels stehen. Kann der Würfel auch anders geschnitten werden, sodass eine noch größere Schnittfläche entsteht? Wie muss er geschnitten werden, damit die größtmögliche Schnittfläche entsteht?[5]
- Die Gleichung $V_{\text{Pyramide}} = \frac{1}{3} \cdot V_{\text{Würfel}}$ wirft die Frage auf, ob und wie ein Würfel in drei Pyramiden zerlegt werden kann. Auch hier erleichtert die ungewöhnliche Positionierung des Würfels, sich diesen Sachverhalt vorzustellen: Die Grundfläche jeder Pyramide wird durch eine der unteren Würfelseitenflächen gebildet, ihre Spitze fällt mit der oberen Würfelecke zusammen und die drei Pyramiden berühren sich an der Würfeldiagonale. Würde der Würfel wie üblich auf einer Seitenfläche liegen, wäre diese Würfeldreiteilung kaum vorstellbar.
- Die dreizählige Rotationsachse lässt sich im Kontext der Hexaedergruppe sehen: Welche Rotationsachsen gibt es beim Würfel sonst noch? Wie viele (gleichsinnige) Deckbewegungen, die den Würfel in sich überführen, gibt es insgesamt?
- Wie groß ist die Schnittfläche, wenn die drei Seitenflächen der abgeschnittenen Würfelecke gleich groß und noch dreieckig sind? Aufgrund des Satzes von de Gua, einer räumlichen Verallgemeinerung des Satzes von Pythagoras, ist die Schnittfläche $\sqrt{3}$-mal so groß wie eine Seitenfläche (siehe Kommentar zu B10).

- Wie sieht der Rotationskörper aus, der entsteht, wenn der Würfel um seine Raumdiagonale rotiert wird? Da die Schar der erzeugenden Geraden im oberen und unteren Bereich die Rotationsachse schneidet, entsteht in diesen Bereichen je ein *Drehkegel.* Im mittleren Bereich entsteht ein einschaliges *Drehhyperboloid*, da dort die Schar der erzeugenden Geraden windschief zur Rotationsachse liegt (siehe Abb. 2). Sein Volumen beträgt $V = \frac{\sqrt{3}}{3} \cdot \pi \cdot a^3$ (bei einer Kantenlänge von a).[6]

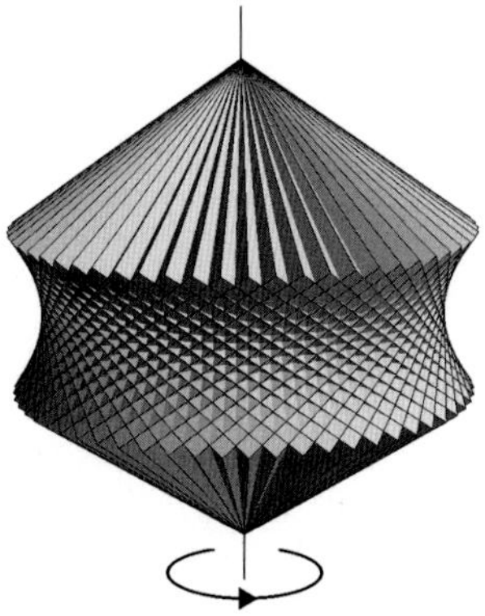

Abb. 2: Rotationskörper eines um eine Raumdiagonale rotierten Würfels

Im Anschluss an die Vorstellungsübung lassen sich auch Bezüge zu Architektur und Kunst herstellen:

- Häuser werden aus verschiedenen praktischen Gründen so gebaut, dass die Bodenflächen der Räume parallel zur Bodenfläche ihrer äußeren Hülle verlaufen. Eine Ausnahme sind Piet Bloms sogenannte „Kubuswohnungen" in Helmond (1974/75) und Rotterdam (1982/84). Sie bestehen aus einem auf einer Ecke stehenden Würfel, der von einem Pfeiler in Richtung der Raumdiagonalen des Würfels getragen wird. In diesen Häusern wurden drei Wohnebenen eingezogen, wovon die mittlere die Form eines regulären Sechsecks hat.[7]
- Künstlerisch hat sich Max Bill mit Würfelhalbierungen auseinandergesetzt. Für einen Park in Jerusalem hat er Vollwürfel aus schwarzem Granit auf verschiedene Arten halbiert und unter anderem eine Steinplastik mit einer regelmäßig sechseckigen Schnittfläche geschaffen. Wie viele weitere Würfelhalbierungen gibt es und wie sehen sie aus?[8]

(A3) Harmonisches Dreieck des Pythagoras legen

Klassenstufe: 7–12 / •

Fachliche Pointe: Legen eines dreieckigen Punktmusters aus zehn Steinen

Voraussetzungen:
- Regelmäßiges Legen von Spielsteinen
- Abzählen im Zahlenraum bis 10

Das dreieckige Punktmuster der Tetraktys lernt man in der Schule meistens im Kontext von Dreieckszahlen kennen. Dass es auf Pythagoras zurückgeht und für ihn und seine Anhänger von großer symbolischer Bedeutung war, wird im Unterricht kaum erwähnt. Eigentlich schade, lassen wir uns doch bei der Einschätzung, wann eine Zahl besonders oder gar schön ist, von ähnlichen Prinzipien leiten wie schon Pythagoras.

Diese Vorstellungsübung leitet an, mehrere Steine so in Reihen zu legen, dass ein Punktmuster in Form eines Dreiecks entsteht. Dies führt auf Dreieckszahlen.

- Stellen Sie sich vor, dass Ihnen eine Menge runder Spielsteine zur Verfügung steht. Nehmen Sie einen Stein zur Hand und legen Sie ihn vor sich auf den Tisch hin. ...
- Nehmen Sie zwei weitere Spielsteine zur Hand. Legen Sie den einen Stein links unterhalb des ersten Steins hin und den anderen Stein rechts unterhalb des ersten Steins. Damit liegen der zweite und der dritte Stein in einer waagerechten Reihe unter dem ersten Stein. Sehen Sie das Muster, das die drei Steine bilden? ...
- Nehmen Sie sich noch drei weitere Spielsteine und legen Sie sie wieder unterhalb des bis jetzt entstandenen Musters hin, auch im gleichen Abstand und schön regelmäßig in einer waagerechten Reihe. ...
- Zum Schluss nehmen Sie vier Spielsteine zur Hand und legen sie von unten an das Muster an. ... Damit entsteht ein Muster von Punkten, das aus vier Punktreihen besteht.
- Was für eine Form hat dieses Muster? ...
- Aus wie vielen Steinen besteht das Muster insgesamt? ...
- Was haben Sie sich im Laufe der Vorstellungsübung vorgestellt?

Hinweis

Die Summe der ersten vier natürlichen Zahlen ist 10. Bei der Anzahl der Steine handelt es sich aufgrund der dreieckigen Form des Musters um eine sog. *Dreieckszahl*. Mit anderen Worten ist 10 die vierte Dreieckszahl.

Mathematische Anschlussfragen

Wie heißt dann die fünfte, sechste, ... hundertste ... , n-te Dreieckszahl? Führen die Schülerinnen und Schüler den von der Vorstellungsübung beschriebenen Prozess Reihe um Reihe weiter, stellt sich der eine oder die andere irgendwann die Frage, wie viele Steine bis zur n-ten Reihe nötig sind. Damit kann diese Vorstellungsübung zur Herleitung der *gaußschen Summenformel* dienen. Aufgrund der dreieckigen Anordnung der n-ten Dreieckszahl $1 + 2 + 3 + \ldots + n$ folgt, dass sich ihr Doppeltes als parallelogrammförmiges Punktmuster legen lässt (siehe Abb. 3). Aus der Geometrie folgt dann für die Anzahl der Punkte, dass $1 + 2 + 3 + \ldots + n = \frac{1}{2} \cdot n \cdot (n + 1)$. Diese Summenformel ist wohl das wichtigste Musterbeispiel einer *arithmetischen Reihe* (für eine Vorstellungsübung zur arithmetischen Reihe der ungeraden Zahlen siehe PL5).[9]

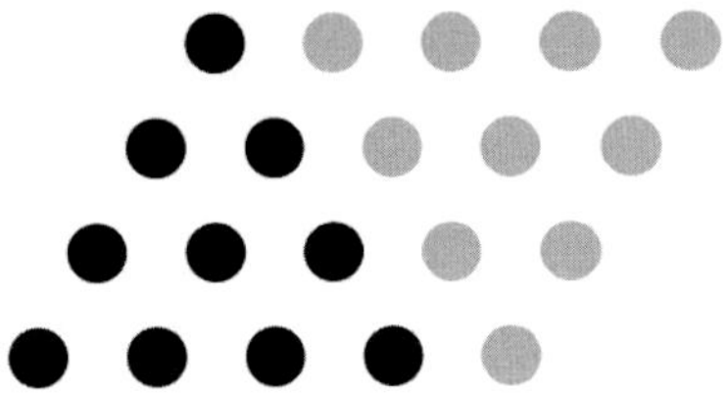

Abb. 3: Herleitung der gaußschen Summenformel

Die Pythagoreer, eine religiös-politische Bruderschaft um Pythagoras, haben sich eingehend mit solchen Zahlen befasst, die sich auf regelmäßige geometrische Figuren beziehen (sog. *figurierte Zahlen*). So war das gleichseitige Dreieck aus vier Reihen mit zehn Steinen ein zentrales Symbol der Pythagoreer. In dieser Figur – der sog. *Tetraktys* – sahen die Pythagoreer zentrale Elemente ihres Weltverständnisses versinnbildlicht. So spielte die Vier die Rolle des Vollkommenen und Harmonischen: Die Griechen unterschieden vier Jahreszeiten, vier Elemente und vier Temperamente. Die Längenverhältnisse von Saiten wichtiger musikalischer Harmonien basieren auf den ersten vier Zahlen: 1:2 (Oktave), 2:3 (Quinte) und 3:4 (Quarte). Die Zehn war den Pythagoreern als Basis des Zahlensystems heilig. Mit der Zehn als Summe der ersten vier Zahlen deuteten sie die Tetraktys so, dass die Vierheit die Zehn „erzeugt".

Damit versinnbildlicht das harmonische Dreieck das pythagoreische Credo „Alles ist Zahl", das heißt, alles Harmonische und Schöne in der Natur ist mit natürlichen bzw. dem Verhältnis von natürlichen Zahlen beschreibbar. Etwas allgemeiner lässt sich die Haltung der Pythagoreer so formulieren: Bedeutsames lässt sich mit einfachen Zahlen beschreiben, und umgekehrt deuten einfache Zahlen auf Bedeutsames hin.

Liegt diese pythagoreische Haltung nicht auch unserem heutigen Zahlempfinden zugrunde? So feiern wir nach jedem vergangenen Lebensjahr Geburtstag. Wieso feiert man eigentlich nicht alle 197 Tage? Zudem finden wir Geburtstage, die ein Jahrzehnt oder ein Jahrfünft abschließen, besonders bedeutsam und belegen sie darüber hinaus mit geometrisch-ästhetischen Begriffen wie „rund“ bzw. „eckig“. Ein weiteres Beispiel für dieses Phänomen sind Preise. Uns fällt auf, wenn im Supermarkt ein Einkauf „genau“ 100 Euro kostet. Mindestens fällt uns ein „runder“ Preis wie dieser eher auf als ein Einkauf von „genau“ 19 Euro und 7 Cent. Weshalb eigentlich?

Dieselbe pythagoreische Haltung, einfache Zahlen als Hinweis auf Bedeutsames zu interpretieren, steht oft genug auch hinter Fragen, die sich beim Verstehen von mathematischen Zusammenhängen stellen. So kann das Verhältnis 1:3 in der Volumenformel für Pyramiden ($V_{\text{Pyramide}} = \frac{1}{3} \cdot Gh$ bzw. $V_{\text{Pyramide}} : Gh = 1:3$) Anlass für die geometrische Vermutung sein, dass sich drei beliebige, kongruente Pyramiden zu einem Parallelepiped bzw. Quader zusammensetzen lassen. Unter welchen Bedingungen gilt dies?[10] (Für die Zerteilung eines Würfels in drei Pyramiden siehe Vorstellungsübung A2.)

Ein weiteres solches Beispiel stammt von Wagenschein und dreht sich um die Oberflächenformel für die *Kugel*. Wenn wir den Vollmond am Himmel sehen, nehmen wir ihn zwar als Kreisscheibe ($F_{\text{Kreis}} = \pi r^2$) wahr, wohl wissend, dass uns eigentlich eine Halbkugel ($O_{\text{Halbkugel}} = 2\pi r^2$) entgegenscheint. Wer würde hinter der Gleichung $O_{\text{Halbkugel}} : F_{\text{Kreis}} = 2:1$ nicht eine tiefere Bedeutung vermuten, die aufzudecken sich lohnen könnte?[11]

Ein letztes Beispiel stammt aus der Integralrechnung. Wird das unbestimmte Integral $\int x^2 dx = \frac{x^3}{3}$ als $\int x^2 dx : x^3 = 1:3$ und x^3 als Volumen eines Würfels gelesen, stellt sich folgende Frage (vgl. auch den Kommentar zu A2): Was hat $\int x^2 dx$ mit dem Volumen einer Pyramide zu tun? Nach klassischer Auffassung ist x^2 nicht als Länge, sondern ganz selbstverständlich als Quadratfläche zu interpretieren. Gleitet x durch das Einheitsintervall $[0,1]$, werden gemäß der Vorschrift $y = x^2$ an allen Stellen Quadratquerschnitte erzeugt. Zusammengesetzt ergeben diese Querschnitte aufgrund der geraden Randkurve $y = x$ eine Pyramide. Wegen der Pyramidenformel verhält sich ihr Volumen zum umgebenden Einheitswürfel im Verhältnis 1:3, was folglich auch für die Parabelfläche zum umgebenden Einheitsquadrat gilt.[12]

(A4) Ecken eines Dreiecks abschneiden

Klassenstufe: 8–10 / •

Fachliche Pointe: Das fortgesetzte Abschneiden der drei Ecken eines Dreiecks erzeugt eine Folge von Sechsecken, die in ein Dreieck mündet.

Voraussetzungen:
- Gleichseitiges Dreieck
- Trapez als Dreieck mit einer parallel zu einer Seite abgeschnittenen Ecke

Das Abstumpfen von räumlichen Körpern ist ein äußerst produktives Verfahren. So kann man ein Oktaeder erhalten, wenn man die Ecken eines Tetraeders kappt. Wegen der leichteren Vorstellbarkeit empfiehlt es sich, das Verfahren des Abstumpfens zuerst für ebene Figuren kennenzulernen.

In dieser Vorstellungsübung werden die drei Ecken eines Papierdreiecks abgeschnitten, zuerst nur ein klein wenig, dann zunehmend mehr. Dadurch entsteht eine Folge von ineinander verschachtelten Sechsecken, die von einem Dreieck ausgeht und im (Seitenmitten-)Dreieck endet.

- Schneiden Sie in Gedanken ein gleichseitiges Dreieck aus einem Blatt Papier aus. … Drehen Sie das Dreieck so, dass eine Seite unten und horizontal liegt. Dann zeigt die Ecke, die dieser Seite gegenüberliegt, nach oben und bildet die Spitze der Figur. …

- Konzentrieren Sie sich nun auf diese Spitze des Dreiecks und nehmen Sie eine Schere zur Hand. Führen Sie die Schere in den Bereich der Spitze, richten Sie sie parallel zur unteren Dreiecksseite aus und schneiden Sie ein wenig der Spitze ab. … Dadurch erhält die ursprünglich dreieckige Figur oben eine neue Seite. … Es entsteht ein trapezförmiges Viereck, ein Dreieck mit einer abgeschnittenen Ecke. …

- Unten links und rechts sehen Sie die beiden Ecken des ursprünglichen Dreiecks. Schneiden Sie zuerst die linke Ecke ab, und zwar gleich wenig wie vorher, auch mit einem Schnitt parallel zur Dreiecksseite, die dieser Ecke gegenüberliegt. Dann schneiden Sie die rechte Ecke ab, auch wieder gleich wenig und mit einem Schnitt parallel zur Dreiecksseite, die der rechten Ecke gegenüberliegt. … Auf diese Weise erhalten Sie eine Papierfigur, die aussieht wie ein Dreieck, dessen Ecken Sie abgeschnitten haben. …

- Wie viele Ecken hat diese neue Figur? …

- Konzentrieren Sie sich nun auf diejenigen drei Seiten Ihrer Figur, die durch das Abschneiden der Ecken entstanden sind. Schneiden Sie von diesen Seiten weitere ganz schmale Papierstreifen ab. ... Was für eine Form hat Ihre Papierfigur dann? ... Was für Formen nimmt sie an, wenn Sie immer weiter solche schmalen Streifen abschneiden? ...

- Tun Sie das nur so lange, bis je zwei Schnittkanten in den Mittelpunkten der Seiten des ursprünglichen Dreiecks zusammenstoßen. Sehen Sie, was für eine Form diese Papierfigur hat? ...

- Was haben Sie sich im Laufe der Vorstellungsübung vorgestellt?

Hinweise

Durch das Abschneiden der drei Ecken der Ausgangsfigur entsteht ein Sechseck, das, wenn die Ecken fortgesetzt abgeschnitten werden, wieder in ein Dreieck mündet. Diese Figur steht auf der Spitze und ist deshalb um 60° gegenüber der Ausgangsfigur verdreht. Als Seitenmittendreieck zerlegt sie das anfängliche Dreieck in vier kongruente und deshalb flächengleiche Teildreiecke.

Wie bei den Würfelquerschnitten in A2 kann auch hier statt einer Vielzahl einzelner Formen ein „Film“ bewegter Vorstellungsbilder aufgebaut werden: Zu Beginn wird ein Dreieck gezeigt. Aus dessen Ecken beginnen neue Seiten zu wachsen, wodurch nichtreguläre Sechsecke entstehen. Im weiteren Verlauf des Films werden die Seiten der Anfangsfigur immer mehr beschnitten, wodurch sie schrumpfen. Einen kurzen Moment sind sie gleich lang, um ab dann immer kürzer als die Schnittkanten zu sein. Schließlich münden sie in Punkte, den Ecken des im Schlussbild gezeigten, auf dem Kopf stehenden Dreiecks. Damit liegt hier eine andere Dreiecksverwandlung vor als bei den Würfelschnitten in A2.

Mathematische Anschlussfragen

Die in der Vorstellungsübung aufgeworfene Frage lässt sich in verschiedener Hinsicht variieren: Was ändert sich an den Schnittfiguren, wenn man (statt von einem gleichseitigen) von einem rechtwinklig-gleichschenkligen oder gar von einem allgemeinen Dreieck ausgeht? Was für eine Folge von Schnittfiguren entsteht, wenn die Ecken eines Quadrats oder allgemeinen Vierecks abgeschnitten werden?

Fragen wie diese können auch in weitere Vorstellungsübungen münden. Sie können aber auch auf räumliche Körper übertragen werden: Was für Körper entstehen, wenn beispielsweise von den vier Ecken eines Tetraeders immer mehr abgeschnitten wird? Zuerst ergibt sich ein Tetraederstumpf – als archimedischer Körper hat er vier reguläre drei- und vier reguläre sechseckige Seitenflächen. Anschließend geht er in ein Oktaeder über, denn vier seiner dreieckigen Seiten sind Schnittflächen (in Abb. 4 hellgrau dargestellt), die anderen vier Dreiecke sind abgestumpfte Tetraederseiten (dunkelgrau dargestellt). Werden die Tetraederecken über das Oktaeder hinaus abgeschnitten, entsteht wieder ein Körper in der Form eines Tetraeders. Seine vier Eckpunkte liegen – ähnlich wie beim Seitenmittendreieck der Vorstellungsübung – in den Mittelpunkten der Seitenflächen des ursprünglichen Tetraeders. Aus diesem Grund wird das Tetraeder auch *selbstdual* genannt (vgl. mit dem Kommentar zu A8).

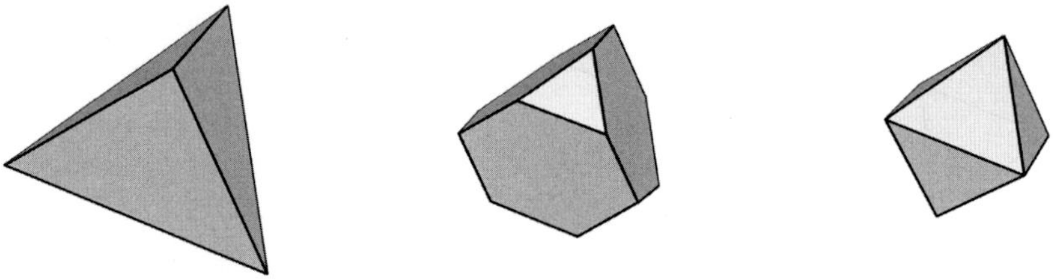

Abb. 4: Folge eines zunehmend abgestumpften Tetraeders

Geübte Klassen können ein Ikosaeder abstumpfen, zuerst nur ein wenig, dann zunehmend mutiger (ausgehend von der Vorstellungsübung A1). Auf diese Weise entsteht eine Form, bei der je ein reguläres Fünfeck von fünf Sechsecken umringt ist. Diese Struktur – ein Ikosaederstumpf – ist auch der Bauplan von Fußbällen, die aus zwölf fünfeckigen und zwanzig sechseckigen Lederstücken genäht sind.[13] Er liegt aber auch einer neuen kristallinen Erscheinungsform von Kohlenstoff zugrunde, einem Makromolekül aus zwölf Fünfer- und zwanzig Sechser-Kohlenstoffringen (sog. *Fulleren*). Wird noch mehr von den Ikosaederecken abgeschnitten, entsteht ein *Ikosidodekaeder* (hier wird jedes Fünfeck von sechs Dreiecken umringt) und abschließend ein Dodekaeder. Der Aufbau dieser Folge von Vorstellungen kann durch entsprechende Visualisierungen oder Computerprogramme unterstützt werden.[14]

Statt der Ecken können natürlich auch die Kanten eines platonischen Körpers abgestumpft werden. Auch dann entstehen konvexe Körper, die durch mehr als eine Sorte regulärer Polygone berandet werden und deren Eckpunkte ununterscheidbar sind (sog. *archimedische Körper*). Allerdings gibt es auch archimedische Körper, die sich nicht dadurch herstellen lassen, dass ein platonischer Körper abgestumpft wird. Welche sind es?[15]

(A5) Pentagramm konstruieren

Klassenstufe: 8–10 / •

Fachliche Pointe: Das Pentagramm lässt sich aus kombinatorischen Vorgaben konstruieren.

Voraussetzungen:
- Kreis
- Hüpfen und Überhüpfen (z. B. mit Spielsteinen)

Das Pentagramm ist mit dem Pentagon in mehrerlei Hinsicht verwandt. So kann es konstruiert werden, indem die Seiten eines Pentagons verlängert werden, bis sie sich paarweise schneiden, oder indem sämtliche Diagonalen in das Pentagon eingezeichnet werden.

Diese Vorstellungsübung nutzt nicht die geometrische Verwandtschaft von Pentagon und Pentagramm, um ein Pentagramm zu konstruieren, sondern beschreitet einen kombinatorisch-graphentheoretischen Weg. Während für ein Pentagon die fünf regelmäßig auf einer Kreislinie angeordneten Eckpunkte nacheinander verbunden werden, muss für ein Pentagramm immer ein Eckpunkt übersprungen werden.

- Stellen Sie sich einen Kreis vor. Markieren Sie auf der Kreislinie einen Punkt, der oben liegt, also dort, wo auf einem Zifferblatt die 12 ist. …
- Markieren Sie vier weitere Punkte auf der Kreislinie. Ordnen Sie sie so an, dass schließlich alle fünf Punkte gleichmäßig auf der Kreislinie verteilt liegen. Sehen Sie den Kreis mit allen fünf Punkten? …
- Fassen Sie wieder den ersten, oberen Punkt ins Auge. Hüpfen Sie von ihm ausgehend zum übernächsten Punkt und lassen so den dazwischen liegenden Punkt aus. Hüpfen Sie weiter so, immer zum jeweils übernächsten Punkt, einen Punkt auslassend. Tun Sie dies so lange, bis Sie wieder am Ausgangspunkt ankommen. … Sie erreichen den Ausgangspunkt erst wieder nach zwei Umläufen durch den Kreis.
- Wenn Ihnen dieses Hüpfen zum jeweils übernächsten Punkt gelingt, machen Sie Folgendes: Verbinden Sie die Punkte in der Reihenfolge, in der Sie sie anhüpfen, durch gerade Strecken. …
- Was für eine Figur entsteht so? Aus wie vielen Strecken besteht sie?
- Was haben Sie sich im Laufe der Vorstellungsübung vorgestellt?

Hinweise

Es entsteht eine sternförmige Figur mit fünf Spitzen, ein sog. *reguläres Sternpentagon* oder *Pentagramm*. Die fünf Seiten überkreuzen sich und können in einem Zug gezeichnet werden. Ganz unabhängig vom Umlaufsinn, in dem der Kreis durchhüpft wird, entsteht immer dasselbe Pentagramm.

In Anlehnung an mittelalterliche Darstellungen, auf denen der menschliche Körper mit dem Pentagramm und dem Goldenen Schnitt in Zusammenhang gebracht wird, kann man sich die fünf Punkte als die Endpunkte eines Menschen mit ausgestreckten Armen und leicht gegrätschten Beinen vorstellen.[16] Mit dieser Vorstellung im Hintergrund könnte es leichter sein, die fünf Punkte zu überblicken und richtig miteinander zu verbinden. Gerade jüngere Schülerinnen und Schüler legen aber auch gerne selbst Hand an und spannen das Pentagramm mit Schnur auf einem Nagelbrett mit kreisförmig angeordneten Nägeln nach.

Mathematische Anschlussfragen

Diese Vorstellungsübung öffnet ein weites Feld für Fragen und Entdeckungen rund um das Pentagramm:

- So stellt sich die Frage nach den Innenwinkeln. Werden die Schnittpunkte der fünf sich kreuzenden Seiten nicht als Ecken aufgefasst und wird das Pentagramm entlang der fünf Seiten abgeschritten, ergibt sich für die Summe der fünf spitzen Winkel 180° (siehe Vorstellungsübung B1). Wird die Figur jedoch mit einem konkaven Dekagon gleichgesetzt, kommen für die stumpfen Innenwinkel $5 \cdot 360° - 540°$ dazu, was total $4 \cdot 360°$ ergibt. Wie man es auch dreht und wendet, die Formel $(n - 2) \cdot 180°$ gilt für überschlagene Polygone nicht.[17]
- Betrachtet man zwei sich schneidende Seiten des Pentagramms, stellt sich die Frage, in welchem Verhältnis der längere Abschnitt einer Seite zu deren kürzerem Abschnitt steht oder – was auf das Gleiche herauskommt – in welchem Verhältnis die ganze Seite zum längeren Abschnitt steht. Üblicherweise wird diese Frage mithilfe von Ähnlichkeit und Verhältnisgleichungen beantwortet: Hat der kürzere Abschnitt der Seite die Länge 1 und der längere Abschnitt die Länge ϕ, führt die Gleichung $\frac{\phi}{1} = \frac{\phi + 1}{\phi}$ über eine quadratische Gleichung auf das Streckenverhältnis des *Goldenen Schnitts*, $\phi = \frac{\sqrt{5} + 1}{2} \approx 1{,}6180$.
- Historisch gesehen scheint es der Goldene Schnitt gewesen zu sein, an dem erstmals die Existenz irrationaler Zahlen nachgewiesen wurde, und nicht die Quadratdiagonale. Der Legende nach stammt diese Entdeckung von einem Pythagoreer, der damit den zentralen Glaubenssatz seines Bunds „Alles ist Zahl" zum Einsturz brachte und dafür mit seinem Leben bezahlte (siehe auch die Ausführungen zur Vorstellungsübung A3).

  Die Irrationalität der Verhältniszahl ϕ kann mit einem geometrischen Verfahren bewiesen werden, das nicht von ungefähr an die *Wechselwegnahme* im euklidschen Algorithmus erinnert. Bevor dieser Algorithmus jedoch durchgeführt werden kann, wird an zwei benachbarte Eckpunkte eines Pentagramms ein weiteres, kleineres Pentagramm angefügt, und zwar so, dass die Seiten des kleinen Pentagramms so lang sind wie der längere Abschnitt einer Seite des großen Pentagramms (in Abb. 5 gestrichelt dargestellt). Da die Schnittpunkte je zweier Seiten des großen Pentagramms die entsprechenden Seiten im Verhältnis des Goldenen Schnitts teilen, liegt eine Ecke des kleinen Pentagramms auf einem solchen Schnittpunkt. Folglich sind die beiden Pentagramme ähnlich, das heißt, die Streckenverhältnisse im kleinen Pentagramm sind gleich wie im großen Pentagramm. Damit können unendlich viele weitere, immer kleinere Pentagramme angefügt werden.

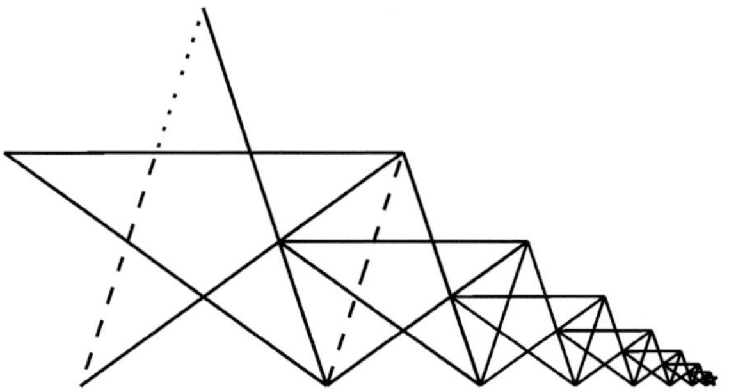

Abb. 5: Wechselwegnahme im Pentagramm zum Beweis der Irrationalität des Goldenen Schnitts

Die geometrische Wechselwegnahme ist ein Verfahren zur Bestimmung der kleinsten gemeinsamen Teilstrecke, mit der sich zwei beliebige Strecken ausmessen lassen. Um also im anfänglichen Pentagramm den längeren (gestrichelten) Abschnitt einer Seite an der ganzen Seite zu messen, nimmt man den Abschnitt von der Seite weg und erhält den kürzeren Abschnitt (in Abb. 5 gepunktet dargestellt). Versucht man als Nächstes, den kürzeren Abschnitt am längeren Abschnitt zu messen, ist man wieder in der Ausgangssituation, wie ein Blick ins angehängte Pentagramm zeigt: Der längere Abschnitt des großen Pentagramms wird zur ganzen Seite des kleinen Pentagramms, und der kürzere Abschnitt des großen Pentagramms wird zum längeren Abschnitt des kleinen Pentagramms. Da sich dieses Phänomen bei jeder weiteren Wegnahme wiederholt, bricht das Verfahren nicht ab. Mit anderen Worten besitzen die Seite und ihr längerer Abschnitt keine kleinste Teilstrecke, und das Streckenverhältnis des Goldenen Schnitts ist nicht rational.[18]

- Das Symbol des Pentagramms ist aber auch kulturgeschichtlich bedeutsam. Man denke nur an den Drudenfuß oder an das Pentagramm als Logo von Geheimbünden (Pythagoreer, Freimaurer) oder von Autofirmen (Chrysler). Auffallend präsent ist das Pentagramm auf Nationalflaggen, nicht nur auf denen sozialistischer Länder. So ziert es die Fahnen eines Viertels aller knapp 200 Mitgliedsstaaten der UNO (Marokko, China, USA usw.).

Wegen der gewählten kombinatorisch-graphentheoretischen Konstruktion des Pentagramms stellen sich aber auch Fragen, die weit über das Pentagramm hinausführen:

- Was für Figuren entstehen, wenn mehr als ein Punkt übersprungen wird und beispielsweise jeder dritte Punkt verbunden wird?
- Was für Figuren ergeben sich, wenn ausgehend von sechs gleichmäßig angeordneten Punkten jeder zweite bzw. jeder dritte Punkt verbunden wird?
- Sind allgemein n Punkte regelmäßig auf einer Kreislinie angeordnet und wird jeder in einem fest gewählten Umlaufsinn mit dem p-ten nachfolgenden Punkt geradlinig verbunden (modulo n), so entsteht – nach einem oder mehreren Umläufen – ein geschlossener Streckenzug. Er wird seit Coxeter mit dem *Schläfli-Symbol* $\left\{\frac{n}{p}\right\}$ bezeichnet (siehe auch Vorstellungsübungen A10 und A13).[19] Dabei sind drei Fälle zu unterscheiden:
  1. Falls n und p teilerfremd sind, verbindet der Streckenzug alle n Punkte miteinander, und es entsteht ein *reguläres Sternpolygon.*
  2. Falls n und p einen größten gemeinsamen Teiler aufweisen mit $1 < \mathrm{ggT}(n,p) < p$, entsteht ebenfalls ein Sternpolygon, allerdings eins mit nur $\frac{n}{\mathrm{ggT}(n,p)}$ Eckpunkten. Im kleinsten nicht trivialen Fall $\left\{\frac{10}{4}\right\}$ ergibt sich ein Pentagramm.
  3. Falls der größte gemeinsame Teiler von n und p gleich p ist, schließt sich der Streckenzug bereits nach dem ersten Umlauf durch die Kreispunkte. Folglich ergibt sich ein reguläres Polygon mit $\frac{n}{p}$ Seiten und Eckpunkten. Im kleinsten nicht trivialen Fall $\left\{\frac{6}{2}\right\}$ handelt es sich um ein reguläres Dreieck.

  In den beiden letzteren Fällen können alle Punkte miteinander verbunden werden, indem $\mathrm{ggT}(n,p)$ Kopien des Streckenzugs gegeneinander verdreht und übereinandergelegt werden. Dadurch entsteht ein *zusammengesetztes Sternpolygon.*[20]
- Wie viele verschiedene Sternpolygone können konstruiert werden, ausgehend von n auf einer Kreislinie regelmäßig angeordneten Punkten? Zählt man nur die regulären Sternpolygone, sind es $\frac{1}{2}\cdot\varphi(n) - 1$ Stück, werden die zusammengesetzten Sternpolygone mitgezählt, sind es $\left\lfloor\frac{n-3}{2}\right\rfloor$ Stück.[21]

(A6) Tetraeder falten

Klassenstufe: 8–10 / • •

Fachliche Pointe: Tetraeder lassen sich aus einem rechteckigen Blatt Papier ohne Einschnitte und ohne Überlappungen falten.

Voraussetzungen:
- Rechteckiges Blatt Papier im Format A4
- Herstellen einer Zylinderröhre aus einem Blatt

Objekte in Gestalt eines Polyeders lassen sich einpacken, indem sie in ein Stück Papier eingeschlagen werden. Hat das Papier nicht die Form des passenden Netzes und ist beispielsweise rechteckig, entstehen dabei oft Lücken oder Überstände, die nachträglich verklebt oder abgeschnitten werden müssen.

In der Übung wird ein Tetraeder aus einem DIN-A4-Blatt Papier gefaltet, ohne dass dazu Einschnitte nötig wären und ohne dass Lücken oder Überstände entstünden.

- Legen Sie ein Blatt Papier im A4-Format quer vor sich auf den Tisch. …
- Biegen Sie das Blatt, indem Sie die linke und die rechte Blattkante zusammenführen. Es entsteht eine kurze Röhre. Verkleben Sie die beiden zusammengeführten Blattkanten miteinander. … Stellen Sie sich vor, wie die Röhre vor Ihnen auf dem Tisch liegt. Eine Öffnung zeigt nach hinten, weg von Ihnen, und die andere Öffnung zeigt nach vorne, zu Ihnen hin. …
- Schließen Sie die vordere Öffnung, indem Sie sie mit einer Hand auf den Tisch drücken. Fixieren Sie die zugedrückte Kante und kleben Sie sie zu. …
- Auch die hintere Öffnung der Röhre soll verschlossen werden, und zwar etwas anders: Strecken Sie dazu Ihre beiden Hände aus, wie wenn Sie klatschen würden. … Halten Sie Ihre Hände so, dass die hintere Öffnung zwischen Ihren Händen liegt, und führen Sie Ihre beiden Hände gegeneinander. Dadurch drücken Sie die hintere Öffnung zusammen und schließen die Öffnung. Fixieren Sie nun auch diese zugedrückte Kante und kleben Sie sie zu. …
- Damit entsteht ein Objekt aus Papier, das geschlossen ist. Dieser Körper weist vorne wie hinten eine Kante auf, die jedoch um 90 Grad gegeneinander verdreht sind. …
- Der Körper weist aber auch vier Spitzen auf: Eine befindet sich vorne links, eine vorne rechts, eine hinten oben und eine hinten unten. … Das Papier bildet vier Wülste, die zwischen den hinteren und den vorderen Spitzen verlaufen. …

- Falzen Sie zum Schluss die Wülste zu richtigen Kanten aus. ... Damit laufen zwei Falzkanten von der Ecke hinten oben zu den beiden vorderen Ecken, genauso laufen zwei weitere Falzkanten von der Ecke hinten unten zu den vorderen Ecken. ...
- Was für ein Körper ist entstanden? ...
- Was haben Sie sich im Laufe der Vorstellungsübung vorgestellt?

Hinweise

Es entsteht ein Tetraeder, das etwas in die Länge gezogen ist. Damit es regulär ist, müssen die Seitenlängen des Blatts nicht wie bei DIN-A-Formaten üblich im Verhältnis $\sqrt{2}:1$, sondern im Verhältnis $4:\sqrt{3}$ zueinanderstehen. Mit anderen Worten kann statt vom üblichen dreieckigen Tetraedernetz von einem rechteckigen Blatt Papier ausgegangen werden, um ein tetraederförmiges Flächenmodell herzustellen. Hier wie dort sind drei Blattkanten miteinander zu verkleben.[22]

Auch alle anderen platonischen Körper lassen sich aus rechteckigem Papier falten. Es scheint jedoch unvermeidlich zu sein, dass ihre Oberfläche stellenweise mehrfach vom Papier überdeckt wird.[23]

Mathematische Anschlussfragen

Eine Frage im Anschluss an die Vorstellungsübung, die weit reicht, ist folgende: Auf die Seitenfläche eines regulären Tetraeders wird die Seitenfläche eines regulären Oktaeders gleicher Kantenlänge geklebt. Wie viele Ecken, Kanten und Flächen hat der entstehende Körper?

Man könnte versucht sein, die entsprechenden Anzahlen beider Körper bloß um die zwei verklebten Seitenflächen sowie um drei (der sechs) verklebten Kanten bzw. Ecken zu reduzieren. Nun liegt jedoch jedes Paar von Dreiecken, das durch das Zusammenkleben der beiden Körper eine Kante teilt, in ein und derselben Ebene. Dies lässt sich zum Beispiel über die Seitenwinkel einsehen. Mithilfe trigonometrischer bzw. vektorgeometrischer Berechnungen ergeben sich für den Seitenwinkel des Tetraeders $\arctan(2\sqrt{2}) = \arccos\left(\frac{1}{3}\right) \approx 70{,}53°$ und für den Seitenwinkel des Oktaeders $\arccos\left(-\frac{1}{3}\right) \approx 109{,}47°$, insgesamt also 180°. Dieser Sachverhalt kann aber auch unmittelbar geometrisch eingesehen werden. Dazu geht man davon aus, dass ein Oktaeder entsteht, wenn man die Ecken eines Tetraeders in Form von kleinen Tetraedern mit halber Kantenlänge abschneidet (siehe Vorstellungsübung A4, Abb. 4). Klebt man nun eins der kleinen Tetraeder wieder an, verlaufen die freien Tetraederseitenflächen zwangsläufig in der Flucht von Oktaederseitenflächen. Folglich entsteht ein Körper mit 7 (statt 10) Seitenflächen, 12 (statt 15) Kanten und 7 Ecken.

Die Ebenheit der vermeintlich geknickten Seitenflächen des Körpers kann auch anders, von einem globaleren Standpunkt aus, eingesehen werden. Dazu muss ein wenig ausgeholt werden. Bekanntlich kann der dreidimensionale Raum mit lauter kongruenten Würfeln vollständig ausgefüllt werden, indem diese Seite an Seite neben- und aufeinandergestapelt werden. Mit lauter kongruenten regulären Tetraedern ist dies unmöglich, auch wenn Aristoteles dies behauptet haben soll.[24] Dennoch lässt sich der Raum noch auf eine weitere Art mit platonischen Körpern ausfüllen, und zwar auf genau eine weitere Art. Diese *raumfüllende Pflasterung* wird aus der Würfelstapelung abgeleitet.

Dazu werden die vier nicht benachbarten Ecken eines Würfels abgeschnitten, sodass erst einmal ein Tetraeder entsteht (siehe Abb. 6). Gleichzeitig bildet jede abgeschnittene Ecke ein Achtel eines Oktaeders, ist sie doch eine dreiseitige Pyramide mit lauter rechten Winkeln in der Spitze und einer gleichseitigen Grundfläche. Zusammen mit den abgeschnittenen Ecken der sieben umliegenden Würfel ergibt sich ein ganzes Oktaeder.

Auf diese Weise entsteht aus der einfachen Pflasterung des Raums mit Würfeln eine weitere reguläre Pflasterung mit zwei platonischen Körpern. Ihre Oktaeder sind gleich orientiert und stehen wie üblicherweise dargestellt auf einer Ecke. Ihre Tetraeder hingegen treten in zwei unterschiedlichen Orientierungen auf und stehen auf einer Kante. In jeder Ecke der Pflasterung stoßen acht Tetraeder und sechs Oktaeder zusammen, und in jeder Kante zwei Tetraeder und zwei Oktaeder. Aus Symmetriegründen ergibt sich ein weiteres Mal, dass die angrenzenden Seitenflächen des Tetraeders und des Oktaeders in derselben Ebene liegen müssen.[25]

Es gibt viele weitere konvexe Polyeder, die raumfüllend sind. Ein einfaches Beispiel entsteht, wenn auf zwei parallele Seitenflächen eines Oktaeders je ein Tetraeder aufgesetzt wird. Weil die angrenzenden Dreiecke in derselben Ebene liegen, handelt es sich bei diesem Polyeder um einen Spat mit sechs kongruenten rhombenförmigen Seitenflächen (sog. *Rhomboeder*). Man kann es sich als einen Körper denken, der aus einem Würfel durch dreifache Scherung entsteht. Konstruktionsgemäß ist dieses Polyeder ebenfalls raumfüllend (Abb. 7).[26]

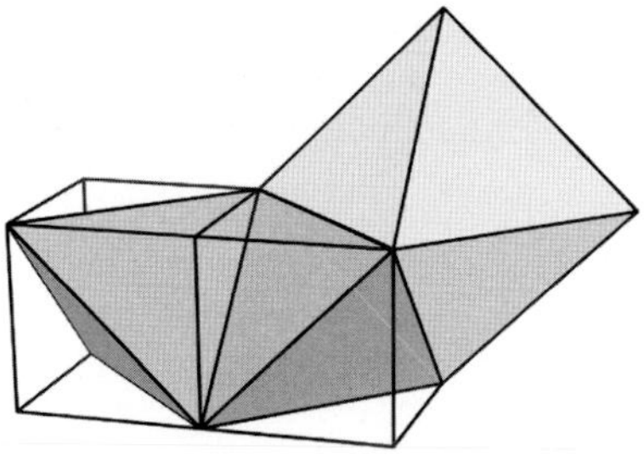

Abb. 6: Raumfüllung mit regulären Tetraedern und Oktaedern

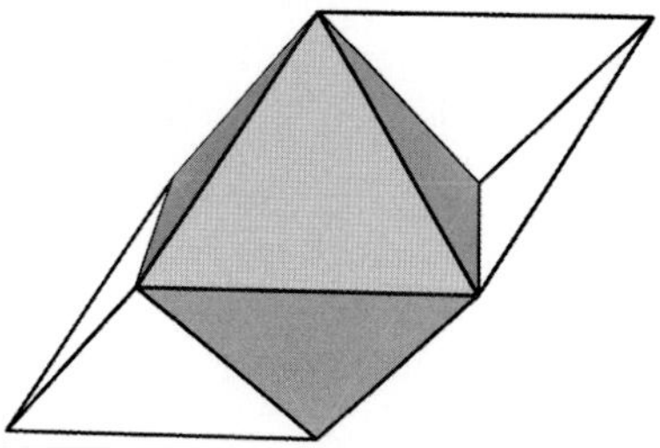

Abb. 7: Reguläres Oktaeder mit zwei aufgesetzten Tetraedern

Die einfache Konstruktion von Tetraedern, die der Vorstellungsübung zugrunde liegt, wurde jahrelang für die industrielle Abfüllung von Getränken genutzt: Ein (bereits befüllter) Kartonschlauch wird abgeklemmt, verschweißt und abgeschnitten, dann wird er weitergeschoben, um 90° verdreht, abgeklemmt, verschweißt und abgeschnitten usw. Diese rationelle Herstellungsmethode von tetraederförmigen Getränkeverpackungen wurde seit 1952 in Schweden eingesetzt und machte den Markennamen „Tetra Pak" weltweit bekannt. Allerdings lassen sich Tetraeder nicht ohne Platzverlust stapeln und passen nur schlecht in quaderförmige Kästen. Aus diesen und anderen Gründen wurde das Tetra Pak gegen Ende der siebziger Jahre von quaderförmigen Verpackungen („Tetra Brik") verdrängt.

Wohl nicht zuletzt aus Marketinggründen ist die Form unter dem Markennamen „Tetra Classic" seit einigen Jahren wieder auf dem Markt und wird mit Slogans wie „Its unique and fun shape appeals to children" und „This carton uses a minimum of packaging material for maximum content" beworben. Mindestens die letzte Behauptung darf bezweifelt werden, braucht es doch, um einen Liter Flüssigkeit in einen Tetraeder zu packen, ca. 20 % mehr Verpackungsmaterial, als wenn dieselbe Menge in einen Würfel verpackt würde. Selbst wenn in Betracht gezogen wird, wie viel Abfall beim Zuschneiden der Verpackungen entsteht, lässt sich die Behauptung nicht aufrechterhalten. Nach Obigem lässt sich eine Rolle Verpackungsmaterial in rechteckige Tetraederverpackungen zuschneiden und hinterlässt folglich keinen Abfall. Aber auch wenn Würfelnetze als Schnittmuster verwendet werden, entsteht im Innern eines rechteckigen Bogens Verpackungsmaterial kein Abfall, lässt sich der Bogen doch – unabhängig davon, welches Würfelnetz als Schnittmuster verwendet wird – lückenlos damit pflastern. Um zusätzlich den Schneideabfall am linken und rechten Rand einer Rolle Verpackungsmaterial zu vermeiden, muss auf eines der Würfelnetze zurückgegriffen werden, die sich in parallelen Bändern anordnen lassen.[27]

Und aus noch einem ganz anderen Grund ist die Tetraederverpackung nicht optimal. Die neuere kombinatorische Geometrie zeigt, wie das Netz eines regulären Tetraeders geknickt und gefaltet werden muss, um einen Körper mit einem über 37 % größeren Volumen zu erhalten – und dies bei gleich großer Oberfläche! Entgegen der Vermutung, dass konvexe Körper bei gegebener Oberfläche automatisch das maximale Volumen umgeben, weist der entstehende Körper Einbuchtungen auf, das heißt, er ist konkav.[28]

(A7) Fläche konstanter Breite konstruieren

Klassenstufe: 8–10 / • •

Fachliche Pointe: Nicht nur der Kreis, auch andere konvexe Flächen haben konstante Breite.

Voraussetzungen:
- Konstruieren eines gleichseitigen Dreiecks mit dem Zirkel
- Einklemmen einer Figur zwischen zwei parallelen Tangenten

Misst man bei einem beliebigen konvexen, ebenen Flächenstück den Durchmesser, erhält man je nach Richtung eine andere Länge. Der Kreis ist ein besonderes Flächenstück, weil der Durchmesser für alle Richtungen gleich lang ist. Wider Erwarten ist diese Eigenschaft der konstanten Breite nicht hinreichend für einen Kreis. Es gibt (unendlich) viele konvexe Flächenstücke, die trotz ihrer konstanten Breite nicht kreisförmig sind.

Um das einfachste dieser Flächenstücke, das sog. *Reuleaux-Dreieck*, geht es in dieser Vorstellungsübung. In ihr wird der Durchschnitt dreier Kreise konstruiert, deren Mittelpunkte in den Ecken eines gleichseitigen Dreiecks liegen und die durch die jeweils gegenüberliegenden Ecken führen. Anschließend wird die Figur gedanklich ausgeschnitten, um ihre konstante Breite zu testen.

- In dieser Vorstellungsübung wird eine besondere Figur mit drei Ecken konstruiert: Malen Sie dazu zwei Punkte auf ein Stück Karton, und zwar einen Punkt links und, mit einer Handbreit Abstand, einen Punkt rechts.

- Um den dritten Punkt zu erhalten, nehmen Sie einen Zirkel zur Hand. Stechen Sie ihn in den rechten Punkt ein, nehmen Sie die Distanz zum Punkt links in den Zirkel und ziehen Sie einen Kreisbogen, der vom linken Punkt nach oben führt. … Dann stechen Sie den Zirkel mit derselben Öffnung in den linken Punkt ein. Ziehen Sie einen zweiten Kreisbogen, der vom rechten Punkt nach oben führt. Sehen Sie, wie sich die beiden Kreisbögen oben in einem neuen, dritten Punkt schneiden? …

- Um die bereits entstandene Figur zu vervollkommnen, stechen Sie den Zirkel ein weiteres Mal ein, und zwar in den eben konstruierten oberen Punkt. Verbinden Sie nun die beiden zu Beginn gemalten Punkte ebenfalls durch einen Kreisbogen. …

- Jetzt präsentiert sich Ihnen auf dem Karton eine Figur. Sie hat drei Ecken und ist von drei Bögen berandet. … Schneiden Sie die Figur aus dem Karton aus und legen Sie sie vor sich auf den Tisch. …

- Nehmen Sie zum Schluss zwei Leisten aus Holz zur Hand. Legen Sie eine Leiste so auf den Tisch, dass sie die ausgeschnittene Figur von links berührt, und legen Sie die zweite Leiste so auf den Tisch, dass sie die Figur von rechts berührt. Richten Sie die beiden Leisten so aus, dass sie parallel zueinander liegen, und kleben Sie die Leisten am Tisch fest. ...
- Gelingt es Ihnen, die Kartonfigur, die gerade noch Platz zwischen den beiden Leisten hat, zu bewegen? Können Sie sie sogar drehen? ...
- Was haben Sie sich im Laufe der Vorstellungsübung vorgestellt?

Hinweise

Das konstruierte Reuleaux-Dreieck lässt sich tatsächlich drehen, und zwar ohne dass es zwischen den beiden parallelen Leisten stecken bleibt oder nur noch eine Leiste berühren würde. Allerdings bewegt sich dabei der Mittelpunkt (genauer: der Schwerpunkt) des Dreiecks auf und ab und hin und her.

Die Vorstellungsübung benutzt hölzerne Leisten, da Werkzeuge wie Schraubenschlüssel oder Schieblehren den Schülerinnen und Schülern nicht vertraut sein dürften. Das hat den Nachteil, dass die parallele Lage schwierig zu kontrollieren ist, obwohl die Leisten auf dem Tisch festgeklebt sind. Im Anschluss an die Vorstellungsübung empfiehlt es sich deshalb, sich nicht nur mithilfe von Leisten, sondern auch mithilfe von Schieblehren experimentell von dem behaupteten Sachverhalt zu überzeugen.[29]

Dass das Reuleaux-Dreieck von *konstanter Breite* ist, liegt an seiner Konstruktion. Wird ein (reales) Reuleaux-Dreieck kontinuierlich zwischen den beiden Backen einer Schieblehre gedreht, kann Folgendes beobachtet werden: Wird eine Backe von einem Eckpunkt des Reuleaux-Dreiecks berührt, wird die andere Backe meistens von einem Punkt auf der gegenüberliegenden, kreisbogenförmigen Seite des Reuleaux-Dreiecks berührt. In Ausnahmefällen fällt der zweite Berührpunkt mit einem der beiden Eckpunkte der gegenüberliegenden Seite zusammen. Weil die Breite während des gesamten Drehvorgangs invariant bleibt, heißt das: Selbst wenn eine ebene Figur in alle Richtungen denselben Durchmesser aufweist, ist sie nicht zwangsläufig kreisförmig.[30]

Immer wieder kann beobachtet werden, dass sich einzelne Schülerinnen und Schüler die Seiten des Reuleaux-Dreiecks zu „aufgeblasen“, zu stark gewölbt vorstellen. Dies könnte damit zusammenhängen, dass das Reuleaux-Dreieck aus Bögen zusammengesetzt werden soll. Dabei scheinen die Mittelpunkte der Kreisbögen von den Ecken in die Nähe der Seiten des Dreiecks zu rutschen (ein ähnliches Phänomen tritt in der Vorstellungsübung B3 auf).

Andere Lernende stellen sich das Reuleaux-Dreieck als Ganzes zu rund vor, besonders nachdem es ihnen gelungen ist, die Figur zu drehen. Um der Anweisung nachkommen zu können, die Figur zu drehen, schleifen sie sie gewissermaßen „passend“

und nähern sie einer Kreisscheibe an. Wie derartige hinderliche Vorstellungen im Unterricht aufgegriffen werden können, zeigt Kapitel 2 für die Vorstellungsübung PL2.

Mathematische Anschlussfragen

Ist das Reuleaux-Dreieck erst einmal erkundet, ermöglicht die Vorstellungsübung eine Fülle weiterer möglicher Aktivitäten und Fragen:[31]

- Die vorgestellte Konstruktion lässt sich auf alle ebenen, regulären Polygone mit ungerader Eckenzahl übertragen, indem ausgehend von jedem Eckpunkt ein Kreisbogen über die jeweils gegenüberliegende Seite des Polygons geschlagen wird. Damit entstehen unendlich viele weitere Reuleaux-Polygone konstanter Breite.[32]
- Weshalb lässt sich das beschriebene Konstruktionsverfahren nicht auf reguläre Polygone mit gerader Eckenzahl übertragen?
- Der Umfang des Kreises beträgt $\pi \cdot d$. Und der Umfang des Reuleaux-Dreiecks? Erstaunlicherweise beträgt auch er $\pi \cdot d$, und nicht nur er: Der Umfang aller konvexen Figuren derselben Breite ist immer gleich lang, nämlich $\pi \cdot d$ (*Satz von Barbier*).[33]
- Der Flächeninhalt eines Reuleaux-Dreiecks beträgt $\frac{1}{2} \cdot (\pi - \sqrt{3}) \cdot d^2$. Dies ist der minimale Flächeninhalt für eine ebene konvexe Fläche vom Durchmesser d (*Satz von Blaschke-Lebesgue*). Er ist rund 10 % kleiner als beim Kreis, der wegen der isoperimetrischen Eigenschaft den maximal möglichen Flächeninhalt zu gegebenem Durchmesser realisiert. Aus diesem Grund weisen materialsparende Knöpfe die Form eines Reuleaux-Dreiecks auf. Sie passen unabhängig von ihrer Lage durch ein Knopfloch, obwohl sie nicht kreisförmig sind (siehe Abb. 8).

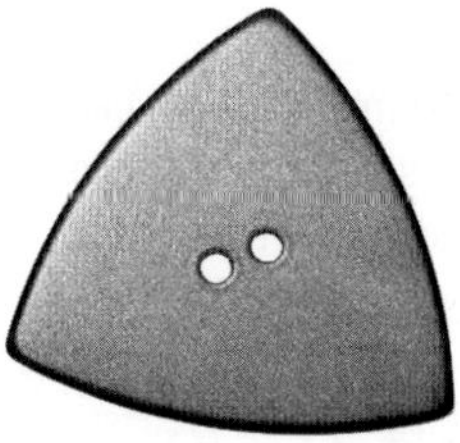

Abb. 8: Knopf in der Form eines beinahe perfekten Reuleaux-Dreiecks

Wohl aus ähnlichen Überlegungen erhielten die britischen 20- und 50-Pence-Münzen die Form von Reuleaux-Siebenecken, auch die neuen, 2008 in Umlauf gebrachten Prägungen.[34]

- Lässt sich analog zum ebenen Fall auch aus einem Tetraeder ein Körper konstanter Breite konstruieren? Für eine entsprechende Vorstellungsübung siehe A11.

Das Reuleaux-Dreieck wird aufgrund seiner besonderen Eigenschaften auch in technischen Geräten eingesetzt (Filmprojektor, Wankelmotor, Gurtstraffer, Schraubenschlüssel). Nicht zuletzt können mit einem Bohrer, der im Querschnitt die Form eines Reuleaux-Dreiecks aufweist, nahezu quadratische Löcher gebohrt werden.[35]

(A10) Dodekaeder konstruieren

Klassenstufe: 9–12 / • •

Fachliche Pointe: Dodekaeder lassen sich aus zwei kongruenten Objekten mit je fünf Anhängseln zusammensetzen.

Voraussetzungen:
- Form eines regulären Fünfecks
- Werden an die Seiten eines regulären Fünfecks fünf weitere kongruente Fünfecke angeklebt, entstehen keilförmige Lücken zwischen den angeklebten Fünfecken

Wie schon das Ikosaeder ist auch das Dodekaeder wohl nur bei wenigen Profis als Vorstellungsbild verfügbar, zumal es sich nicht aus Dreiecken, sondern aus Fünfecken zusammensetzt, einer ungleich anspruchsvolleren Form (siehe Vorstellungsübung A1).

Auch diese Vorstellungsübung liest sich wie die Bastelanleitung für ein Kartonmodell des Körpers. Sie geht von einem regulären Pentagon aus und befestigt an deren Seiten fünf weitere Pentagons. Das so konstruierte Gebilde wird – wie im Fall der Ikoaseder-Konstruktion – mit einer Kopie des Gebildes zu einem Dodekaeder zusammengefügt.

- Stellen Sie sich ein regelmäßiges Fünfeck vor, und legen Sie es vor sich hin. ... Kleben Sie an jede der fünf Seiten ein ebensolches regelmäßiges Fünfeck. ... Es entsteht eine Figur, die ein bisschen so aussieht wie ein großes regelmäßiges Fünfeck, das keilförmige Lücken aufweist, die zwischen den angeklebten Fünfecken klaffen. ...

- Fassen Sie eine solche Lücke ins Auge. Verkleben Sie die beiden Kanten, durch die die Lücke gebildet wird, miteinander. Dazu müssen Sie die beiden zu verklebenden Fünfecke etwas nach oben knicken. ... Schließen Sie die anderen vier keilförmigen Lücken genauso. Dadurch entsteht eine Art Schale mit fünf Ecken.

- Bauen Sie nochmals eine solche Schale, die genau gleich aussieht wie die erste, und drehen Sie sie um. ...

- Setzen Sie zum Schluss die umgedrehte Schale wie einen Deckel auf die erste Schale, sodass ein geschlossener Körper entsteht. ...

- Wie sieht der entstandene Körper aus? Wie viele Kanten laufen in einer Ecke zusammen? Wie viele Ecken weist der Körper auf? ...

- Was haben Sie sich im Laufe der Vorstellungsübung vorgestellt?

Hinweise

Wie schon bei der Vorstellungsübung „Ikosaeder konstruieren“ (A1) zielt die erste Frage darauf, sich den konstruierten Körper zu vergegenwärtigen. Sowohl die Tatsache, dass in jeder Ecke gleich viele Kanten wie Polygone zusammenstoßen, wie auch die genaue Größe dieser Anzahl kann an der vorgestellten Schale abgelesen werden. Für die Abzählung der Ecken ist es günstig, sich das Dodekaeder als Kombination der Schalen vorzustellen und zu berücksichtigen, dass die Ecken am Rand der beiden Schalen zusammenfallen und deshalb nicht doppelt gezählt werden dürfen.

Das reguläre Fünfeck ist den Schülerinnen und Schülern weniger vertraut als die dreieckige Grundfigur des Ikosaeders. Entsprechend wird die Aussage, dass durch das Ankleben zweier Fünfecke an ein drittes Fünfeck eine Lücke entsteht (und die Figuren nicht aneinander anschließen oder sich gar überlappen), nicht einfach hingenommen. Immer wieder löst sie bei den Schülerinnen und Schülern Fragen aus und behindert so den weiteren Vorstellungsgang. Diese und andere weitreichenden Fragen können im Folgenden aufgegriffen werden.

Mathematische Anschlussfragen

Wie für alle platonischen Körper gelten nicht nur die eulersche Polyederformel, sondern auch die Gleichungen $q \cdot e = 2 \cdot k = p \cdot f$ (wobei q die Anzahl p-eckiger Flächen bezeichnet, die in einem Eckpunkt zusammenlaufen). Folglich sind mit der bloßen Kenntnis der Anzahl von Kanten bzw. Flächen pro Ecke ($q = 3$) und der Anzahl Ecken ($e = 20$) bereits die Anzahl der Kanten ($30 = k$) sowie alle anderen Anzahlen des Dodekaeders festgelegt.[40]

Ganz allgemein sind die platonischen Körper nicht durch drei, sondern bereits durch zwei Zahlen festgelegt. Deshalb gibt man entweder zwei der drei Zahlen e, k und f an oder – noch häufiger – die beiden Zahlen p und q. Entsprechend wird das *Schläfli-Symbol* $\{p, q\}$ als Kurzschreibweise für reguläre Polyeder (mit q p-eckigen Flächen pro Eckpunkt) verwendet. (Für die Schläfli-Symbole nicht polyedrischer Objekte siehe die Kommentare zu den Vorstellungsübungen A5 und A13.)[41]

Das in der Vorstellungsübung beschriebene Konstruktionsverfahren liefert ein Modell des Dodekaeders, das zusammenklappbar und deshalb gut transportierbar ist. Dazu stellt man die beiden beschriebenen eingekerbten Figuren aus Karton her und sorgt dafür, dass die fünf angeklebten Fünfecke gut beweglich am Ausgangsfünfeck hängen. Legt man die beiden Figuren gegeneinander verdreht aufeinander, lässt sich ein Gummiring abwechselnd über und unter die Ecken der beiden Figuren spannen. Durch den Zug des Gummis richtet sich das Dodekaeder sofort auf.[42]

Aufgrund der fünfzähligen Symmetrie der beiden Schalen umfängt der Gummiring ein reguläres Zehneck. Wie der Würfel (Vorstellungsübung A2) kann auch das Dodekaeder nach weiteren Schnitten untersucht werden. Lässt sich ein Dodekaeder so durchschneiden, dass die Schnittfigur sechseckig ist? Schneidet man den Körper an seiner Spiegelebene, entsteht eine sechseckige Schnittfigur. Allerdings ist sie nicht regulär, da zwei Seiten entlang der Dodekaederkanten und vier Seiten entlang der Höhen der Seitenflächen verlaufen. Erst wenn das Dodekaeder senkrecht zur dreizähligen Rotationsachse (sie führt durch zwei gegenüberliegende Eckpunkte) durchgeschnitten wird, entsteht ein reguläres Sechseck. Auch diese Schnittfigur teilt das Dodekaeder in zwei kongruente Hälften, wie schon das reguläre Zehneck.[43]

Das Dodekaeder lässt sich aber auch so durchschneiden, dass die Schnittfigur quadratisch ist. Dazu stellt man sich vor, dass man längs der zweizähligen Rotationsachse (sie führt durch die Mittelpunkte zweier gegenüberliegender Dodekaederkanten) auf das Kantenmodell eines Dodekaeders schaut. Dann sieht man senkrecht auf die Kante, durch die die Rotationsachse führt. Diese Kante verzweigt sich an ihren Enden und geht in zwei Paare neuer Kanten über. Die vier Endpunkte der neuen Kanten spannen ein Quadrat auf, weil sie gleichzeitig die Endpunkte von Diagonalen der regulären fünfeckigen Seitenflächen sind.[44]

In der Konsequenz lassen sich Würfel in das Dodekaeder einzeichnen, wodurch es als Würfel mit sechs walmdachartigen Aufbauten erscheint. Dies funktioniert auf mehrere Arten: Das Dodekaeder hat 30 Kanten, also gibt es darin 15 zweizählige Rotationsachsen. Da an jedem Würfel drei dieser Rotationsachsen beteiligt sind, können fünf Würfel in das Dodekaeder einbeschrieben werden.[45]

Und noch ein weiterer platonischer Körper lässt sich in das Dodekaeder einbeschreiben. Er entsteht bei der Dualisierung des Dodekaeders $\{5,3\}$. Da in jedem Eckpunkt drei reguläre Fünfecke zusammenstoßen, stoßen in jeder Ecke des neuen Körpers fünf Dreiecke zusammen. Folglich ist das Ikosaeder $\{3,5\}$ dual zum Dodekaeder $\{5,3\}$. (Zum Ikosaeder siehe A1, zur Dualisierung von Körpern siehe den Kommentar zu A8.)[46]

Wie bereits angedeutet kann die keilförmige Lücke zwischen zwei angeklebten Fünfecken Anlass für weitere Fragen sein. So beträgt ihr Scheitelwinkel 36°, ist doch jeder Innenwinkel eines regulären Fünfecks $\frac{5-2}{5} \cdot 180° = 108°$ groß. Wird diese Lücke geschlossen, treffen die drei Fünfecke in einem Punkt zusammen und bilden ein schalenförmiges Gebilde. Dieses Stück Fläche ist topologisch äquivalent zu einem Teil einer Kugel, da sich ein Halbraum angeben lässt, in den alle gemeinsamen Kanten angrenzender Fünfecke ragen.

Sollen stattdessen vier reguläre Fünfecke um einen Punkt angeordnet werden, muss wegen des Winkelanteils, der über 360° hinausgeht, die Tischebene verlassen und in den Umgebungsraum ausgewichen werden. Die Fünfecke lassen sich nicht mehr um einen Punkt vereinen, ohne dass Verwerfungen entstünden. Die gemeinsamen Kanten angrenzender Fünfecke weisen nun nicht mehr alle nach oben oder alle nach unten, sondern sie zeigen abwechselnd von der Tischebene weg und zur Tischebene hin (Abb. 13, links). Dieses Stück Fläche ist topologisch äquivalent zu einer *Sattelfläche*, dem Paradebeispiel eines Flächenstücks mit *negativer gaußscher Krümmung*.[47] Da es unbegrenzt fortgesetzt werden kann, ist es sogar Teil der *hyperbolischen Ebene* (Abb. 13, rechts). Diese reguläre Pflasterung wird mit $\{5,4\}$ bezeichnet, da in jedem ihrer Eckpunkte vier reguläre Fünfecke zusammenstoßen.

Abb. 13: Reguläre Pflasterung $\{5, 4\}$: links ein Ausschnitt, dargestellt im euklidischen Raum, rechts dargestellt als Projektion der hyperbolischen Ebene auf die Poincaré-Scheibe

Im Unterschied zur euklidischen Ebene, die nur drei reguläre Pflasterungen kennt (siehe Vorstellungsübung A8), lässt sich die hyperbolische Ebene auf unendlich viele Arten mit regulären Polygonen pflastern. So lassen sich in der hyperbolischen Ebene nicht nur vier, sondern auch fünf und mehr reguläre Fünfecke um jeden Eckpunkt „drängen", und jedes Mal entsteht eine hyperbolische Pflasterung. Entsprechendes gilt für fünf und mehr Quadrate um einen Eckpunkt, die ebenfalls zu unendlich vielen hyperbolischen regulären Pflasterungen führen.[48]

Der Grund dafür liegt darin, dass nur bei hyperbolischen Pflasterungen die Summe der Innenwinkel der in jedem Eckpunkt zusammenstoßenden Polygone den Vollwinkel übertrifft. Stoßen nämlich in jedem Punkt der Pflasterung q ebene, reguläre p-Ecke zusammen und bilden Verwerfungen (siehe Abb. 13, links), so ist der dort versammelte Winkel $q \cdot \left(\frac{p-2}{p}\right) \cdot 180° > 360°$. Daraus folgt die Ungleichung $\frac{1}{p} + \frac{1}{q} < \frac{1}{2}$, die im Fall von $p = 5$ für $q = 4, 5, 6, \ldots$ wahr ist. Sie wird aber beispielsweise auch von $\{p, q\} = \{3,7\}, \{3,8\}, \{3,9\}, \ldots$ oder von $\{p, q\} = \{4,5\}, \{4,6\}, \{4,7\}, \ldots$ erfüllt. Mit anderen Worten gibt es neben der Pflasterung $\{5,4\}$ unendlich viele weitere reguläre Pflasterungen der hyperbolischen Ebene.[49]

(A11) Körper konstanter Breite konstruieren

Klassenstufe: 9–12 / • •

Fachliche Pointe: Nicht nur die Kugel, auch andere konvexe Körper haben konstante Breite.

Voraussetzungen:
- Konstruieren eines Reuleaux-Dreiecks (z. B. A7)
- Rotieren eines regulären Dreiecks im Raum

Werden schwere Gegenstände auf lose Walzen mit kreisförmigem Querschnitt gelegt, lassen sie sich leicht und erschütterungsfrei verschieben. Rollenförderbänder beruhen auf diesem Prinzip. Nach den Kommentaren zur Vorstellungsübung A7 könnten schwere Gegenstände aber auch auf Walzen mit dem Querschnitt eines Reuleaux-Dreiecks verschoben werden. Falls die Walzen auf einer ebenen Fläche liegen, bewegen sich die Gegenstände aufgrund des konstanten Abstands zur ebenen Fläche ebenfalls ohne Erschütterung. Allerdings lassen sich Walzen aufgrund ihrer Zylinderform nicht in beliebige Richtungen hin und her rollen.

Damit stellt sich die Frage, wie eine echte räumliche Entsprechung des Reuleaux-Dreiecks aussieht. In der Vorstellungsübung wird ein solcher Körper konstruiert, indem ein Reuleaux-Dreieck um eine Dreieckshöhe rotiert wird. So entsteht ein Objekt, das keine Kugel ist und trotzdem konstante Breite aufweist.

- Stellen Sie sich nochmals das Reuleaux-Dreieck vor. Es hat drei Ecken und seine Kanten wölben sich ein wenig nach außen. Am besten liegt es wieder aus Karton ausgeschnitten vor Ihnen auf dem Tisch. …
- Die Figur ist eben. Wir werden sie nun zur Konstruktion eines räumlichen Körpers heranziehen. Fassen Sie dazu eine Spiegelachse des Reuleaux-Dreiecks ins Auge. Sie führt durch eine Ecke und durch den Mittelpunkt des gegenüberliegenden Kreisbogens. …
- Nehmen Sie nun das Reuleaux-Dreieck aus Karton in Ihre Hände und rotieren Sie es um diese Spiegelachse. … Betrachten Sie nun diejenigen Punkte im Raum, die das Reuleaux-Dreieck während der Drehung überstreicht. …
- Was für eine Gestalt hat der so entstandene Körper? Aus welchen Teilen scheint er zusammengesetzt zu sein? …
- Legen Sie den Körper auf den Tisch und darauf ein Brett. Schieben Sie das Brett auf dem

Körper hin und her, sodass der Körper darunter rollt. Wackelt das Brett?

- Was haben Sie sich im Laufe der Vorstellungsübung vorgestellt?

Hinweise

Der entstehende Rotationskörper besteht aus einem Kugelsegment und einem Stück eines Spindeltorus.[50] Das Stück des Spindeltorus läuft in eine Spitze aus und wird durch eine kreisförmige Kante vom Kugelsegment getrennt. Wird der Körper zwischen zwei parallele Platten geklemmt, berührt er die Platten entweder mit seiner Spitze und der Kugelfläche oder mit seiner Kante und der Spindeltorusfläche. Wegen des zugrunde liegenden Reuleaux-Dreiecks ist auch dieser Körper von konstanter Breite.[51]

Dies kann veranschaulicht werden, wenn eine Glasplatte auf drei dieser Körper gelegt wird und auf ihnen hin- und hergeschoben wird. Aufgrund der drei Auflagepunkte liegt die Platte stabil auf den Körpern, und aufgrund deren konstanter Breite verschiebt sie sich parallel zur Tischfläche – als ob sie auf drei Kugeln verschoben würde.[52]

Mathematische Anschlussfragen

An diese Vorstellungsübung schließen sich je nach Vorkenntnissen eine Fülle weiterer möglicher Aktivitäten und Fragen an:

- Nicht nur das Reuleaux-Dreieck, auch die anderen Reuleaux-Polygone lassen sich um ihre Spiegelachse rotieren. Dadurch entstehen mit einem Schlag unendlich viele Körper konstanter Breite.
- Das Volumen des rotierten Reuleaux-Dreiecks kann – etwa mit der Integralrechnung – berechnet werden und beträgt $V = \left(\frac{2}{3} - \frac{\pi}{6}\right) \cdot \pi \cdot d^3$. Dieser Körper ist – analog zum zweidimensionalen Fall – die Realisierung des volumenmäßig kleinsten Körpers konstanter Breite, der zusätzlich drehsymmetrisch ist. Dieses Ergebnis wurde erst 1996 bewiesen.
- Die Oberfläche kann ebenfalls mithilfe der Integralrechnung berechnet werden. Sie beträgt $O = \left(2 - \frac{\pi}{3}\right) \cdot \pi \cdot d^2$.
- Mit diesen beiden Ergebnissen lässt sich der *Satz von Blaschke* überprüfen. Er besagt, wie das Volumen V und die Oberfläche O von Körpern konstanter Breite d voneinander abhängen, und zwar gilt $V = \frac{1}{2} \cdot d \cdot O - \frac{\pi}{3} \cdot d^3$. Mit anderen Worten hängt im dreidimensionalen Fall der „Rand“ eines Körpers konstanter Breite von dessen Volumeninhalt ab – ganz im Gegensatz zum ebenen Fall, wo sich Flächen konstanter Breite zwar in ihrem Flächeninhalt, jedoch nie in ihrem Umfang unterscheiden (siehe den Satz von Barbier in A7).
- Eine andere Konstruktion eines Körpers konstanter Breite lehnt sich an die Konstruktion des Reuleaux-Dreiecks an: Über jede der vier Seiten eines regulären Tetraeders wird eine Kugelfläche konstruiert, die im gegenüberliegenden Eckpunkt zentriert ist.

Allerdings ist der entstehende Durchschnitt der vier Kugelflächen – ein sog. *Reuleaux-Tetraeder* – noch nicht von konstanter Breite. Dreht sich dieser Körper nämlich zwischen zwei parallelen Tangentialebenen, berührt er die beiden Ebenen meistens mit einem seiner Eckpunkte und mit der gegenüberliegenden Kugelschale. Für solche Punktepaare ist der Abstand konstruktionsgemäß konstant. Falls sich die beiden Berührpunkte jedoch auf zwei einander gegenüberliegenden Kanten des Reuleaux-Tetraeders befinden, ist ihr Abstand größer: Mit vektorgeometrischen Mitteln kann berechnet werden, dass die Breite für kantenmittig liegende Punkte $\sqrt{3} - \frac{\sqrt{2}}{2} \approx 1{,}02$-mal so groß ist wie der Kugelradius d.

Da die Breite des Reuleaux-Tetraeders für Punktepaare, die auf gegenüberliegenden Kanten liegen, größer ist als die Breite d, müssen einige Kanten nachträglich abgerundet werden. Diese Abrundung kann wie folgt beschrieben werden: Zuerst wird dasjenige Stück des Reuleaux-Tetraeders herausgeschnitten, das zwischen den Ebenen liegt, die zwei Seitenflächen des zugrunde liegenden Tetraeders fortsetzen. In die entstehende Lücke wird ein neues Stück eingesetzt. Dazu wird eine der beiden Schnittkanten – sie weist die Form eines Kreisbogens auf – um die darunterliegende Tetraederkante rotiert. Auf diese Weise entsteht ein Körper in Form eines Spindeltorus, der exakt in die Lücke passt.

Werden drei in einer Ecke zusammenlaufende Kanten oder drei eine Seitenfläche umgebende Kanten eines Reuleaux-Tetraeders wie beschrieben abgerundet, entstehen zwei verschiedene Körper, die sog. *Meissner-Körper* (einen zeigt Abb. 14). Sie sind konstanter Breite und berühren zwei parallele Tangentialebenen entweder mit einem Eckpunkt und der Kugelfläche oder mit einer abgerundeten und einer nicht abgerundeten Kante.

Das Volumen der beiden Meissner-Körper beträgt $V = \left(\frac{2}{3} - \frac{\sqrt{3}}{4} \cdot \arccos\left(\frac{1}{3}\right)\right) \cdot \pi \cdot d^3$. Mit dem Satz von Blaschke beträgt ihre Oberfläche $O = \left(2 - \frac{\sqrt{3}}{2} \cdot \arccos\left(\frac{1}{3}\right)\right) \cdot \pi \cdot d^2$. Der Meissner-Körper hat damit nicht nur ein kleineres Volumen als das rotierte Reuleaux-Dreieck, sondern er könnte sogar der volumenmäßig kleinste Körper mit konstanter Breite d sein. Der Beweis für diese Vermutung steht – im Gegensatz zum Fall von drehsymmetrischen Körpern konstanter Breite – allerdings noch aus.[53]

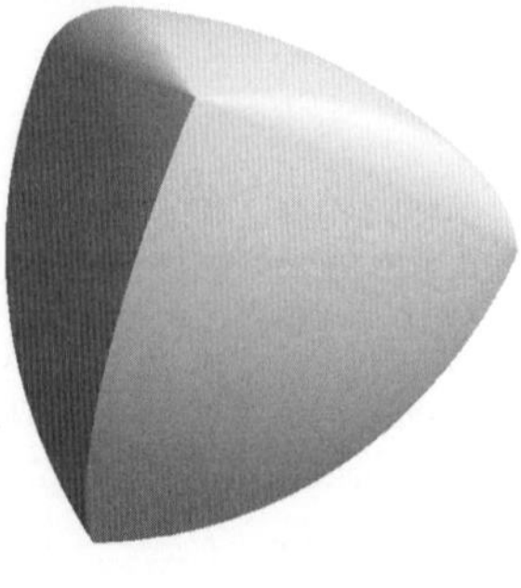

Abb. 14: Meissner-Körper, bei dem die drei abgerundeten Kanten eine Seitenfläche umgeben

(A12) Cantor-Menge konstruieren

Klassenstufe: 11–12 / • • •

Fachliche Pointe: Gewisse geometrische Objekte sind ein Zwischending zwischen einem Punkt und einer Strecke.

Voraussetzungen:
- Unterteilen einer Strecke und Entfernen eines Teils der Strecke
- Fortgesetztes Wiederholen einer Handlung

Die Ansicht, dass ein Objekt, von dem etwas weggenommen wird, zwangsläufig kleiner wird, entspringt unserer alltäglichen Erfahrung. So scheint es unmöglich zu sein, dass ein geometrisches Objekt „gleich viele" Punkte aufweist wie ein Stück des Zahlenstrahls und dennoch die Länge null hat. Die Cantor-Menge steht dieser Ansicht entgegen.

In der Vorstellungsübung wird von einer Strecke das mittlere Drittel entfernt, um dann von den übriggebliebenen Strecken wiederum das mittlere Drittel zu entfernen usw. Wird dieser Prozess unendlich oft wiederholt, bleibt die Cantor-Menge übrig.

- Zeichnen Sie eine Strecke quer vor sich hin, sagen wir von einer Handbreit Länge. …
- Unterteilen Sie die Strecke in drei gleich lange Abschnitte und löschen Sie den mittleren. … Übrig bleiben also zwei Abschnitte, der erste und der dritte. …
- Unterteilen Sie jeden dieser Abschnitte wiederum in drei gleich lange Stücke, und löschen Sie auch hier wiederum das mittlere Stück. … Was für ein Bild entsteht? …
- Führen Sie diesen Prozess des Drittelns und Löschens des mittleren Stücks immer und immer wieder durch. …
- Wie sieht das so entstehende Objekt in letzter Konsequenz aus?
- Was haben Sie sich im Laufe der Vorstellungsübung vorgestellt?

Hinweise

Werden die Randpunkte der jeweils „inneren" Abschnitte nicht mitgelöscht (das heißt nur *offene Intervalle* $\{x \mid a < x < b\}$ gelöscht), entsteht ein eigenartig zerbröseltes Gebilde, die *Cantor-Menge*. Sie erinnert an einen Kamm mit ganz feinen Zähnen und wird deshalb auch *Cantor-Kamm* genannt.

Weil fortwährend kürzere Abschnitte ins Auge gefasst werden müssen, verändern sich die vorgestellten Größenverhältnisse gerne. So wächst das Vorstellungsbild der ganzen Strecke beim Übergang zur nächstfeineren Unterteilung immer wieder, bei einigen Schülerinnen und Schülern gerade um den Faktor drei. Wegen der Wiederholung der Vorstellungshandlungen, eine oder mehrere Strecken zu unterteilen und Teile davon zu entfernen, präsentiert sich ein Vorstellungsbild mit den entsprechenden Vorstellungshandlungen ähnlich wie das vorangegangene. Dies entspricht der Ähnlichkeit der Cantor-Menge zu ihren Teilen, was auch mathematisch äußerst relevant ist.

Mathematische Anschlussfragen

Was genau bleibt übrig, wenn der Prozess des Entfernens unendlich oft ausgeführt wird? Sicher ist, dass kein einziges zusammenhängendes Stück Strecke mehr in der Cantor-Menge enthalten ist, und sei es noch so winzig. Denn das wiederholte Dritteln und Löschen hinterlässt zwar in jedem Schritt neue Strecken, aber nur, um sie im nächsten Schritt anzugreifen. Deshalb wird jedes Stück Strecke früher oder später von diesem Prozess erfasst und „überlebt" ihn nicht unbeschadet.[54]

Handelt es sich bei der Anfangsstrecke um das Einheitsintervall $[0, 1] = \{x \mid 0 \leqslant x \leqslant 1\}$, so können unmittelbar einige Punkte angegeben werden, die durch den unendlich wiederholten Prozess unbeschadet bleiben. So überleben die Punkte 0 und 1 nicht nur die erste, sondern auch alle anderen Auslöschungen, werden doch jedes Mal nur solche Punkte entfernt, die innerhalb der verbleibenden Intervalle liegen. Entsprechend sind auch die unendlich vielen anderen, einmal entstandenen Randpunkte $\frac{1}{3}$ und $\frac{2}{3}$, aber auch $\frac{1}{9}, \frac{2}{9}, \frac{7}{9}$ und $\frac{8}{9}$ usw. in der Cantor-Menge enthalten.

Die Cantor-Menge besteht jedoch in erster Linie aus ganz anderen Punkten. Um dies wenigstens erahnen zu können, ist es von Vorteil, die Elemente der Cantor-Menge arithmetisch zu beschreiben: Die Zahlen aus dem Intervall $[0, 1]$ lassen sich nicht nur in Dezimalbrüche entwickeln, sondern auch in die Form $\sum_{k=1}^{\infty} \frac{a_k}{3^k}$ (mit $a_k \in \{0, 1, 2\}$ bringen. Diese Darstellung einer Zahl wird *triadische Entwicklung* genannt und üblicherweise mit einem Index 3 gekennzeichnet. Werden nun alle Zahlen eliminiert, deren triadische Entwicklung eine „1" aufweist (das heißt, für die ein $a_k = 1$ ist), erhält man eine arithmetische Beschreibung der Cantor-Menge. Diese Elimination entspricht der geometrischen Vorschrift, das jeweils mittlere Drittel einer Strecke zu löschen. Würden dann Randpunkte wie $\frac{1}{3} = 0{,}1_3$ entgegen den obigen Ausführungen doch nicht in der Cantor-Menge liegen? Diese Befürchtung ist unbegründet, denn wie abbrechende Dezimalbrüche (wo beispielsweise $0{,}7 = 0{,}6\overline{9}$) können auch abbrechende triadische Entwicklungen in eine gleichwertige, nicht abbrechende Form gebracht werden: $\frac{1}{3} = 0{,}1_3 = 0{,}0222\ldots_3 = 0{,}0\overline{2}_3$. Folglich überlebt $\frac{1}{3}$ den Eliminationsprozess.

Dank dieser arithmetischen Beschreibung lassen sich sofort Elemente aus der Cantor-Menge angeben, die keine Randpunkte sind, beispielsweise $0{,}\overline{02}_3$. Diese Zahl entspricht $\frac{0}{3} + \frac{2}{9} + \frac{0}{27} + \frac{2}{81} + \ldots = \frac{1}{4}$. Geometrisch bedeutet das, dass $\frac{1}{4}$ im unteren Drittel der ersten Unterteilung liegt bzw. im oberen Drittel dieses (unteren) Drittels bzw. im unteren Drittel dieses (oberen) Drittels (des unteren Drittels) usw. Kurz, $\frac{1}{4}$ liegt wegen seiner alternierenden Lage nie im mittleren Drittel und ist deshalb ebenfalls in der Cantor-Menge enthalten.[55]

Wie „groß“ ist diese Menge eigentlich? Berechnet man die Länge der entfernten Intervalle $\frac{1}{3} + 2 \cdot \frac{1}{9} + 4 \cdot \frac{1}{27} + \ldots$, ergibt sich:

- mithilfe geometrischer Reihen
$$\frac{1}{3} + 2 \cdot \frac{1}{9} + 4 \cdot \frac{1}{27} + \ldots = \frac{1}{3} \cdot \sum_{n=0}^{\infty} \left(\frac{2}{3}\right)^n = \frac{1}{3} \cdot \left(\frac{1}{1 - \frac{2}{3}}\right) = 1$$
- mithilfe der triadischen Entwicklung
$$\frac{1}{3} + 2 \cdot \frac{1}{9} + 4 \cdot \frac{1}{27} + \ldots = 0{,}222\ldots_3 = 0{,}\overline{2}_3 = 1$$

Folglich ist die Cantor-Menge – ähnlich wie ein Punkt – eine Menge der Länge 0. Gleichzeitig aber enthält sie – wie eine Strecke – (überabzählbar) unendlich viele Elemente. Dies ist nicht nur für Schülerinnen und Schüler kaum vorstellbar.[56]

Wie bereits erwähnt, fördert jede Vergrößerung der Cantor-Menge wieder die ursprüngliche Struktur zutage, ohne jemals eine elementare Feinstruktur zu erhalten. Diese Eigenschaft der *Selbstähnlichkeit* kann umgekehrt auch zu ihrer Erzeugung herangezogen werden, zum Beispiel auf dem Computer. Dazu werden die beiden Kontraktionen $w_1: t \mapsto \frac{t}{3}$ und $w_2: t \mapsto \frac{2}{3} + \frac{t}{3}$ auf das Einheitsintervall $[0, 1]$ angewendet. Sie verkleinern das Einheitsintervall um den Stauchungsfaktor 3 und bilden es auf die beiden Intervalle $\left[0, \frac{1}{3}\right]$ und $\left[\frac{2}{3}, 1\right]$ ab. Wendet man die beiden Abbildungen w_1 und w_2 auf die Vereinigung dieser beiden Intervalle an, entstehen vier Intervalle usw. Im Limes entsteht wieder die Cantor-Menge. In gewissem Sinne handelt es sich bei den Abbildungen w_1 und w_2 um eine „Mehrfach-Verkleinerungs-Kopier-Maschine“.

Mit Blick auf die Selbstähnlichkeit der Cantor-Menge lässt sich die klassische Auffassung der Dimension erweitern und eine sog. *Selbstähnlichkeitsdimension* definieren. Besteht eine Menge aus N verkleinerten Kopien ihrer selbst und ist der Stauchungsfaktor p für alle Kopien derselbe, so gilt für klassische geometrische Gebilde die Gleichung $p^d = N$ bzw. $d = \frac{\log N}{\log p}$ (wobei d für die Dimension steht, siehe Abb. 15).

Die Cantor-Menge besteht aus $N = 2$ mit dem Faktor $p = 3$ verkleinerten Kopien ihrer selbst. Wird die angeführte Gesetzmäßigkeit auf sie angewendet, ergibt sich für ihre Selbstähnlichkeitsdimension ein nicht ganzzahliger Wert von $\frac{\log 2}{\log 3} \approx 0{,}63$. Damit ist die Cantor-Menge auch aus diesem Blickwinkel ein Zwischending zwischen einem Punkt ($d = 0$) und einer Strecke ($d = 1$). Mit anderen Worten handelt es sich bei ihr wohl um das älteste in der Mathematik untersuchte *Fraktal*.[57]

- Als Nächstes schieben Sie diese leuchtende Strecke eine Handbreit von sich weg, senkrecht nach hinten. Als Leuchtspur entsteht ein Quadrat, welches als Fläche leuchtet. ...

- Nun verschieben Sie Ihr leuchtendes Quadrat um eine Handbreit in eine Richtung, die Sie bis jetzt noch nicht genutzt haben, nämlich senkrecht nach oben. So entsteht als Leuchtspur ein Würfel. Sehen Sie, wie er als ganzer Körper leuchtet? ...

- Zum Schluss versuchen Sie nun sorgfältig, den Würfel in eine weitere Raumrichtung zu schieben, die Sie bis jetzt noch nicht genutzt haben. ... Sie erhalten als Leuchtspur ein weiteres leuchtendes Objekt. ... Können Sie es sehen? ...

- Die leuchtende Strecke hatte zwei Endpunkte, nicht wahr? Durch die Verschiebung zum Quadrat verdoppelt sich die Anzahl Ecken auf vier. ... Wie viele Ecken hat demzufolge der Würfel? Und wie viele Ecken hat vermutlich das zuletzt beschriebene leuchtende Objekt? ...

- Was haben Sie sich im Laufe der Vorstellungsübung vorgestellt?

Hinweise

Obwohl es ziemlich schwierig ist, über ein stabiles Vorstellungsbild des vierdimensionalen Hyperwürfels zu verfügen, ermöglicht die auf Extrapolation beruhende Konstruktion der Vorstellungsübung wenigstens eine gewisse Annäherung an dieses Objekt (auch *Tesserakt* genannt). Selbst wenn sich in ihrem Verlauf kein klares Vorstellungsbild einstellt, kann vermutet werden, dass der Tesserakt 16 Eckpunkte hat, da sich die Anzahl der Eckpunkte bei jeder Verschiebung verdoppelt.

Mathematische Anschlussfragen

Damit schließen sich eine ganze Menge Fragen an: Durch welche und durch wie viele Objekte wird der vierdimensionale Hyperwürfel berandet? Wie lässt er sich darstellen? Lässt sich die eulersche Polyederformel so verallgemeinern, dass sie auf dieses Polytop anwendbar ist?[60]

Aufgrund der beschriebenen Verschiebungen lässt sich die Frage nach Art und Anzahl der Randobjekte sofort beantworten. So ist der vierdimensionale Hyperwürfel von acht Würfeln berandet: Je ein Randwürfel tritt vor bzw. nach der letzten Verschiebung in Erscheinung – auf ihnen sitzen auch die 16 Ecken des Tesserakts –, und die sechs anderen Randwürfel werden durch die sechs verschobenen Würfelseiten generiert.

Gleichzeitig sind am Tesserakt 24 Quadrate beteiligt, denn durch die letzte Verschiebung verdoppeln sich zum einen die sechs Seitenflächen des Würfels, zum anderen entstehen aus den zwölf Würfelkanten zwölf quadratische Flächen. Entsprechend weist er 32 Kanten auf, verdoppeln sich durch die Verschiebung doch einerseits die zwölf Würfelkanten, und andererseits entstehen aus den acht Würfelecken acht neue Kanten.

Zählt man die Anzahlen von Ecken, Kanten, Flächen, (dreidimensionalen) Körpern und vierdimensionalen Objekten zusammen, erhält man $16 + 32 + 24 + 8 + 1 = 3^4$ null- bis vierdimensionale Elemente, die am vierdimensionalen Hyperwürfel beteiligt sind. Entsprechend besteht ein Punkt aus 3^0 Elementen, eine Strecke aus 3^1, ein Quadrat aus 3^2 und ein Würfel aus 3^3 Elementen. Die Beobachtung, dass sich die Anzahl Elemente pro Dimensionsschritt verdreifacht, gilt ganz allgemein: Hat ein Objekt, das verschoben wird, n Elemente, werden diese durch die Verschiebung auf n neue Elemente (zum Schluss der Verschiebung) kopiert, das heißt insgesamt verdoppelt. Zudem erzeugt jedes der n Elemente während der Verschiebung ein neues Element (welches eine Dimension größer ist als das erzeugende Element), wodurch weitere n Elemente entstehen. Mit anderen Worten verdreifacht sich die Anzahl beteiligter Elemente pro Dimension, auch über den vierdimensionalen Hyperwürfel hinaus.

Interessieren beim n-dimensionalen Hyperwürfel nicht die Gesamtzahl, sondern die einzelnen Anzahlen der an ihm beteiligten Ecken, Kanten, Flächen, Volumen usw., können kombinatorische Überlegungen angestellt werden. Diese ergeben, dass am n-dimensionalen Hyperwürfel $\binom{n}{k} \cdot 2^{n-k}$ Elemente der Dimension k beteiligt sind ($0 \leq k \leq n$). Folglich lassen sich die gesuchten Anzahlen an den Koeffizienten des ausmultiplizierten Polynoms $(2 + x)^n$ ablesen. Mit dem binomischen Lehrsatz $\sum_{k=0}^{n} \binom{n}{k} \cdot x^{n-k} y^k = (x + y)^n$ lässt sich daraus nochmals die Tatsache ableiten, dass am n-dimensionalen Hyperwürfel insgesamt $\sum_{k=0}^{n} \binom{n}{k} \cdot 2^{n-k} = 3^n$ Elemente beteiligt sind.[61]
Für dreidimensionale Polyeder gilt die eulersche Formel (siehe die Vorstellungsübungen A1 und A10). Bildet man aus den Anzahlen von Ecken, Kanten, Flächen und Körpern des vierdimensionalen Hyperwürfels versuchsweise eine alternierende Summe, ergibt sich dafür $16 - 32 + 24 - 8 = 0$.

Dieser Wert Null ergibt sich nicht nur für den vorliegenden Spezialfall, sondern für alle vierdimensionalen Polytope und insbesondere für die vierdimensionale Hyperkugel. Der Grund liegt darin, dass für n-dimensionale Polytope die verallgemeinerte *eulersche Polyederformel* $N_0 - N_1 + N_2 - N_3 + \ldots + (-1)^{n-1} N_{n-1} = 1 - (-1)^n$ gilt (wobei N_k die Anzahl der k-dimensionalen Begrenzungsobjekte des Polytops bezeichnet).[62]

Wie der gewöhnliche Würfel kann auch der vierdimensionale Hyperwürfel „abgewickelt“ bzw. „aufgeklappt“ werden (Abb. 16). Um sein dreidimensionales Netz zu erhalten, muss er entlang mehrerer seiner insgesamt 24 Randquadrate aufgetrennt werden. So bleiben für das Netz in der rechten Abbildung sieben Quadratpaare miteinander verklebt (sie liegen zwischen den Würfeln), während 17 Quadratpaare aufzutrennen sind. Zum Zusammenbau des Hyperwürfels müssen diese Quadratpaare wieder miteinander verklebt werden (in der Abb. 16, rechts dunkelgrau gefärbt).

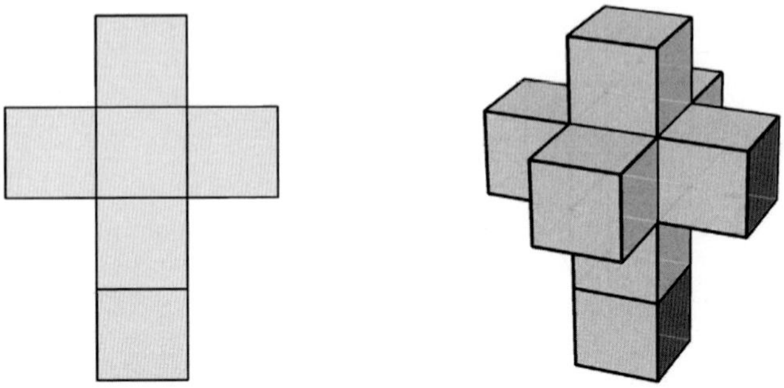

Abb. 16: Netz des dreidimensionalen Würfels (links) und des vierdimensionalen Hyperwürfels (rechts)

Salvador Dalí hat das Netz des Tesserakts in seinem Ölbild „Corpus Hypercubicus" (1954) künstlerisch als Kreuz interpretiert. An dieser Stelle stellt sich die Frage nach der Anzahl solcher Netze: Der dreidimensionale Würfel hat 11 verschiedene Netze – in wie viele Netze lässt sich der vierdimensionale Hyperwürfel „aufklappen"?[63]

Für die zentralperspektivische Darstellung (Abb. 17, rechts) muss das Tesserakt nicht aufgetrennt werden. Dafür muss – wie beim Schlegel-Diagramm des gewöhnlichen Würfels (Abb. 17, links) – in Kauf genommen werden, dass einer der acht Randwürfel auf die Umgebung des Diagramms abgebildet wird und deshalb in der Abbildung nicht eingefärbt wurde (siehe auch Anmerkung 36 zu A8).

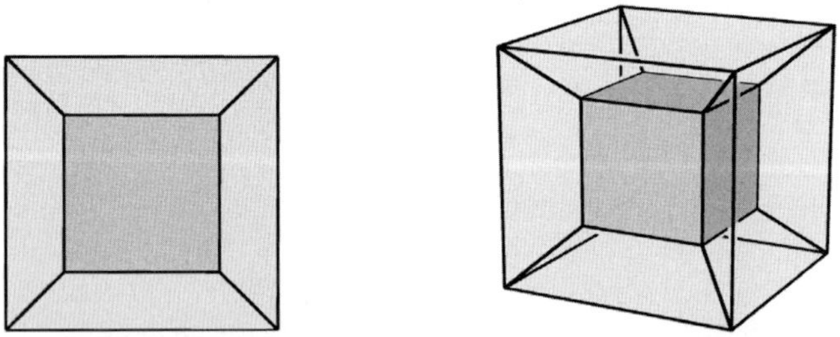

Abb. 17: Zentralprojektion des dreidimensionalen Würfels und des vierdimensionalen Hyperwürfels

Auch wenn diese Darstellung nur die kombinatorischen Eigenschaften des Tesserakts abbildet, lässt sie sich realisieren und architektonisch umsetzen. So beruht die „Grande Arche" (1989), ein moderner Triumphbogen im Pariser Vorort La Défense, auf der Zentralprojektion eines riesigen Tesserakts in den dreidimensionalen Raum.

Aus der zentralperspektivischen Darstellung kann unter anderem abgelesen werden, dass in jeder Kante des Tesserakts drei Würfel zusammenstoßen. Diese Eigenschaft ist charakteristisch, weil der Tesserakt durch die beteiligten drei Zahlen festgelegt ist (für die entsprechende Aussage für räumliche Polyeder siehe A10): Startet man mit regulären Vierecken (also Quadraten) und fügt jeweils drei dieser Polygone pro Ecke zusammen, entsteht ein Würfel (Schläfli-Symbol $\{4,3\}$). Fügt man drei dieser Polyeder pro Kante zusammen, entsteht ein Tesserakt $\{4,3,3\}$.

Ist die kombinatorisch-topologische Struktur des Tesserakts einigermaßen präsent, kann dieses Polytop in verschiedener Hinsicht bearbeitet und manipuliert werden. So stellt sich die Frage nach seinem Dualen (siehe auch A8). Weil im vierdimensionalen Raum Punkte zu Räumen und Geraden zu Ebenen dual sind, ergibt sich als Duales ein Polytop, das von 16 Tetraedern (je eins pro Eckpunkt des Tesserakts) gebildet wird und acht Eckpunkte (je einer pro Randwürfel des Tesserakts) aufweist. Dieses Objekt wird auch *vierdimensionale Hyperpyramide* genannt (Schläfli-Symbol $\{3,4,4\}$).[64]

Auch hier können „Schnitte“ des Tesserakts untersucht werden: Was für Körper entstehen, wenn dieses Objekt mit einer dreidimensionalen Hyperebene senkrecht zur längsten Diagonalen geschnitten wird (vgl. mit der Vorstellungsübung A2)? Von einer Ecke ausgehend entsteht zuerst ein kleines Tetraeder, das anwächst, um zu einem abgestumpften Tetraeder zu entarten. Dieses wächst weiter, bis es sich im Moment, wo die Hyperebene durch den Mittelpunkt des Tesserakts führt, zum Oktaeder ausformt. Wird „scheibchenweise“ weitergeschnitten, degeneriert das Oktaeder wieder zu einem abgestumpften Tetraeder, um als kleines Tetraeder zu enden. Mit anderen Worten kann das Tesserakt so halbiert werden, dass sich ein oktaedrales Schnittpolytop ergibt (Abb. 18, rechts).[65] In Anlehnung an Abbotts Erzählung „Flatland“ (1884) bedeutet das, dass wir von einem vierdimensionalen Hyperwürfel, der mit einer Ecke voran in unsere Welt „eintauchen“ würde, genau die beschriebene Folge von Körpern sähen.

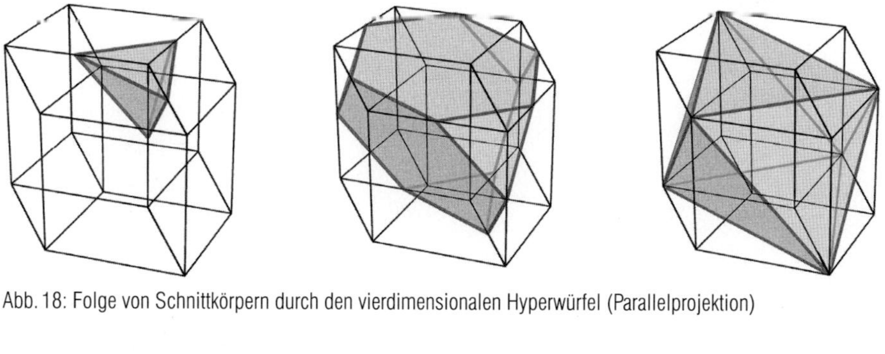

Abb. 18: Folge von Schnittkörpern durch den vierdimensionalen Hyperwürfel (Parallelprojektion)

Selbstverständlich lassen sich – gerade im Rahmen der Vektorgeometrie – viele Berechnungsmethoden unmittelbar auf solche höherdimensionalen geometrischen Objekte übertragen, beispielsweise die Winkel- und Abstandsberechnung. Damit können viele Fragen zum Tesserakt beantwortet werden. So ergibt sich für den Abstand der beiden Tesserakt-Ecken, die am weitesten voneinander entfernt liegen, mithilfe des verallgemeinerten Satzes von Pythagoras sofort $\sqrt{1^2 + 1^2 + 1^2 + 1^2} = 2$ (siehe Kommentar zu B10). Werden die zu den Berechnungen gehörigen Vorstellungsbilder jedoch nicht mitgedacht, führt eine bloße algebraische Manipulation von Symbolen wohl kaum dazu, den vierdimensionalen Würfel auch inhaltlich zu erfassen.

Ob es nun eine vierte Raumdimension gibt oder nicht, kann und soll hier nicht beantwortet werden. Es wird auch nicht unterstellt, dass eine nächste Dimension im gleichen physikalischen Sinne wie unser dreidimensionales Universum existiert. Vielmehr geht es darum, ihre Denkbarkeit im Wechselspiel von Vorstellung und Abstraktion aufzuzeigen und Folgerungen daraus zu ziehen. Liegt nicht genau hier einer der Reize der Mathematik?

Die Frage nach der Existenz eines Sachverhalts ist immer auch eine Frage, wie sehr man sich mit ihm auseinandersetzt und sich auf ihn einlässt. Dadurch, dass man sich mit einer Sache beschäftigt, haucht man ihr quasi „Leben" ein, wird sie zu einem Stück Realität. Insofern eignet sich die hier skizzierte Heranführung, um die vierte Raumdimension zu erobern. Neben Vorstellungsübungen können dabei auch bewegte Bilder und interaktive Animationen des Tesserakts hilfreich sein.[66] Gerade die Möglichkeit, Darstellungen des Tesserakts selbst steuern und erforschen zu können, leistet einen nicht zu unterschätzenden Dienst bei der Ausbildung einer „vierdimensionalen Intuition".[67]

Anmerkungen

1 Eine Rotationsachse eines Körpers heißt *n-zählig*, wenn *n* die größte natürliche Zahl ist, für die der Körper durch eine Drehung um $\frac{360°}{n}$ in sich übergeführt wird.

2 Nach dem *Starrheitssatz von Cauchy* sind zwei konvexe Polyeder mit gleicher Kombinatorik kongruent, falls ihre entsprechenden Flächen kongruent sind. Mit anderen Worten sind konvexe Polyeder bereits durch die Form und Anordnung ihrer Seitenflächen in allen Ausmaßen eindeutig festgelegt. Der starre Körper des Ikosaeders mit all seinen Größenverhältnissen stellt sich gewissermaßen „von selbst" ein, wenn gleichseitige Dreiecke wie beschrieben zusammenfügt werden. (Wittmann 1987, S. 282; Cromwell 1997, S. 228–233)

3 Die eulersche Polyederformel gilt nicht nur für konvexe, sondern auch für konkave („eingedellte") Körper, sofern sie keine Löcher aufweisen und alle Seitenflächen Polygone sind. Da der Wert von $e - k + f$ eine topologische Invariante ist (sog. *Euler-Charakteristik*), gilt die Polyederformel nicht nur für platonische Körper, sondern für alle Polyeder, die sich stetig in eine Kugel – ihre Euler-Charakteristik ist gleich 2 – deformieren lassen (Hilbert/Cohn-Vossen 1932, S. 254 f.; Petit 1987, S. 13–18). Für das mathematikhistorische Ringen um die Voraussetzungen, unter denen die eulersche Polyederformel gilt, siehe Lakatos (1979).

4 Für eine günstige Wahl der Koordinaten der Ecken sowie die Berechnung des Winkels zwischen zwei benachbarten Seitenflächen des Ikosaeders siehe Wittmann (1987, S. 456–458).

5 Der flächenmäßig maximale ebene Würfelschnitt führt durch zwei einander räumlich gegenüberliegende Würfelkanten. Der Inhalt dieses Rechtecks steht zum Inhalt des regulären Sechsecks im Verhältnis $\sqrt{2} : \left(\frac{3}{4} \cdot \sqrt{3}\right)$ und ist damit knapp 9 Prozent größer. (Weisstein, Eric W.: Cube. *MathWorld – A Wolfram Web Resource, http://mathworld.wolfram.com/Cube.html*)

6 Um den Rotationskörper mit maximalem Volumen zu erhalten, wird die Rotationsachse nicht durch die Kanten, sondern geschickt durch die Seitenflächen des Würfels gelegt. (Weisstein, Eric W.: Cube. *MathWorld – A Wolfram Web Resource, http://mathworld.wolfram.com/Cube.html*)

7 Wie Kubuswohnungen im Mathematikunterricht thematisiert werden können, zeigt Lauber, Elke (1997): Wohnen in Würfelhäusern. In: *Mathematik lehren*, H. 80, S. 12–15. Für Bilder von Kubuswohnungen siehe bei Wikipedia: Kubuswoning (*Wikipedia – die freie Enzyklopädie, http://nl.wikipedia.org/wiki/Kubuswoning*).

8 Der Würfel lässt sich auf vier Arten durch einen ebenen Schnitt in zwei kongruente Hälften teilen. (Zeitler, Herbert (1990): Die Würfelschnitte von Max Bill. In: *Didaktik der Mathematik*, H. 2, S. 81–89; Guderian 1990, Abb. 6.4)

9 Siehe Winter (1991, S. 155–157). Für eine andere anschauliche Herleitung der gaußschen Summenformel siehe Nelsen (1993, S. 70).

10 Diese Frage hängt mit dem dritten hilbertschen Problem zusammen, das von Dehn 1901 gelöst wurde. In der Konsequenz lässt sich nicht jede beliebige Pyramide in

Polyeder zerlegen, um diese durch geschicktes Umordnen zu einem Würfel zusammenzufügen. Die allgemeine Volumenformel der Pyramide lässt sich – im Unterschied zum zweidimensionalen Fall – nicht ohne einen unendlichen Prozess beweisen.

11 Diese Frage veranlasst Wagenschein, über „zweierlei Wissen" nachzudenken (1988, S. 278–280).

12 Nach Führer (2006, S. 88 f.).

13 Zur Geometrie klassischer und moderner Fußbälle siehe Glaeser/Polthier (2009, S. 10 f.).

14 Mit dem Programm „KaleidoTile" lassen sich platonische Körper interaktiv abstumpfen *(http://www.geometrygames.org/KaleidoTile/index.html*, für Windows und Mac OS X, Freeware). Für ein Programm, das neben platonischen und archimedischen Körpern eine Fülle weiterer konvexer Polyeder zeigt, siehe das Programm „Poly" (*http://www.peda.com/poly/*, für Windows und Mac Classic, Freeware).

15 Siehe Adam/Wyss (1984, S. 49–64). Sieben archimedische Körper können durch Abstumpfung der Ecken eines platonischen Körpers hergestellt werden, und zwei archimedische Körper entstehen durch Abstumpfung der Ecken und Kanten eines platonischen Körpers (Cromwell 1997, S. 79–85). Zur Frage, warum manche Autoren von dreizehn, andere von vierzehn archimedischen Körpern sprechen, siehe Grünbaum, Branko (2009): An enduring error. In: *Elemente der Mathematik*, H. 64, S. 89–101.

16 Der „Mensch als Mikrokosmos" (1535) von Agrippa von Nettesheim zeigt einen Mann, dessen Kopf, Hände und Füße ein reguläres Pentagramm aufspannen. Damit wird der Goldene Schnitt auf die menschlichen Proportionen übertragen. Leonardo da Vincis Bild „vitruvianischer Mensch" (1492) zeigt einen Mann, der je nach Stellung seiner Gliedmaßen einen Kreis oder ein Quadrat aufspannt. Hier stehen die Quadratseite und der Kreisradius im Verhältnis des Goldenen Schnitts.

17 Ein ebenes Polygon wird *überschlagen* genannt, wenn sich seine Seiten nicht nur in den Endpunkten schneiden oder berühren.

18 Die Irrationalität des Goldenen Schnitts kann auch mit anderen geometrischen Wechselwegnahmen bewiesen werden, siehe etwa Walser, Hans (2003): *Der Goldene Schnitt*. Leipzig: Edition am Gutenbergplatz, S. 44–46. Dieses Buch enthält viele weitere Anregungen rund um den Goldenen Schnitt, wie auch Beutelspacher, Albrecht/Petri, Bernhard (1996): *Der Goldene Schnitt*. Heidelberg/Berlin/Oxford: Spektrum Verlag.

19 Siehe Coxeter (1973, S. 14, 94). Für Sternpolygone $\left\{\frac{n}{p}\right\}$ gilt sinnvollerweise $n > 5$ und $p > 2$, wobei aus Symmetriegründen ohne Beschränkung der Allgemeinheit $p \leqslant \frac{n}{2}$ angenommen werden kann.

20 Die Summe der Innenwinkel eines Sternpolygons beträgt – egal ob regulär oder zusammengesetzt – $|n - 2p| \cdot 180°$. (Walser, Hans (2006): Innen und Außen. In: *Mathematikinformation*, H. 45, S. 31–41)

[21] Mit $\varphi(n)$ wird die Anzahl natürlicher, zu n teilerfremder Zahlen bezeichnet (sog. *eulersche Funktion*), und mit $\lfloor x \rfloor$ wird die größte ganze Zahl bezeichnet, die kleiner als x ist (sog. *gaußsche Klammer*). Im Unterschied zur hier gewählten Sprechweise subsumieren manche Autoren konvexe Polygone ebenfalls unter Sternpolygone, weshalb ihre Formeln anders aussehen (siehe etwa Coxeter 1973, S. 94).

[22] Für Abbildungen dieses Tetraeders siehe Affolter, Walter et al. (2003): *mathbu.ch 8 – Lernumgebungen*. Bern: Berner Lehrmittel- und Medienverlag / Zug: Klett und Balmer, S. 12. Hier wird zudem eine weitere Variante gezeigt, wie aus einem rechteckigen Blatt Papier ein Tetraeder gefaltet werden kann.

[23] Für Faltungen von Flächenmodellen des Tetraeders, des Würfels und des Oktaeders aus einem DIN-A4-Blatt siehe Gallin (1981, S. 43, 45, 47). Für Origami-Faltungen aller platonischen Körper, allerdings aus mehreren DIN-A4-Blättern, siehe Mitchell, David (1997): *Mathematical Origami*. Tarquin Publications (für die Webpage von Mitchell siehe *http://www.origamiheaven.com/* bzw. *http://freespace.virgin.net/dave.mitchell/platonicpolyhedra.htm*).

[24] Da sich der Raum nicht lückenlos mit gleich großen Tetraedern ausfüllen lässt, stellt sich die Frage, wie man die Lücken zwischen den Tetraedern minimiert. Oder umgekehrt: Wie dicht lassen sich kongruente reguläre Tetraeder im Raum maximal packen? So einfach diese Frage auch scheinen mag, sie ist unbeantwortet. Seit Ende 2009 scheint mindestens so viel sicher zu sein: Kongruente reguläre Tetraeder lassen sich im Raum dichter packen als kongruente Kugeln (über 85 % vs. 74,05 %).

[25] Für eine andere Abbildung der Raumfüllung mit regulären Tetraedern und Oktaedern siehe Steinhaus (1959, S. 216).

[26] Wie das Rhomboeder mit der Frage nach der dichtesten Kugelpackung zusammenhängt, zeigen Hilbert / Cohn-Vossen (1932, S. 40–43). Weitere konvexe Polyeder, mit denen sich der Raum lückenlos und regelmäßig ausfüllen lässt, sind in Steinhaus (1959, S. 189, 193, 209, 218) und Glaeser / Polthier (2009, S. 178 f.) abgebildet. Für eine Übersicht über alle konvexen raumfüllenden Polyeder siehe Weisstein (2003, S. 2760 f.).

[27] Für einen ästhetisch ansprechenden Trickfilm, der alle elf Würfelnetze und Pflasterungen zeigt, siehe *http://www.etudes.ru/ru/mov/mov011/* (russisch, ohne Worte).

[28] Nach einem *Satz von Bleecker* (1996) lassen sich alle platonischen Körper – bei gleich großer Oberfläche und ebenen, polygonalen Seitenflächen – hinsichtlich ihres Volumens vergrößern. Dabei verlieren sie zwangsläufig ihre Konvexität. Im Fall des Würfels liegt der Volumenzuwachs bei über 20 % (Pak, Igor (2008): Inflating the Cube without Stretching. In: *American Mathematical Monthly*, Vol. 115, Nr. 5, S. 443–445). Für einen Trickfilm, der eine solche Volumenvergrößerung für das Tetraeder sowie für den Würfel zeigt, siehe *http://www.etudes.ru/ru/mov/mov003/* (russisch, ohne Worte).

[29] Siehe dazu auch Wittmann (1987, S. 14–18).

[30] Dieser Irrtum könnte für den Absturz des Space Shuttles *Challenger* (1986) und für das schwere Zugunglück von Eschede (1998) mitverantwortlich sein. (Feynman,

Richard (1996): *„Kümmert Sie, was andere Leute denken?"* München: Piper Verlag, S. 161–169; Wode, Dieter (2002): Was Sprache und Mathematik mit Bildung zu tun haben. In: Köhler, Hartmut / Röttel, Karl (Hrsg.): *Mathematik – unsichtbar, aber allgegenwärtig*. Eichstätt: Polygon Verlag, S. 144)

[31] Manche der hier skizzierten Fragen folgen Zeitler (1981).

[32] Wie noch allgemeinere Flächen konstanter Breite konstruiert werden können, beschreiben Rademacher / Toeplitz (1930, S. 132, 138–140).

[33] Für eine wahrscheinlichkeitstheoretische Überprüfung des Satzes von Barbier siehe Zeitler (1981).

[34] Diese und weitere Münzen mit reuleaux-polygonalen Umrissen zeigt Harrell, Evans (2004): *The lightest coins and the lightest rolling bearings*, S. 2 (erhältlich unter *http://people.math.gatech.edu/~harrell/*).

[35] Für Abbildungen technischer Anwendungen des Reuleaux-Dreiecks (Wankelmotor, Schraubenschlüssel, Filmprojektor) siehe Bender (1978, S. 45, 56) und Jaglom / Boltjanski (1956, S. 58 f.), für einen entsprechenden Trickfilm siehe *http://www.etudes.ru/ru/mov/mov001/* (russisch, ohne Worte). Zum Bohren quadratischer Löcher siehe den Kommentar zur Vorstellungsübung PL7.

[36] Auch wenn es auf den ersten Blick nicht so scheint, unterscheidet sich das Schlegel-Diagramm eines Polyeders vom Grundriss des Kantengerüsts. Das Schlegel-Diagramm bildet nur die kombinatorischen Eigenschaften des Polyeders ab, nicht dessen Winkel oder Längen. Insbesondere entspricht im Schlegel-Diagramm das Gebiet, das die äußeren Kanten des Graphen umgibt, einer Seitenfläche des Polyeders.

[37] Parallele Geraden scheinen im Raum, so wie wir ihn wahrnehmen, zusammenzulaufen. Entsprechend wird in der ebenen projektiven Geometrie jedem Paar paralleler Geraden *ein unendlich ferner Punkt* beigesellt. Alle diese unendlich fernen Punkte werden in der *unendlich fernen Gerade* zusammengefasst. Damit ist zwar das Parallelenaxiom verletzt. Dafür hat man erreicht, dass zu zwei Geraden immer ein Schnittpunkt existiert. Da zu zwei Punkten immer eine Verbindungsgerade existiert, sind die Axiome der ebenen projektiven Geometrie völlig symmetrisch bezüglich Punkten und Geraden bzw. bezüglich Verbinden und Schneiden. Deshalb lassen sich auch alle Folgerungen aus diesen Axiomen „dualisieren". Für Genaueres zur projektiven Geometrie siehe Hilbert / Cohn-Vossen (1932, S. 99–117), Courant / Robbins (1962, S. 144–148, 158–162) und Coxeter (1963, S. 279–319). Anregungen für den Unterricht finden sich in Baravalle (1963, S. 111–118) sowie in Bachmann, Heinz (1971): *Vektorgeometrie – Ausgabe A*. Zürich: Sabe Verlag, S. 285–308.

[38] Das Hypotenusenquadrat bzw. die beiden Kathetenquadrate lassen sich durch vier Kopien des Ausgangsdreiecks zu zwei kongruenten Quadraten ergänzen (Fraedrich 1994, S. 39; Nelsen 1993, S. 3; Weigand et al. 2009, S. 51). Fraedrich und Nelsen zeigen viele weitere „siehe"-Beweise für den Satz des Pythagoras.

[39] Darauf weist Winter (1991, S. 153) hin.

40 Nach dem Starrheitssatz von Cauchy sind konvexe Polyeder in all ihren Maßen (Distanzen von Eckpunkten, Volumen) festgelegt, sobald die Kongruenz ihrer Seitenflächen und die Kombinatorik ihrer Zusammenfügung vorgegeben sind (siehe Anmerkung 2).

41 Für die Berechnung von *e*, *k* und *f* aus den Zahlen *p* und *q* siehe Coxeter (1963, S. 192) oder Coxeter (1973, S. 13 f.).

42 Für Bilder siehe Steinhaus (1959, S. 199–200) oder Coxeter (1963, S. 188).

43 Für Abbildungen dieser beiden Halbierungen des Dodekaeders siehe Weisstein (2003, S. 813).

44 Für die Folge von Durchschnitten durch das Dodekaeder senkrecht zur zwei-, drei- und fünfzähligen Symmetrieachse siehe Coxeter (1973, S. 237).

45 „Der Leser stelle sich den aus allen diesen Würfeln gebildeten Körper vor!“ (Steinhaus 1959, S. 205–206)

46 Wie bei anderen Vorstellungsübungen bietet es sich auch im Anschluss an diese Vorstellungsübung an, verschiedene Größen des Dodekaeders zu berechnen. Für die vektorgeometrische Berechnung des Winkels zwischen zwei benachbarten Seitenflächen siehe Wittmann (1987, S. 458 f.).

47 Ist eine Fläche an einem Punkt in den beiden Hauptrichtungen entgegengesetzt gekrümmt, wird ihr dort eine *negative gaußsche Krümmung* zugewiesen, ist sie an einem Punkt in den beiden Hauptrichtungen gleichsinnig gekrümmt, wird ihr dort eine *positive gaußsche Krümmung* zugewiesen. So ist die Kugel überall positiv gekrümmt, während der Torus stellenweise eine Krümmung größer, kleiner und gleich null aufweist. Zum Konzept der Krümmung siehe die Anmerkung 29 zu Kap. 7 sowie Kranzer (1989, S. 100 f.) und Hilbert / Cohn-Vossen (1932, S. 161–180). Für eine einfache Einführung in die hyperbolische Ebene siehe Weeks (1985, S. 149–156).

48 Für entsprechende Experimente bietet sich das Programm „KaleidoTile“ an (*http://www.geometrygames.org/KaleidoTile/index.html*, für Windows und Mac OS X, Freeware). Mit diesem Programm lassen sich nicht nur reguläre und halbreguläre Pflasterungen der hyperbolischen Ebene anzeigen und manipulieren, sondern auch alle regulären und halbregulären Pflasterungen der ebenen sowie der sphärischen Geometrie. Im Fall der Sphäre ergeben sich die platonischen und archimedischen Körper.

49 Entsprechende Überlegungen liefern für den ebenen Fall $\frac{1}{p} + \frac{1}{q} = \frac{1}{2}$ und für den sphärischen Fall $\frac{1}{p} + \frac{1}{q} > \frac{1}{2}$. Folglich gibt es nur endlich viele ebene Pflasterungen und nur endlich viele Polyeder, die topologisch äquivalent zu Sphären sind. (Coxeter 1973, S. 5, 11; Hilbert / Cohn-Vossen 1932, S. 257)

50 Der ringförmige Körper, den man gewöhnlich unter dem Begriff Torus versteht, entsteht als Rotationsfläche eines Kreises um eine Achse, die in der Kreisebene liegt und die keinen Punkt mit der Kreisscheibe gemeinsam hat. Da im Fall des rotierten Reuleaux-Dreiecks die letzte Bedingung verletzt ist, entsteht kein gewöhnlicher Torus, sondern ein Stück eines sog. *Spindeltorus*. (Weisstein 2003, S. 2836)

[51] Für ein historisches Modell des rotierten Reuleaux-Dreiecks aus Gips siehe in der Sammlung des Mathematischen Instituts der Universität Halle-Wittenberg (*http://did.mathematik.uni-halle.de/modell/modell.php?Nr=Dg-002*).

[52] Für einen entsprechenden Film siehe Sangwin, Chris: *How round is your circle – Solids of Constant Width* (*http://web.mat.bham.ac.uk/C.J.Sangwin/howroundcom/roundness/solids.html#solids-revolution*).

[53] Für Bilder und die Konstruktion der beiden Meissner-Körper siehe Hilbert/Cohn-Vossen (1932, S. 190 f.) und Jaglom/Boltjanski (1956, S. 66 f.). Für Fakten zu Körpern konstanter Breite siehe Böhm/Quaisser (1991, S. 63–72) sowie Chakerian, Gulbank/Grömer, Helmut (1983): Convex Bodies of Constant Width. In: Gruber, Peter/Wills, Jörg (Hrsg.): *Convexity and its Applications*. Basel: Birkhäuser Verlag, S. 49–95. Filme von Meissner-Körpern, die sich drehen, zeigt Weber, Christof: *Gleichdick – Körper konstanter Breite* (siehe *http://www.swisseduc.ch/mathematik/material/gleichdick/*).

[54] Für eine Einführung in die Cantor-Menge siehe Peitgen et al. (1992, S. 85–97), für eine Einführung mit besonderer Berücksichtigung des Unterrichts siehe Zeitler/Pagon (2000, S. 4–12).

[55] Da die Randpunkte rationalen Zahlen entsprechen, ist diese Teilmenge der Cantor-Menge abzählbar unendlich. Die ganze Cantor-Menge ist jedoch eine überabzählbar unendliche Menge (Zeitler/Pagon 2000, S. 8–10). Damit würde sich ihr Charakter nur unwesentlich ändern, wenn zusätzlich zu den Intervallen auch ihre Randpunkte gelöscht würden.

[56] Zum Unterschied von geometrischem Maß und mengentheoretischer Mächtigkeit siehe Vorstellungsübung P4.

[57] Um einen tragfähigen Fraktalbegriff zu erhalten, muss zuerst ein entsprechender Dimensionsbegriff entwickelt werden. Wie das im Unterricht aussehen kann, beschreiben Zeitler, Herbert (1996): Symmetrische Fraktale. In: *Der Mathematikunterricht*, H. 2, S. 30–45, und auch Zeitler/Pagon (2000).

[58] Siehe Zeitler/Pagon (2000, S. 19). Das Sierpinski-Dreieck lässt sich auch durch ein wachsendes *pascalsches Dreieck* annähern, in dem alle ungeraden Zahlen durch schwarze Hexagone ersetzt und alle geraden Zahlen ausgewischt werden (Peitgen et al. 1992, S. 103–109; Glaeser/Polthier 2009, S. 52 f.).

[59] Mengen mit einer nicht ganzzahligen Dimension sind zwar Fraktale, der Umkehrschluss gilt jedoch nicht (Zeitler/Pagon 2000, S. 24 f., 167).

[60] Der Oberbegriff „Polytop" verallgemeinert die Begriffe „Polygon" und „Polyeder" auf höhere Dimensionen (Coxeter 1973, S. 118, 126 f.). Im Fall eines vierdimensionalen Polytops spricht man neuerdings auch von einem *Polychor*.

[61] Siehe Coxeter (1973, S. 122, 292, 294).

[62] Genauer: N_k bezeichnet die Anzahl k-dimensionaler zusammenziehbarer Zellen, in die das Polytop zerlegt werden kann (Hilbert/Cohn-Vossen 1932, S. 256; Petit 1987, S. 13–20; Kranzer 1989, S. 74). Da an jedem n-dimensionalen Polytop nur ein einziges n-dimensionales Objekt beteiligt ist, lässt sich $N_n = 1$ setzen, wodurch die

Formel die einfachere Gestalt $N_0 - N_1 + N_2 - N_3 + \ldots + (-1)^n \cdot N_n = 1$ erhält. Für eine Verallgemeinerung der eulerschen Polyederformel auf Objekte mit Löchern siehe Vorstellungsübung PL7.

[63] Der vierdimensionale Hyperwürfel hat 261 verschiedene Netze (Weisstein 2003, S. 2963 f.). Der Beweis stammt von Turney, der die Lösungen mit graphentheoretischen Mitteln konstruierte (Turney, Peter (1984–85): Unfolding the Tesseract. In: *Journal of Recreational Mathematics*, 17 (1), S. 1–16). Auf der Website von Turney sind auch Trickfilme zu sehen, in denen ein Würfel abgewickelt und ein Tesserakt aufgeklappt werden (*http://www.apperceptual.com/tesseract.html*).

[64] Zum Dualen des Tesserakts siehe Coxeter (1973, S. 121 f., 148 f., 243, 292) oder Banchoff (1991, S. 101 f.). Insgesamt gibt es im vierdimensionalen Raum sechs konvexe, reguläre Polytope (Hilbert / Cohn-Vossen 1932, S. 128; für einen Beweis siehe Coxeter 1973, S. 136, 292 f.; für ihre animierte Darstellung siehe Ghys, Étienne: *Dimensions – La dimension quatre*, Kap. 3 f. (*http://www.dimensions-math.org/Dim_reg_DE.htm*).

[65] Siehe auch Banchoff (1991, S. 56). Für eine Veranschaulichung der Serie von Schnittkörpern siehe Cervone, Davide P.: *Some Notes on the Forth Dimension: Hypercube Slices Viewed Corner First, Interactive Models of 4-Dimensional Objects* (*http://www.math.union.edu/~dpvc/math/4D*).

[66] Zum Training des vierdimensionalen Sehens eignen sich das Programm „Tesseract Trainer“ (*http://www.mushware.com*, für alle gängigen Plattformen, Shareware) sowie das Pogramm „Hyper Solids“ (*http://www.uoregon.edu/~koch/hypersolids/hypersolids.html*, für Mac OS X, Freeware). Letzteres Programm kann nicht nur die Kantenmodelle des Tesserakts, sondern auch aller anderen konvexen, regulären Polytope des vierdimensionalen Raums darstellen.

[67] Zur „vierdimensionalen Intuition“ siehe Davis, Philip / Hersh, Reuben (1985): *Erfahrung Mathematik*. Basel / Boston / Berlin: Birkhäuser Verlag, S. 423–430. Die möglichen Folgen einer übermäßigen Befassung mit vierdimensionalen Hyperwürfeln sind in Gardner (1975, S. 58–60) beschrieben.

6 Vorstellungsübungen vom Typ „Problemlösen“

In diesem Kapitel finden Sie Vorstellungsübungen vom Typ „Problemlösen". Die Anleitungstexte dienen hier zur Einkleidung eines mathematischen Problems in einen außermathematischen Kontext und nicht zu einer Hilfestellung beim Aufbau eines mathematischen Inhalts (siehe Übungen vom Typ „Aufbau", Kapitel 5). Insofern handelt es sich um offene Fragen. Die Übungen zielen besonders auf gedankliches Experimentieren und Vermuten.

Zur Übersicht sind in Tab. 1 alle acht Beispiele aufgelistet, nach Klassenstufen und Schwierigkeitsgrad geordnet. Sie werden in diesem Kapitel mehr oder weniger ausführlich kommentiert. Auf die intendierten wie real auftretenden Schülervorstellungen gehen die Kommentare zu den ersten beiden Vorstellungsübungen PL1 und PL2 besonders ausführlich ein. In allen Übungen werden mögliche mathematische Anschlussfragen diskutiert. (Zu den verschiedenen Übungstypen und zum Aufbau der Kommentare siehe Kapitel 4.)

Vorstellungsübung	**Fachliche Pointe**	**Voraussetzungen**	**Klassenstufe**	**Seiten**
Collatz-Folge bilden	Die Collatz-Folge scheint früher oder später in einen Zyklus zu münden.	▸ Kopfrechnen im Zahlenraum bis 160 ▸ Aufschreiben von Zahlen	8–11 ••	**(PL1)** S. 131 ff.
Leiter rutschen	Der Mittelpunkt einer an eine Wand angelehnten rutschenden Leiter bewegt sich auf einem Viertelkreis.	▸ Hantieren mit einer Leiter (Anstellen, von Wand wegrutschen) ▸ Mittelpunkt einer Strecke	8–12 •••	**(PL2)** S. 136 ff.
Geodreieck rutschen	Der nach unten hängende rechte Winkel eines zwischen zwei Nägeln rutschenden Geodreiecks läuft auf einem Halbkreis.	▸ Geodreieck als gleichschenklig-rechtwinkliges Dreieck	7–12 •	**(PL3)** S. 142 ff.
Quadratkette legen	Wiederholte Handlungen können zu verschiedenartigen, aber gleichwertigen Termen führen.	▸ Streichhölzer zu einer Kette von Quadraten anordnen ▸ Einzelne Quadrate in einer Quadratkette erkennen ▸ Überschlagsrechnen im Zahlenraum bis 50	7–9 ••	**(PL4)** S. 145 ff.

Vorstellungsübung	Fachliche Pointe	Voraussetzungen	Klassenstufe	Seiten
Folge der Quadratzahlen-Differenzen bilden	Die Differenzen aufeinanderfolgender Quadratzahlen bilden die Folge der ungeraden Zahlen.	▸ Quadratzahlen und ungerade Zahlen ▸ Kopfrechnen im Zahlenraum bis ca. 200	8–11 •	**(PL5)** S. 148 ff.
Körper projizieren und rekonstruieren	Konstruktion eines Körpers, der einen kreisförmigen, einen quadratischen und einen dreieckigen Schatten in die drei Raumrichtungen wirft.	▸ Der Schatten einer Kugel bei Parallelprojektion ist kreisförmig, unabhängig von der Richtung der Projektion ▸ Ein gerader Kreiszylinder kann so parallel projiziert werden, dass sein Schatten rechteckig oder kreisförmig ist	9–11 ••	**(PL6)** S. 151 ff.
Würfel durchbohren	Drei Tunnel mit quadratischem Querschnitt, die einander paarweise senkrecht kreuzen, schneiden sich in einem Würfel.	▸ Tunnel mit quadratischem Querschnitt bohren ▸ Orientieren in bis zu drei sich kreuzenden Tunneln ▸ Kopfrechnen im Zahlenraum bis 40	9–11 •••	**(PL7)** S. 156 ff.
Gerade krümmen	Die Gerade als Ortskurve aller Punkte, die gleichabständig zu zwei festen Punkten liegen, wird zur Hyperbel, wenn einer der festen Punkte zu einem kleinen Kreis wächst.	▸ Punkte, die gleichabständig zu zwei festen Punkten sind, liegen auf einer Geraden ▸ Wird der Durchmesser eines Punktes zunehmend vergrößert, entsteht ein wachsender Kreis	10–11 ••	**(PL8)** S. 160 ff.

Tab. 1: Liste der Vorstellungsübungen vom Typ „Problemlösen"

(PL1) Collatz-Folge bilden

Klassenstufe: 8–11 / • •

Fachliche Pointe: Die Collatz-Folge scheint früher oder später in einen Zyklus zu münden.

Voraussetzungen:
- Kopfrechnen im Zahlenraum bis 160
- Aufschreiben von Zahlen

Die Analysis setzt ein intuitives Verständnis verschiedener Phänomene rund um Zahlenfolgen voraus. Allerdings beschränkt man sich meistens darauf, Zahlenfolgen im Hinblick auf die Infinitesimalrechnung nur auf ihre Konvergenz hin zu untersuchen. Dass gewisse Zahlenfolgen trotz ihrer Divergenz interessant sein können, etwa weil sie früher oder später zyklisch werden, fällt dabei unter den Tisch.

In der Vorstellungsübung wird eine Zahlenfolge untersucht, die Collatz zugeschrieben wird. Ihr Bildungsgesetz lautet:

$$\text{coll: } x \mapsto \begin{cases} \frac{x}{2} & \text{für x gerade} \\ 3x+1 & \text{für x ungerade} \end{cases}$$

In der Exploration der entstehenden Collatz-Folge $\langle n, \text{coll}(n), \text{coll}(\text{coll}(n)), \ldots \mid n \in \mathbb{N} \rangle$ wird das Phänomen des Zyklischen erlebt. Für jede Wahl des Startwerts n scheint die Folge nach mehreren Zwischenwerten in denselben Zyklus $\ldots \to 1 \to 4 \to 2 \to 1 \to \ldots$ zu münden. Bis heute ist nicht bewiesen, dass dies für alle möglichen Startwerte passiert.

- Wählen Sie eine beliebige natürliche Zahl zwischen 2 und 24 und schreiben Sie sie vor Ihrem inneren Auge auf. …
- Verfahren Sie mit ihr folgendermaßen weiter: Ist Ihre Zahl gerade, halbieren Sie sie, und ist sie ungerade, verdreifachen Sie sie und zählen eins dazu. …
- Schreiben Sie sich die entstandene Zahl wieder vor Ihrem inneren Auge auf. Verfahren Sie mit ihr wie mit der ursprünglich gewählten Zahl: Ist sie gerade, halbieren Sie sie, und ist sie ungerade, verdreifachen Sie sie und zählen eins dazu. …
- Verfahren Sie so lange weiter, bis Sie eine Gesetzmäßigkeit entdecken. … Sie können auch noch einmal neu mit einer anderen Ausgangszahl starten. …
- Was haben Sie sich im Laufe der Vorstellungsübung vorgestellt?

Hinweise auf intendierte Vorstellungen

Die Schülerinnen und Schüler werden aufgefordert, eine beliebige natürliche Zahl zwischen 2 und 24 zu wählen und auf diese Zahl das Bildungsgesetz von Collatz anzuwenden, immer und immer wieder. Die mathematische Frage steckt in der Aufforderung, das Verfahren weiterzuführen und nach einer „Gesetzmäßigkeit" zu suchen. Dadurch wird ein Prozess in Gang gesetzt, der eine Folge von Zahlen produziert. Wird dasselbe Verfahren mit einigen weiteren Startzahlen durchgeführt, kommt rasch die Vermutung auf, dass jeder beliebige Startwert in denselben Zyklus $\ldots \to 1 \to 4 \to 2 \to 1 \to \ldots$ mündet.

Die Einschränkung, dass der Startwert nicht größer als 24 sein soll, hat rein praktische Gründe: Während man bis zum ersten Auftreten des Folgenglieds Eins für Startwerte zwischen 2 und 24 mit höchstens 20 Berechnungsschritten auskommt (im Fall der Startwerte 18 und 19), sind es für den Startwert 25 bereits 23 und für den Startwert 27 gar 111 Berechnungsschritte. Der Zahlenraum, der damit durchschritten wird, umfasst die Zahlen von 1 bis 160 (Letzteres für die Startwerte 15 und 23).[1]

Im Unterschied zu den meisten anderen Vorstellungsübungen ist der mathematische Inhalt hier nicht wirklich in einen geometrischen oder außermathematischen Bild- und Handlungskontext eingebettet, sondern wird in einer arithmetisch-algebraischen Form präsentiert. Deshalb sind auch die angewiesenen Vorstellungshandlungen – Kopfrechnen und Aufschreiben – keine besonders „realen" Tätigkeiten (wie beispielsweise das Verschieben oder Zusammenkleben vorgestellter Objekte).

Um die berechneten Glieder der Collatz-Folge beobachten und miteinander vergleichen zu können, soll man sich die berechneten Zahlenwerte bildhaft vorstellen. Hier spielen die Vorstellungsbilder die Rolle von Gedankenstützen. Statt die Zahlen vor sich aufzuschreiben, könnte man sie sich aber auch vorsprechen. Je nach Zielpublikum wird auf diese Anweisung ganz verzichtet und bei der Organisation der Vorstellungen freie Wahl gelassen oder nicht.

Hinweise auf produktive und hinderliche Vorstellungen, die die Lernenden konstruieren

Wegen des weitgehend fehlenden außermathematischen Bild- und Handlungskontexts fällt es den Schülerinnen und Schülern bei dieser Vorstellungsübung nicht immer leicht, eigene Vorstellungen aufzubauen. Dennoch können sie Vorstellungen entwickeln, die sich für den Aufbau der intendierten Vorstellungen und für die Beantwortung der Frage als produktiv herausstellen:

- Die Menge der reellen Zahlen wird oft räumlich-geometrisch vorgestellt, als Zahlenraumbilder in Form von individuellen Zahlenlinien. Entsprechend verbinden einige Personen mit den berechneten Zwischenwerten Positionen auf ihrer vorgestellten Zahlenlinie, zwischen denen sie hin und her springen (siehe Abb. 1 in Kap. 1).
- Eine weitere Gruppe von Vorstellungen hängt mit der Zyklizität der Folge zusammen. Dieses Phänomen wird gerade in der Vorstellungshandlung des Hüpfens

eindringlich erlebt. So konstruieren einige Schülerinnen und Schüler das Vorstellungsbild einer irgendwie geformten Zahlenlinie, um es anschließend zu einem geschlossenen Zahlenkreis umzubauen. Nach einigen Durchläufen verblasst der Vorlauf vor dem Zyklus, bis sich ihr Vorstellungsbild in einer Kreislinie mit den drei Positionen 4, 2 und 1 stabilisiert.

- Einige der auftretenden Vorstellungen hängen mit der Memorierung der berechneten Werte zusammen. So berichten Schülerinnen und Schüler besonders in dieser Vorstellungsübung von synästhetischen Farbempfindungen, die sie im Zusammenhang mit den berechneten Werten „sehen“ und die ihnen als Gedächtnisstütze dienen. Oft ist ihre Farbgebung von angenehmen Emotionen begleitet.
- Wird eine gerade Zahl als das Doppelte einer anderen Zahl „gesehen“ (also zum Beispiel 26 als $2 \cdot 13$), zerfällt sie bereits durch die Überprüfung ihrer Geradzahligkeit in zwei gleich große Hälften. Dadurch spart man sich einen Berechnungsschritt. Ähnlich entsteht, nachdem eine Zahl verdreifacht und um 1 vergrößert wurde, immer eine gerade Zahl. Deshalb führen einige Schülerinnen und Schüler den Halbierungsschritt gleich anschließend durch, ohne den Zwischenwert zu überprüfen. Damit kann ein weiterer Berechnungsschritt eingespart werden.

Bei dieser Vorstellungsübung sind nicht nur hinderliche Vorstellungen, sondern auch Vorstellungsschwierigkeiten zu nennen:

- Wird die Farbgebung der Zahlen 1, 4 und 2 als unangenehm empfunden, kann es Schülerinnen und Schülern schwerfallen, sich zu konzentrieren und sich die Zahlen zu merken.
- Einige Schülerinnen und Schüler rechnen munter drauflos. Sie verweilen bei einem jeweils berechneten Zwischenwert nicht länger, als es für den nächsten Berechnungsschritt notwendig ist, und können deshalb im Nachhinein die Zahlenfolge nicht mehr reproduzieren. Es scheint so zu sein, dass der Rechenvorgang in ihrem Innern gewissermaßen automatisch abläuft, das heißt ohne den Aufbau entsprechender Vorstellungsbilder und -handlungen.
- Viele Lernende erkennen – richtiges Rechnen vorausgesetzt – erst nach mehrmaligem Durchlaufen der Werte 1, 4 und 2, dass es sich um einen Zyklus handelt, der keine neuen Werte mehr zutage fördert. Es sieht so aus, als ob ihre Aufmerksamkeit stärker dem Vorgang des Berechnens als der Beobachtung des Berechneten gilt. In solchen Fällen besteht Erklärungsbedarf, weshalb eine Zahlenfolge, deren Bildungsgesetz einen gewissen Wert zum zweiten Mal annimmt, bereits in einen Zyklus gemündet ist.

Mathematische Anschlussfragen

Die bereits angesprochene Vereinfachung des Bildungsgesetzes von Collatz kann zur Frage führen, wie eine Fassung mit möglichst wenigen Rechenschritten aussieht. Es kann folgender Vorschlag diskutiert werden: Als Erstes wird die Zahl n halbiert. Ist der entstandene Wert ganzzahlig, liegt bereits der nächste Folgenwert vor. Andernfalls wird dieser Wert auf $\lceil n \rceil$ aufgerundet und zu n gezählt. Um wie viele Rechenschritte schneller mündet diese Folge in einen Zyklus?

Die vielen Beispiele der Schülerinnen und Schüler lassen sich in einen einzigen Folgenbaum integrieren. Dieser gerichtete Graph mit dem Wert 1 als Wurzel fasst die Bahnen verschiedener Startzahlen in einem Bild zusammen.[2]

Jeder Graph dieser Art ist unvollständig und kann erweitert werden, indem das Bildungsgesetz umgekehrt wird. Das geht jedoch nicht immer ganz glatt. Manche Folgenglieder weisen zwei Vorgänger auf, denn das Bildungsgesetz ist nicht injektiv. Um welche Folgenglieder handelt es sich dabei? Nun, ein Folgenglied n hat genau dann zwei Vorgängerzahlen, nämlich $2n$ und $\frac{n-1}{3}$, wenn letztere Zahl natürlich ist. Deshalb gehen genau denjenigen Folgengliedern, die sich als $n = 3k + 1$ ($k = 1, 2, 3, \ldots$) schreiben lassen, zwei verschiedene Glieder voraus, nämlich k und $6k + 2$.

Von ihrer Anlage zielt die Vorstellungsübung auf die Diskussion des Unterschieds zwischen einer plausiblen Vermutung und einem mathematischen Beweis. Aufgrund der Experimente der Schülerinnen und Schüler liegt zwar die Collatz-Vermutung nahe, dass die beschriebene Folge unabhängig vom gewählten Startwert in den Zyklus $\ldots \to 1 \to 4 \to 2 \to 1 \to \ldots$ führt, wenn auch der „Weg" dorthin unterschiedlich weit ist.

Ob das für alle unendlich vielen möglichen Startzahlen so ist, konnte allerdings bis heute nicht bewiesen werden. Selbst wenn Computerberechnungen zeigen, dass alle Collatz-Folgen mit Startwerten kleiner als 5 Trillionen ($= 10^{18}$) in diesen Zyklus münden, folgt daraus noch nicht, dass dies auch für beliebige Startwerte der Fall ist.[3] Genauso hilft die (bewiesene) Tatsache, dass, falls die Collatz-Folge in einen Zyklus ohne die Eins münden würde, dieser Zyklus über 100 Millionen Schritte lang wäre, nicht wirklich weiter.

Natürlich neigt man zum Schluss, dass eine Vermutung, die für so viele Zahlen richtig ist, pauschal für alle Zahlen richtig ist. Zwei berühmte Gegenbeispiele, die einen lehren, mit solchen Verallgemeinerungen vorsichtig umzugehen, sind die folgenden:

- Der Term $991n^2 + 1$ ist für die ersten 10^{28} natürlichen Zahlen nie quadratisch. Dennoch existieren Zahlen, für die der Term quadratisch wird. Die kleinste solche Zahl heißt $n = 12\,055\,735\,790\,331\,359\,447\,442\,538\,767$.
- Pólya hatte vermutet, für jede natürliche Zahl $n \geqslant 2$ gilt, dass die Hälfte oder mehr aller kleineren natürlichen Zahlen m ($1 \leqslant m \leqslant n$) eine ungerade Anzahl von Faktoren in der Primfaktorzerlegung aufweisen. Dabei sind die Faktoren in der Primfaktorzerlegung nicht notwendigerweise verschieden. So gibt es für $n = 14$ acht kleinere Zahlen mit ungeradzahlig vielen Primteilern (2, 3, 5, 7, 8, 11, 12, 13) und sechs Zahlen mit geradzahlig vielen Primteilern (1, 4, 6, 9, 10, 14). Pólya hatte seine Vermutung bis $n = 1500$ überprüft. Dennoch konnte 1980 bewiesen werden, dass Pólyas Vermutung für $n = 906\,150\,257$ nicht zutrifft.[4]

Kurz: Ein Beweis kann nicht durch das Testen vieler Zahlen ersetzt werden.

Diese Vorstellungsübung verweist also auf ein Stück Mathematik, das aus fachlicher Sicht unfertig ist. Zwar ist die mathematische Frage einfach zu verstehen und es scheint auch eine plausible Antwort zu geben. Dennoch hat der Mathematiklehrer keine Gewissheit über die Antwort, da sogar die mathematische Forschung die Frage nach der Collatz-Vermutung nicht endgültig beantworten kann.[5] Für viele Schülerinnen und Schüler ist das eine bemerkenswerte Erfahrung!

In Verallgemeinerung der Vorstellungsübung kann das Bildungsgesetz von Collatz auf negative Startwerte angewendet werden. Damit verändert sich die Sachlage allerdings nur unwesentlich: Die Zahlenfolgen scheinen auch für alle negativen Startwerte zyklisch zu werden. Indes kennt man bis heute nicht nur einen Zyklus, sondern bereits drei Zyklen (der Länge 2, 5 und 18).

Aber auch das Bildungsgesetz lässt sich abwandeln: Was passiert, wenn ungeraden Werten n statt $3n + 1$ der Wert $3n - 1$ zugeordnet wird? Oder der Wert $5n + 1$? Eine Abwandlung, die dem Bildungsgesetz von Collatz noch näher kommt, ist folgende: Ordne einer Zahl n den Wert $\frac{n}{2}$ zu, falls n durch 2 teilbar ist, den Wert $\frac{n}{3}$, falls n durch 3, aber nicht durch 2 teilbar ist, und in allen anderen Fällen den Wert $5n + 1$. Auch diese Folge scheint für alle natürlichen Startwerte zur Eins zu führen und zyklisch zu werden ($\ldots \rightarrow 1 \rightarrow 6 \rightarrow 3 \rightarrow 1 \rightarrow \ldots$), und auch diese Vermutung ist bis heute unbewiesen.[6]

Unter Zuhilfenahme des Computers können weitere Fragen gestellt und Hypothesen generiert werden: Welches ist der maximale Wert einer Collatz-Folge? (Zum Beispiel nimmt die Folge für die Startzahl 27 den maximalen Wert 9232 an.) Welcher maximale Wert wird am häufigsten angenommen? (Der maximale Wert 9232 wird von über einem Viertel aller Collatz-Folgen mit Startzahlen kleiner als 2000 angenommen.) Warum besitzen die Collatz-Folgen für manche benachbarten Startzahlen (z. B. 18 und 19, 340 und 341) gleich viele Berechnungsschritte bis zur Eins?[7]

Auch die graphische Darstellung der Collatz-Folge wirft Fragen auf. Betrachtet wird die Anzahl der Rechenschritte, die nötig sind, bis man erstmals bei der Eins angekommen ist. Diese Anzahl lässt sich nicht nur berechnen, sondern auch im Koordinatensystem darstellen. Interpretiert man die entsprechenden Wertepaare als Punkt (x-Wert: Startzahl, y-Wert: Anzahl Rechenschritte bis zur Eins), erhält man graphische Strukturen und Muster, die gewissen Regelmäßigkeiten zu unterliegen scheinen. Allerdings sind auch diese Muster noch unverstanden.[8]

(PL2) Leiter rutschen

Klassenstufe: 8–12 / • • •

Fachliche Pointe: Der Mittelpunkt einer an eine Wand angelehnten rutschenden Leiter bewegt sich auf einem Viertelkreis.

Voraussetzungen:
- Hantieren mit einer Leiter (Anstellen, von Wand wegrutschen)
- Mittelpunkt einer Strecke

Der Kreis als besondere ebene Kurve gehört zum Standardstoff der Sekundarstufe. Er wird üblicherweise als Menge aller Punkte (x, y) aufgefasst, die von einem anderen Punkt – etwa dem Ursprung – den festen Abstand *r* aufweisen. In der gymnasialen Oberstufe führt diese statische Auffassung zur Koordinatengleichung $x^2 + y^2 = r^2$. Dass der Kreis auch als Bahn eines Punktes beschrieben werden kann, der sich bewegt, gibt diese Gleichung nicht wieder. Die Ellipse kommt im Zusammenhang mit ebenen Kegelschnitten zur Sprache, ihre algebraische Beschreibung gehört jedoch nicht mehr zum Grundlagenstoff des Gymnasiums, sondern wird – im Rahmen von ebenen Kurven zweiter Ordnung – allenfalls in Leistungskursen thematisiert. Auch sie wird den Schülerinnen und Schülern als statisches Objekt dargestellt.

In der Vorstellungsübung wird der Kreis nicht mit einem Zirkel konstruiert, sondern durch eine rutschende Leiter erzeugt. Ihr Mittelpunkt läuft auf einer kreisförmigen Bahnkurve, während ihre anderen Punkte auf ellipsenförmigen Bahnkurven laufen. So anspruchsvoll diese Konstruktion auch ist, sie macht neue und größere Zusammenhänge ersichtlich. Der Kreis kann nun als besondere Ellipse in einer Schar von Ellipsen verstanden werden und umgekehrt die Ellipse als gedehnter und damit verallgemeinerter Kreis. Und: Die Genese von Kreis und Ellipse als Bahnkurven betont ihre beweglich-dynamischen Seiten. Damit wird die statische Auffassung ergänzt, die hinter der Definition über die Eigenschaft als „Menge aller Punkte, für die … gilt" steht.

- Stellen Sie sich eine Leiter in einem hellen und leeren Zimmer vor. …
- Nehmen Sie die Leiter und lehnen Sie sie dicht an die Wand an. …
- Stellen Sie sich selbst vor die linke Seite der Leiter und lehnen Sie sich mit Ihrer linken Schulter an die Wand an. So sehen Sie vor sich nur noch einen Holm der Leiter, wie er an die Zimmerwand angelehnt ist. …

- In der Mitte des Ihnen zugewandten Leiterholms ist eine Lampe befestigt. Verdunkeln Sie das Zimmer und schalten Sie die Lampe ein. Sie sehen sie leuchten, als Leuchtpunkt. ...
- Das untere Leiterende beginnt auf dem Boden zu rutschen, ganz langsam nach rechts, von der Wand weg. Das obere Leiterende berührt dabei weiter die Wand und gleitet an ihr entlang hinunter. Im Moment, da es den Boden berührt, rutscht die Leiter nicht weiter, sondern sie bleibt liegen. ...
- Welche Form hat die Leuchtspur, welche die Lampe durch das Rutschen der Leiter in das dunkle Zimmer zeichnet? ...
- Was haben Sie sich im Laufe der Vorstellungsübung vorgestellt?

Hinweise auf intendierte Vorstellungen

Der Text dieser Vorstellungsübung beginnt mit der Schilderung eines Vorstellungsbilds: ein leeres Zimmer, eine Leiter mit einer Lampe und die es sich vorstellende Person selbst. Die Person soll die Leiter an die Wand stellen und sich als Beobachterin seitlich davor positionieren. Anschließend wird sie aufgefordert, sich vorzustellen, dass die Leiter in eine Rutschbewegung gerät. Gleichzeitig soll sie im Auge haben, wie diese Bewegung abläuft. Mit dem kontinuierlichen Rutschen der Leiter ist in dieser Vorstellungsübung gedankliches Bewegen nicht erst bei der Bearbeitung des mathematischen Problems, sondern bereits zum Aufbau des Szenarios nötig.

Mit der mathematischen Frage soll man sich gedanklich sowohl auf den Mittelpunkt der Leiter konzentrieren als auch die ganze Leuchtspur, entlang der sich der Mittelpunkt bewegt, im Blick haben. Dazu ist ein wiederholter Perspektivenwechsel zwischen der rutschenden Leiter inklusive Umfeld und einem Ausschnitt erforderlich: hier die rutschende Leiter, die gewissermaßen die Randbedingung für die Leuchtspur festlegt, dort die Lampe, die sich infolge des Rutschens bewegt.

Hinweise auf produktive und hinderliche Vorstellungen, die die Lernenden konstruieren

Wie im Kapitel 2 erwähnt tritt bei dieser Vorstellungsübung eine bestimmte hinderliche Vorstellung fast unweigerlich auf:[9]

- Die meisten Schülerinnen und Schüler „sehen“ vor sich eine Leuchtspur, die tangential an Wand und Boden anliegt und deren Form linksgekrümmt ist. Für eine entsprechende Schülerskizze siehe Abschnitt 2.2, Abb. 2, links oben.[10]

  Die Ursache für die Dominanz dieser linksgekrümmten Leuchtspur liegt vermutlich darin, dass die rutschende Leiter – trotz der Verdunkelung des Zimmers – nicht wirklich ausgeblendet werden kann. In der Folge drängt die Schar aller Leiterpositionen die verschiedenen Lampenpositionen in den Hintergrund mit dem Ergebnis, dass die Leuchtspur mit der linksgekrümmten Hüllkurve der Leiternschar verwechselt wird. Vermutlich wirkt hier ein Gestaltgesetz. (Für eine entsprechende Schüleranalyse siehe Abschnitt 2.2, Abb. 5.)

- Die an die Wand gelehnte Leiter kann dazu verleiten, auf sie zu steigen. Steht man auf der Leiter und beginnt sie zu rutschen, empfindet man die vertikale Fallbewegung – aufgrund der Schwerkraft – sehr viel stärker als die horizontale, von der Wand wegführende Bewegung. Auch diese nicht visuelle Vorstellung stützt die Vermutung, dass die Bahn der Lampe zu Beginn tangential zur Wand verläuft und folglich linksgekrümmt sein könnte.
- In seltenen Fällen lässt sich das Zimmer nicht verdunkeln, weshalb die Leuchtspur schlecht erkennbar ist. Auch die Befestigung der Lampe an der Leiter oder die Koordination des eigenen Körpers und der Lampe kann für Vorstellungsschwierigkeiten verantwortlich sein.

Selbst wenn das Vorstellungsbild der linksgekrümmten Kurve die weitere Erkundung erschwert, kann es umgebaut oder zurückgedrängt werden. So können folgende eigenständig produktive Vorstellungen entwickelt werden:

- Wie in einem Gedankenexperiment kann die Leiter – so oft und schnell man will – rutschen gelassen und zurückgeschoben werden. So bescheiden diese Erkenntnis scheinen mag, so bemerkenswert ist sie gerade für Lernende, die mit Vorstellungsübungen noch wenig erfahren sind.
- Vor allem am Anfang als auch zum Schluss ist die Rutschbewegung leichter beobachtbar. So bewegt sich die Lampe – entgegen dem Gefühl des Fallens – anfänglich beinahe nur horizontal und damit senkrecht zur Wand. Zum Schluss des Rutschens bewegt sie sich beinahe nur vertikal und damit senkrecht zum Boden. Folglich kann die Leuchtspur nicht tangential an Wand und Boden anliegen.
- Falls sich während der Vorstellungsübung kein klares Bild der Leuchtspur einstellt, kann die kontinuierliche Bewegung diskretisiert werden: Leiter anhalten, Foto machen, Leiter etwas weiterrutschen lassen, wieder Foto machen usw. Damit ergibt sich zwar keine übersichtliche Vorstellung der ganzen Spur, sondern nur eine Folge von Leuchtpunkten. Diese können jedoch in ein Bild integriert werden.
- Einer Antwort der mathematischen Frage kann man sich annähern, indem Vermutungen ausgetestet werden wie etwa die, dass die Bahnkurve der Lampe gerade ist. Dazu ist es günstig, sich vorzustellen, dass der Mittelpunkt der Leiter in einer Führung in Form der vermuteten Kurve (hier der Geraden) läuft. Kann die Leiter dann noch rutschen, sodass ihre Enden die Wand bzw. den Boden dabei berühren? Oder blockiert die gerade Führung die Bewegung der Leiter?
- Statt einer Führung kann eine Stange hinzugefügt werden, die die Mitte der Leiter mit der Stelle, an der die Wand auf den Boden trifft, verbindet. Die gedankliche Bewegung setzt nun nicht an der Leiter, sondern an dieser Stange an. Damit liegt die Kreisbewegung – sofern sich diese Stangenkonstruktion denn bewegen lässt – schon sehr viel näher. (Siehe auch Abschnitt 2.2, Abb. 8.)
- Um die Vorstellung einer linksgekrümmten Leuchtspur zurückzudrängen, kann die

beschriebene Situation auch noch anders ergänzt werden. Dazu stellt man sich eine zweite Leiter im Zimmer vor. Sie wird so neben die erste Leiter hingestellt, dass ihr unteres Leiterende an der Stelle, an der Wand und Boden aufeinandertreffen, fest, aber drehbar montiert ist. Ihre Mitte wird mit der Mitte der ersten Leiter durch ein Scharnier drehbar verbunden, sodass die beiden Leitern zusammen eine Art überkreuzter Klappleiter bilden. Während die erste Leiter rutscht, kippt die zweite – und damit könnte sich die Lampe auf einer Kreisbahn bewegen. (Siehe Abschnitt 2.2, Abb. 6 und 7, dort fasst ein Schüler die rutschende und die fallende Leiter im Bild einer Schere zusammen.)

Mathematische Anschlussfragen

Nachdem sich die Klasse auf das Gedankenexperiment dieser Vorstellungsübung eingelassen hat, drängt sich ein reales Experiment auf. So kann eine Person einen ein Meter langen Maßstab entsprechend den Vorgaben der Vorstellungsübung an der Wandtafel rutschen lassen. Währenddessen führt eine andere Person ein Stück Kreide im Mittelpunkt des Maßstabs mit. Dadurch entsteht die Bahnkurve auf der Wandtafel. Dank der Größe und Dynamik des Experiments erhärtet sich die Vermutung, dass die Leuchtspur rechtsgekrümmt – und vielleicht sogar kreisförmig – sein könnte.

An diese neue Vermutung schließen weitere mathematische Tätigkeiten und Fragen an. Sie bewegen sich im Bereich des Modellierens und Beweisens sowie des Verallgemeinerns und Variierens:

- Um die Kreisförmigkeit mathematisch schlüssig zu begründen und zu beweisen, wird die Situation mathematisch modelliert. Dazu kann das Vorstellungsbild der überkreuzten Leitern (bzw. Schere) mit der durch die Leiterenden erzeugten Vierecksfigur ergänzt werden. Da sich in jedem rechtwinkligen Dreieck die beiden nicht rechten Winkel zu einem rechten Winkel ergänzen, handelt es sich bei der Vierecksfigur um ein Rechteck. Zusammen mit der Eigenschaft, dass im Rechteck die beiden Diagonalen gleich lang sind und sich halbieren, folgt die Konstanz des Schnittpunkts vom Eckpunkt – und damit die Kreisgestalt der Leuchtspur.
- Die Modellierung kann auch durch einen Kreis mit der Leiter als Halbmesser, durch Ergänzung mit ähnlichen Dreiecken oder durch Einbettung in ein Koordinatensystem erfolgen. Im Anschluss daran können je nach Modellierung und Wissensstand der Klasse synthetisch-geometrische (Thaleskreis) oder algebraische (Satz von Pythagoras, Verhältnisgleichungen) Beweise folgen.[11]
- Die Fragestellung der Vorstellungsübung lässt sich leicht variieren: Wie sieht die Bahn einer Lampe aus, die ober- oder unterhalb der Leitermitte angebracht ist? Hier zeigt sich die Kraft der Modellierung mit einem Koordinatensystem, da die entsprechenden Verhältnisgleichungen unmittelbar auf eine Ellipsengleichung führen. Damit kann die Vorstellungsübung in das Thema „Kreis und Ellipse als Bahnkurven“ überleiten, wodurch der Unterricht der analytischen Geometrie, in der Parameterdarstellungen ja lediglich zur Beschreibung von Geraden und Ebenen eingeführt werden, inhaltlich angereichert wird.[12]

- Aber auch die Verwechslung der Bahnkurve des Leitermittelpunkts mit der linksgekrümmten Hüllkurve der Leiternschar wirft weitere Fragen auf. Um was für eine Kurve handelt es sich dabei eigentlich? Mithilfe der Analysis – etwa durch Interpretation dieser Frage als Extremwertaufgabe – ergibt sich, dass die Kurve bei einer Leiterlänge von 1 die Funktionsgleichung $y = \left(1 - x^{\frac{2}{3}}\right)^{\frac{3}{2}}$ besitzt und folglich eine *Astroide* ist. Diese Kurve ist sechsten Grades. Sie ist nicht nur die Hüllkurve der Leiternschar, sondern gleichzeitig auch die Hüllkurve der Ellipsenschar, die durch die rutschende Leiter erzeugt wird.[13]

Für eine Klasse, die im Umgang mit Vorstellungsübungen bereits versiert ist, lässt sich die Fragestellung der rutschenden Leiter noch weiter ausbauen. So kann die Lampe neben der Leiter befestigt werden, zum Beispiel auf dem Umfang des Halbkreises über der Strecke. Wie sieht die Leuchtspur dieser Lampe aus, wenn der Durchmesser des Halbkreises den Schenkeln eines rechten Winkels entlangrutscht (Abb. 1)? Wie schon die Frage nach der rutschenden Leiter lässt sich auch diese Frage in Form einer Vorstellungsübung stellen. Auch sie hat eine unerwartete Antwort: Die Lampe bewegt sich auf einer Geraden durch den Ursprung. Dies folgt aus dem Peripheriewinkelsatz oder kann mittels geeigneter Parametrisierung der Bahnkurve bewiesen werden. Wie groß ist die Steigung dieser Geraden?[14]

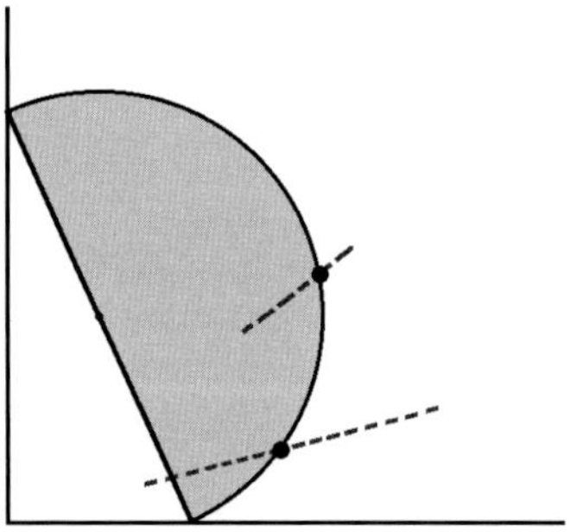

Abb. 1: Rutschender Halbkreis

Für alle anderen Punkte, die innerhalb bzw. außerhalb des Halbkreises liegen und sich relativ zum rutschenden Durchmesser nicht bewegen, stellt sich die Frage: Weshalb sind ihre Bahnkurven ellipsenförmig? Wie bestimmt man die Lage der zugehörigen Haupt- und Nebenachse?[15]

Bis jetzt standen die beiden Schenkel, denen entlang die Leiter rutscht, immer senkrecht aufeinander. Wird diese Voraussetzung gelockert, erhält man eine weitere Gruppe von Fragen: Erzeugen die Punkte der rutschenden Leiter auch in diesem Fall Ellipsen? Gibt es immer noch einen Leiterpunkt, der eine kreisförmige Bahn hinterlässt? Und was für Bahnkurven erzeugen Punkte, die auf dem Kreis mit der Leiter als Durchmesser liegen?[16]

Dass die Erzeugung von Kreisen und Ellipsen mittels einer rutschenden Leiter weit weniger künstlich ist, als man auf den ersten Blick annehmen könnte, zeigt ihre Anwendung in technischen Geräten. So beruht etwa die Papierstreifenkonstruktion von Kreisen und Ellipsen auf demselben Prinzip, und auch bei manchen Ellipsenzirkeln laufen die Enden einer Stange auf zwei geraden, senkrecht aufeinanderstehenden Führungen. Mittels dieses Instruments können Ellipsen in einem Zug gezeichnet werden (siehe Abb. 2).[17]

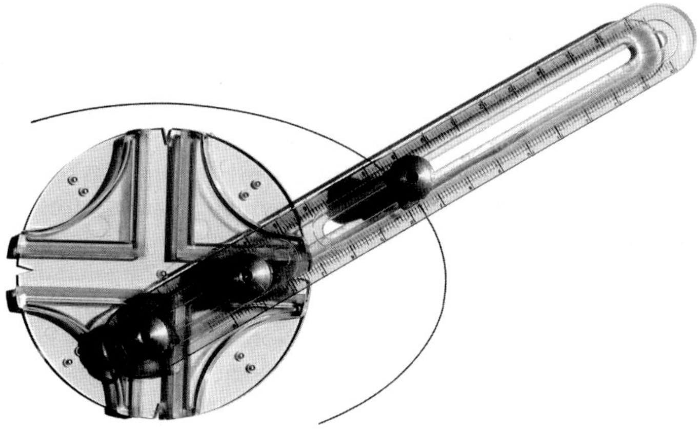

Abb. 2: Ellipsenzirkel

Eine weitere Frage, die sich stellt, ist die folgende: Auf welchen Bahnen laufen die beiden oberen Eckpunkte, wenn die rechtwinklige Ecke nach unten zeigt und das Geodreieck zwischen den beiden Aufhängepunkten bewegt wird?

Diese Frage geht deutlich über jedes Curriculum hinaus, führt sie doch in die algebraischen Kurven vierter Ordnung. Dennoch kann nach der Form dieser Bahnkurve gefragt werden: Kann die Form eines Kurvenabschnitts abgeschätzt und aufgrund eines solchen Vorstellungsbildes skizziert werden? Wird das Geodreieck nur ein wenig hin- und herbewegt, scheinen die oberen Ecken auf den Abschnitten kreisförmiger Bahnen zu laufen. Allerdings trifft diese Vermutung nicht zu, handelt es sich hier doch um *pascalsche Schnecken*. Je nachdem, wie sich die Länge der Schenkel l zum Abstand der beiden Nägel d verhält, entsteht eine konvexe Kurve ($l \geqslant 2d$), eine Kurve mit einer Einbuchtung ($d < l < 2d$) oder eine Kurve mit einer Schleife ($l < d$, ab $l \leqslant \frac{\sqrt{2}}{2} \cdot d$ liegt das Geodreieck mit verlängerten Schenkeln auf den Nägeln, um nicht durchzufallen). Im Spezialfall $l = d$ entsteht eine Kurve mit einer einwärts gerichteten Spitze (sog. *Kardioide*). Für $l \to 0$ laufen die spitzwinkligen Ecken – wenn die verlängert gedachten Schenkel über die beiden Nägel rutschen – auf einem doppelt auf dem Thaleskreis verlaufenden Kreis.[19]

(PL4) Quadratkette legen

Klassenstufe: 7–9 / • •

Fachliche Pointe: Wiederholte Handlungen können zu verschiedenartigen, aber gleichwertigen Termen führen.

Voraussetzungen:
- Streichhölzer zu einer Kette von Quadraten anordnen
- Einzelne Quadrate in einer Quadratkette erkennen
- Überschlagsrechnen im Zahlenraum bis 50

In Lehrmitteln finden sich verschiedene Vorschläge, die auf einen propädeutischen Zugang zum Variablen- und Termbegriff zielen. So werden den Schülerinnen und Schülern Zahlenmauern oder repetitive Muster vorgelegt, die auf rekursiven Rechenschemata basieren, beispielsweise „Zündholzketten". Solche Aufgaben dienen dazu, Funktionszusammenhänge umgangssprachlich zu beschreiben, um sich anschließend nach und nach von der konkreten Darstellung eines Musters zu lösen und zu erforschen, wie die Anzahl Kettenglieder mit der Anzahl Streichhölzer für beliebig lange Ketten – und damit formal – zusammenhängt. Letztlich wird erlebbar, dass man auch mit Zahlen rechnen kann, die man gar nicht kennt, mit „x-beliebigen" Zahlen eben.[20]

Diese Vorstellungsübung leitet dazu an, aus Streichhölzern Quadrate aneinanderzulegen, wodurch eine wachsende Kette entsteht. Zum Schluss wird nach der Länge einer Kette gefragt, die mit den Streichhölzern einer vollen Streichholzschachtel gelegt werden kann. Dabei geht es darum, die individuellen Vorstellungsbilder zu erkunden und auf dieser Grundlage die Länge der Kette zu überschlagen. Das Aufstellen und Vergleichen adäquater Terme erfolgt im Anschluss an die Vorstellungsübung.

- Stellen Sie sich vor, dass Sie an einem Tisch sitzen. Auf dem Tisch liegt eine Streichholzschachtel. …
- Öffnen Sie die Schachtel: Sie ist prallvoll mit Streichhölzern gefüllt. Nehmen Sie vier Streichhölzer heraus. …
- Legen Sie diese vier Streichhölzer auf den Tisch, sodass sie die Seiten eines Quadrats bilden, und zwar wie folgt: Legen Sie ein erstes Streichholz vertikal vor sich auf den Tisch. Das nächste legen Sie so hin, dass es oben ans erste Streichholz anschließt und horizontal nach rechts führt. Das dritte Streichholz legen Sie unten hin, sodass es an das erste anschließt und ebenfalls horizontal nach rechts führt. In die entstehende Lücke rechts fügen Sie das vierte Streichholz ein. …

▶

- Fassen Sie nun das Quadrat, das Sie eben gelegt haben, ins Auge. …
- Fügen Sie rechts an dieses Quadrat drei weitere Streichhölzer an, und zwar so, dass insgesamt die Form zweier aneinandergefügter Quadrate entsteht. Das Ganze sieht ein bisschen so aus wie die beiden Glieder einer Kette.
- Wie viele Streichhölzer haben Sie insgesamt für Ihre Quadratkette bis jetzt verwendet? …
- In gleicher Weise verlängern Sie nun die Kette um ein drittes Glied. …
- Wie viele Streichhölzer waren dazu zusätzlich nötig? Und insgesamt, wie viele Streichhölzer haben Sie für Ihre Kette bis jetzt gelegt?
- In vollen Streichholzschachteln befinden sich meistens 46 Streichhölzer. Wie viele Glieder hat eine Quadratkette, wenn Sie dazu alle Streichhölzer Ihrer Streichholzschachtel verwenden?
- Was haben Sie sich im Laufe der Vorstellungsübung vorgestellt?

Hinweise

Noch unabhängig von der formalen Erfassung ist an den Vorstellungsbildern ablesbar, dass pro Glied drei Streichhölzer dazukommen. Das heißt, dass sich hinter der Quadratkette die (um eins erhöhte) Dreierreihe verbirgt. Damit kann auch die Länge der Kette – ungefähr ein Drittel der Anzahl Streichhölzer – überschlagen werden.

Je nach der gedanklichen Strukturierung des repetitiven Musters ergibt sich im Anschluss an die Vorstellungsübung eine andere umgangssprachliche Beschreibung der Abhängigkeit der Anzahl Kettenglieder x von der Anzahl Streichhölzer. Entsprechend unterscheiden sich die Terme: Im Fall der Beschreibung „Zum ersten Streichholz kommen pro Kettenglied drei Streichhölzer hinzu" kann der Term $1 + x \cdot 3$ gebildet werden, im Fall von „Zu den vier Streichhölzern des ersten Kettenglieds kommen pro weiteres Kettenglied drei Streichhölzer hinzu" der Term $4 + (x - 1) \cdot 3$. Obwohl die beiden Terme verschiedenartig sind, sind sie gleichwertig.

Mathematische Anschlussfragen

Es gibt vielerlei Variationen der Vorstellungsübung. So kann die Abhängigkeit der Anzahl Flächen von der Anzahl Ecken untersucht werden oder die Kette aus Dreiecken aufgebaut werden usw. Darüber hinaus kann die fachliche Auseinandersetzung mit Quadratketten auf die *eulersche Formel für ebene Netze* führen: Die Anzahl e der Ecken eines Netzes minus die Anzahl der Kanten k plus die Anzahl der umschlossenen Flächen f ist – sofern ein zusammenhängender und ebener Graph vorliegt – immer gleich 1, $e - k + f = 1$. Dies ist unabhängig von der gewählten polygonalen Zerlegung des vom Netz umschlossenen Gebiets.[21]

Die Formel kann durch schrittweisen Abbau der Kette bewiesen werden. Wird die Quadratkette Glied um Glied reduziert, verändert sich diese alternierende Summe nicht. Jedes abgebaute Glied verändert die Summe um $2 - 3 + 1 = 0$. Zum Schluss bleibt eine „Kante“ mit zwei „Ecken“ (und keine „Fläche“) übrig, womit die Gleichung $e - k + f = 1$ bestätigt ist. Die entsprechenden Terme können aber auch direkt, ohne Abbau der Kette, miteinander verrechnet werden: $e - k + f = (2 + x \cdot 2) - (1 + x \cdot 3) + (x) =$ $= 1 - x + x = 1$.

(PL5) Folge der Quadratzahlen-Differenzen bilden

Klassenstufe: 8–11 / •

Fachliche Pointe: Die Differenzen aufeinanderfolgender Quadratzahlen bilden die Folge der ungeraden Zahlen.

Voraussetzungen:
- Quadratzahlen und ungerade Zahlen
- Kopfrechnen im Zahlenraum bis ca. 200

Mathematische Strukturen finden sich nicht nur in repetitiven geometrischen Mustern, sondern auch in Zahlen und Zahlenfolgen. In der folgenden Vorstellungsübung wird eine solche Struktur in der Folge der Quadratzahlen entdeckt und erkundet.

Ihr Text weist dazu an, sich die ersten Quadratzahlen vorzustellen und daraus die Differenzfolge zu bilden. Die berechneten Werte lassen vermuten, dass nach und nach alle ungeraden Zahlen (größer als 1) entstehen. Im Anschluss an die Vorstellungsübung kann dies bewiesen und weitere Eigenschaften der Quadratzahlenfolge können entdeckt werden.

- Stellen Sie sich die ersten paar Quadratzahlen vor und schreiben Sie sie nebeneinander vor sich hin: 1, 4, 9 und so weiter. …
- Fassen Sie die ersten beiden Quadratzahlen 1 und 4 ins Auge. Berechnen Sie die Differenz der beiden Zahlen und schreiben Sie sie darunter. …
- Fassen Sie nun die zweite und dritte Quadratzahl ins Auge. Berechnen Sie auch deren Differenz und schreiben Sie sie darunter. …
- Tun Sie dasselbe für einige weitere Quadratzahlen. …
- Was fällt Ihnen an den ausgerechneten Werten auf?
- Was haben Sie sich im Laufe der Vorstellungsübung vorgestellt?

Hinweise

Die Differenzfolge hat die Werte 3, 5, 7 usw. und scheint damit die Folge der ungeraden Zahlen (größer als 1) zu sein. Ist diese Beobachtung allgemeingültig oder gilt sie nur für die untersuchten Zahlen?

Diese Frage lässt sich mit zwei quadratischen Plättchen beantworten, deren Seitenlängen sich um eine Einheit unterscheiden. Man lege das kleine Quadrat so auf das größere Quadrat, dass vom größeren Quadrat ein winkelförmiges Flächenstück vorsteht. Ist das kleinere Plättchen vom Format $n \times n$ ($n \geqslant 1$) und das größere folglich vom Format $(n + 1) \times (n + 1)$, ist dieses winkelförmige Flächenstück aus zwei gleich großen Rechtecken (vom Format $n \times 1$) und einem kleinen Quadrat (vom Format 1×1) zusammengesetzt. Weil der Inhalt der Differenzfläche somit $n + n + 1 = 2n + 1$ beträgt, ist die Differenzfolge nichts anderes als die Folge der ungeraden Zahlen (größer als 1).[22]

Statt auf den Unterschied von quadratischen Plättchen zu fokussieren, kann auch integrativ vorgegangen werden. Dazu wird ein Plättchen vom Format $n \times n$ als n winkelförmige Flächenstücke (siehe oben) aufgefasst, die zum Quadrat zusammengefügt sind. (Dabei ist die kleinste Winkelfläche etwas entartet, besteht sie doch aus einem 1×1-Quadrat.) Diese Winkelflächen weisen den Inhalt 1, 3, ..., $2n - 1$ auf. Daraus folgt: Jede Quadratzahl lässt sich in eine Summe von ungeraden Zahlen zerlegen, $n^2 = 1 + 3 + \ldots + (2n - 1)$. Dies ist ein weiteres Musterbeispiel einer *arithmetischen Reihe.* (Für die arithmetische Reihe der gaußschen Summenformel siehe A3.)[23]

Mathematische Anschlussfragen

Dieses Ergebnis kann zur Beantwortung sehr unterschiedlicher Fragen herangezogen werden. So vereinfacht es gewisse *Kopfrechnungen*:

- Was gibt $79^2 - 78^2$? ($2 \cdot 78 + 1 = 157$, eine Primzahl[24])
- Was gibt $79^2 - 77^2$? ($2 \cdot 78 + 1 + 2 \cdot 77 + 1 = 2 \cdot (78 + 78) - 312$[25])
- Wie kann man $78^2 + 78 + 79$ kompakter ausdrücken? Wie lautet die entsprechende Verallgemeinerung? (79^2, ist doch $n^2 + n + (n + 1) = n^2 + 2n + 1 = (n + 1)^2$)

Mit der Kenntnis der Differenzfolge von Quadratzahlen vereinfacht sich auch das Zeichnen von *Parabeln*, die verschoben zur Normalparabel liegen mit Scheitel im Punkt (u, v). Dazu startet man im Scheitelpunkt P_0 und konstruiert eine Folge von Stützpunkten $\langle P_n \mid n = 0, 1, 2, \ldots \rangle$, indem man den Punkt P_{n+1} aus dem Punkt P_n durch eine Verschiebung in Richtung des Vektors $\begin{pmatrix} 1 \\ 2n+1 \end{pmatrix}$ nach rechts oben erhält (bzw. spiegelsymmetrisch in Richtung von $\begin{pmatrix} -1 \\ 2n+1 \end{pmatrix}$ nach links oben). Wird die Folge dieser Stützpunkte interpoliert, erhält man eine Skizze der zugehörigen Parabel. Dieses Verfahren lässt sich auf allgemeine Parabeln übertragen.

Die Folge der Quadratzahlen weist noch viele weitere Eigenschaften und Strukturen auf, die im Unterricht untersucht werden können. So wechseln sich in ihr ungerade und gerade Werte regelmäßig ab, denn ungerade Ausgangszahlen bleiben beim Quadrieren ungerade und gerade Ausgangszahlen bleiben gerade.

Des Weiteren treten in der Folge der Quadratzahlen die Endziffern 2, 3, 7 und 8 nie auf, während die Endziffern 1, 4, 6 und 9 doppelt so häufig auftreten wie die Endziffern 0 und 5. Dies liegt letztlich im Zehnersystem begründet. So stammen Quadratzahlen mit der Endziffer 4 von Zahlen mit den Endziffern 2 und 8, weil 2^2 und 8^2 bzw. $(10-2)^2$ bei der Division durch 10 denselben Rest ergeben: $2^2 \equiv 4 \pmod{10}$ und $8^2 = (10-2)^2 \equiv (-2)^2 \equiv 4 \pmod{10}$. Hingegen stammen Quadratzahlen mit der Endziffer 5 nur von Zahlen mit der Endziffer 5, einfach weil $5 = 10 - 5$ ist.[26]

Im Rahmen der Behandlung von Folgen und Reihen kann folgende Frage gestellt werden: Wie muss eine Zahlenfolge aussehen, damit ihre Differenzfolge mit der Folge der geraden Zahlen (größer als 2) zusammenfällt? Löst man das rekursive Bildungsgesetz $a_1 = 2$ und $a_{n+1} = a_n + 2 \cdot (n+1)$ $(n \geqslant 1)$ auf, erhält man das explizite Bildungsgesetz $a_n = n \cdot (n+1) = n^2 + n$, also wieder eine quadratische Funktion.

Werden die quadratischen Plättchen in der bereits beschriebenen Visualisierung ein wenig angepasst, wird auch dieses Resultat augenfällig. Ein Rechteck, das aus einem Quadrat im Format $n \times n$ und einem Rechteck im Format $n \times 1$ besteht (in Abb. 3 hellgrau), wird auf ein Rechteck im Format $(n+2) \times (n+1)$ gelegt (dunkelgrau). Dabei werden zwei gleich lange Streifen nicht bedeckt.

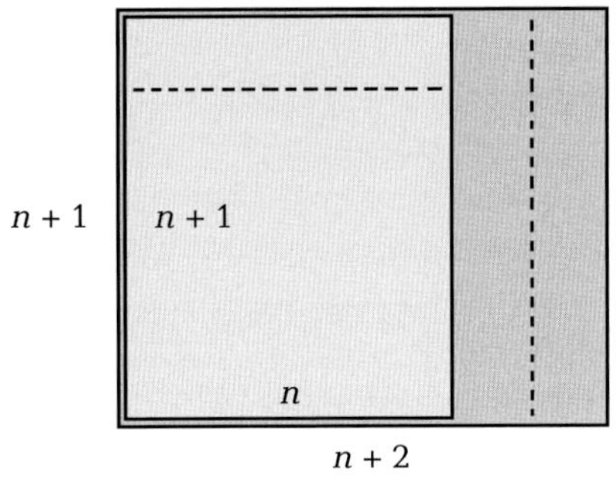

Abb. 3: Zahlenfolge, deren Differenzfolge die Folge der geraden Zahlen ist

Damit ist die Differenzfolge der Folge $a_n = n^2 + n$ nichts anderes als die Folge der geraden Zahlen (größer als 2).

(PL6) Körper projizieren und rekonstruieren

Klassenstufe: 9–11 / ••

Fachliche Pointe: Konstruktion eines Körpers, der einen kreisförmigen, einen quadratischen und einen dreieckigen Schatten in die drei Raumrichtungen wirft.

Voraussetzungen:
- Der Schatten einer Kugel bei Parallelprojektion ist kreisförmig, unabhängig von der Richtung der Projektion
- Ein gerader Kreiszylinder kann so parallel projiziert werden, dass sein Schatten rechteckig oder kreisförmig ist

Um einen räumlichen Körper wie einen Zylinder auf einem Stück Papier zu skizzieren, muss insbesondere die Silhouette des Körpers, das heißt der Umriss der Projektion, bestimmt werden. Liegt das Schrägbild mehrerer aufeinandergestapelter Würfel vor und fragt man nach der Anzahl der Würfel, aus denen das dargestellte „reale" Gebilde besteht, handelt es sich um den umgekehrten Sachverhalt: Der Körper soll aus seinen Projektionen rekonstruiert werden. Nun sind solche Rekonstruktionen nicht immer möglich und, falls sie möglich sind, nicht immer eindeutig. Für Schülerinnen und Schüler kann es eine ungewohnte Erfahrung sein, im Mathematikunterricht eine Frage gestellt zu bekommen, die keine Lösung oder keine eindeutige Antwort besitzt. Vorstellungsübungen sparen diese Seite von Mathematik nicht aus, sondern holen sie ins Schulzimmer (siehe auch Kap. 1.3, Effekt Nr. 4).

Diese Vorstellungsübung geht von einer Kugel aus und fragt zuerst nach ihrem Umriss, den sie unter Normalprojektion auf die x-y-Ebene hat. Anschließend soll die Kugel so modifiziert werden, dass sie ihren kreisförmigen Umriss nach unten zwar beibehält, auf der seitlichen x-z-Ebene nun aber ein quadratischer Schatten erscheint. Zuletzt wird gefragt, wie der Körper weiter bearbeitet werden muss, damit er zusätzlich einen dreieckigen Schatten nach hinten in die y-z-Ebene wirft.

- Stellen Sie sich einen Tisch vor, der in einer Zimmerecke steht. Darüber schwebt eine große Kugel. Diese Kugel wird von sehr weit oben mit einer hellen Lampe beleuchtet. …
  Wie sieht das nach unten auf den Tisch geworfene Schattenbild der Kugel aus? Welche Form hat es? …

- Bearbeiten Sie nun die Kugel, und zwar wie folgt: Nach unten soll immer noch derselbe Schatten geworfen werden. Neu soll jedoch bei der Beleuchtung von der Seite ein quadratischer Schatten auf die Wand neben dem Tisch geworfen werden. … Wie muss die Kugel dazu bearbeitet werden? …

- Ist es möglich, die Form weiterzubearbeiten, sodass der entstandene Körper einen dreieckigen Schatten nach hinten wirft, wenn er von vorne beleuchtet wird? …
- Was haben Sie sich im Laufe der Vorstellungsübung vorgestellt?

Hinweise

Ein gerader Kreiszylinder, dessen Höhe seinem Durchmesser entspricht, erfüllt die ersten beiden Bedingungen, weist er doch – je nach Lage – einen kreisförmigen und einen quadratischen Schatten auf. Wird dieser Körper durch zwei ebene Schnitte keilförmig in Richtung seiner Rotationsachse zugeschnitten, ist seine Seitenansicht dreieckig und erfüllt damit auch die dritte Bedingung.[27]

Der ein oder andere Lernende wird sich vielleicht an ein Spielzeug erinnern, bei dem verschieden geformte Klötzchen durch Löcher in eine Kiste geschoben werden. Ob aufgrund dieser spielerischen Erfahrung oder aus anderen Gründen, es passiert immer wieder, dass sich jemand einen anderen als den eben beschriebenen Körper vorstellt. Da die Frage der Vorstellungsübung keine eindeutige Antwort hat, kann es ohne Weiteres sein, dass auch dieser Körper die geforderten Normalprojektionen aufweist. Mehr dazu weiter unten.

Zwei häufig genannte Vorstellungsstrategien, welche die Schülerinnen und Schüler für ihre Konstruktionen entwickeln, sind die folgenden:

- Entweder sie benutzen lange „Förmchen" mit den gewünschten Querschnitten, also einen Zylinder, einen Quader und ein Prisma, jeweils ohne Grund- und Deckflächen. Indem sie diese drei Förmchen der Reihe nach senkrecht zueinander durch einen „Klumpen Teig" führen, „stechen" sie den geforderten Körper aus der Kugel aus.
- Oder sie nehmen drei „Scheiben" mit den gewünschten Formen, also einen Kreis, ein Quadrat und ein Dreieck. Diese stecken sie ineinander, sodass sie paarweise senkrecht zueinander stehen, und erhalten ein „Gerüst". Dieses Gerüst „füllen" sie nun so mit Material („Spachtelmasse"), dass nichts davon über das Gerüst übersteht.

Beide Strategien können produktiv sein, auch wenn es darum geht, zu vorgegebenen Schattenformen mehrere verschiedene Körper zu konstruieren.

Mathematische Anschlussfragen

Gibt es eigentlich einen Körper, der – wird er auf drei senkrecht zueinander stehende Flächen normalprojiziert – kreisförmige Umrisse hat und trotzdem keine Kugel ist? Ja, beispielsweise eine Kugel, die mit einer Delle versehen ist, ohne dass dadurch die für die Schattenbilder verantwortlichen Großkreise beschädigt werden. Allerdings ist dieser Körper in gewissen Bereichen immer noch kugelförmig, in anderen Bereichen ist er nicht mehr konvex.[28]

Selbst wenn der gesuchte Körper an keiner Stelle kugelförmig sein soll, ist die obige Frage zu bejahen: Benutzer der „Förmchen"-Strategie konstruieren ihren Körper als Durchschnitt dreier kongruenter, gerader Kreiszylinder, die einander paarweise senkrecht durchdringen. Der dadurch bestimmte Durchdringungskörper hat wie der einbeschriebene Würfel acht Ecken. Seine Oberfläche setzt sich aus zwölf gebogenen Flächenstücken zusammen, die Ausschnitte der Zylindermantelflächen sind. Im Gegensatz zur eingedellten Kugel ist der Körper konvex (siehe Abb. 4).[29]

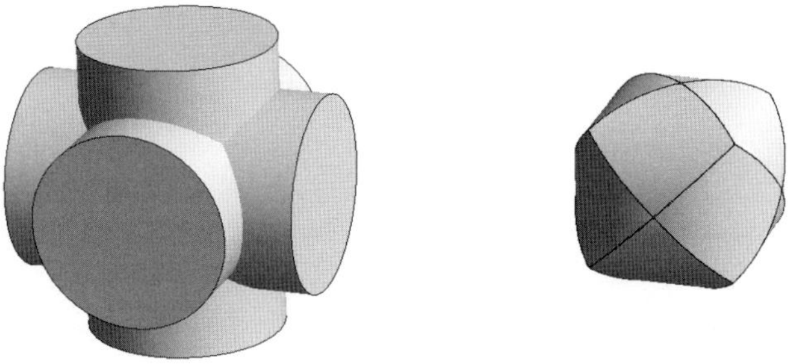

Abb. 4: Trizylinder und sein Durchdringungskörper

Auch die „Gerüst"-Strategie führt zu einer Antwort: Es werden drei Kreisscheiben paarweise senkrecht ineinander gesteckt. Dadurch entstehen acht „Kammern" einer Kugel. Diese Kammern werden mit Material aufgefüllt und über der jeweiligen Kammer glattgestrichen, bis die Oberfläche konvex ist und kein Material mehr über die zusätzlich gedachte umfassende Kugel „übersteht". Weil dieser Prozess auf vielfältige Arten möglich ist, entstehen unendlich viele konvexe Körper, die kreisförmige Umrisse aufweisen, wenn sie in die drei Raumrichtungen parallel projiziert werden. Im Unterschied zur Kugel weisen diese Körper wegen des darunter liegenden Gerüsts aber Grate auf. Der volumenreichste, auf diese Art herstellbare Körper ist der oben dargestellte Durchdringungskörper des Trizylinders (Abb. 4, rechts).

Entsprechend gibt es auf die Frage der Vorstellungsübung nicht nur eine Antwort. Vielmehr sind zwei weitere konvexe Körper mit den geforderten Eigenschaften bekannt. Zu ihrer Konstruktion geht man wieder von einem geraden Kreiszylinder aus und ersetzt dessen obere kreisförmige Deckfläche durch einen Durchmesser. Die entsprechenden Körper unterscheiden sich in der Geometrie ihrer Mantelflächen:

- Um den zweiten Körper zu erhalten, wird der unten liegende Grundkreis durch einen Durchmesser halbiert, der windschief senkrecht zum oberen Kreisdurchmesser liegt. Dann wird jeder der beiden Endpunkte des oberen Durchmessers mit allen Punkten derjenigen halben Grundkreisperipherie verbunden, die dem Endpunkt näher liegt. Die „inneren" Punkte des oberen Durchmessers werden sowohl mit dem einen wie mit dem anderen Endpunkt des unteren Durchmessers verbunden. Dadurch entsteht ein Körper, der die Vorgaben der Vorstellungsübung ebenfalls erfüllt. Seine Mantelfläche ist – wie schon beim keilförmig zugeschnittenen Zylinder – ebenfalls teilweise eben. Allerdings sind seine ebenen Bereiche nicht (halb-) ellipsenförmig, sondern dreieckig.[30]

- Für den dritten Körper gleitet eine Gerade einerseits den oberen Durchmesser und andererseits die Grundkreisperipherie entlang und steht dabei immer senkrecht zum oberen Durchmesser. Dadurch wird die Mantelfläche eines weiteren Körpers mit den gewünschten Umrissen erzeugt. Sie ist jedoch nirgends eben, ganz im Gegensatz zu den beiden bereits beschriebenen Körpern. Die Querschnitte des Körpers senkrecht zur oberen Kante sind dreieckig, und die Querschnitte parallel zur Grundkreisebene sind ellipsenförmig. Dieser Körper wird auch *Konoid* genannt.[31]

Wie groß ist das Volumen des Konoids? Diese Frage lässt sich mit der Integralrechnung beantworten und führt für ein Konoid mit Radius r und Höhe h auf $2h \cdot \int_0^r \sqrt{r^2 - x^2}\,\mathrm{dx}$. Der Wert dieses Integrals lässt sich über einen Flächenvergleich einfach bestimmen.

Noch einfacher und erhellender ist es jedoch, wenn man das Konoid mit einem Zylinder derselben Höhe vergleicht. Während die Querschnitte senkrecht zur oberen Kante dreieckig sind, fallen die entsprechenden Querschnitte des Zylinders rechteckig aus. Nun hat jeder dreieckige Querschnitt genau den halben Flächeninhalt des entsprechenden rechteckigen Querschnitts. Folglich ist das gesuchte Volumen halb so groß wie das des Zylinders, das heißt, für ein Konoid mit einem Durchmesser und einer Höhe von 2 beträgt das Volumen π.[32]

Wie das Beispiel dieser drei Körper zeigt, kann aus der Form endlich vieler Schattenbilder nicht zwangsläufig eindeutig auf den konvexen Körper geschlossen werden, von dem sie stammen. Im Fall der Kugel müssen sogar die Schattenbilder in unendlich viele Projektionsrichtungen bekannt sein.[33] Der Grund dafür liegt in der Rundheit der Kugel, ihrer *strengen Konvexität*:[34] Streng konvexe Körper sind nie durch endlich viele Schattenbilder bestimmt. Vielmehr lassen sich solche Körper immer noch konvex abwandeln, ohne dass sich das bei ihren Schattengrenzen bemerkbar machen würde.[35]

Gewisse konvexe Körper sind jedoch bereits durch die Vorgabe von endlich vielen geeigneten Schattenbildern festgelegt. So ist der Würfel durch seine Schattenbilder auf die drei zu den Seitenflächen parallelen Ebenen eindeutig bestimmt. Etwas allgemeiner gilt: Alle Prismen sind durch endlich viele geeignete Schattenbilder eindeutig rekonstruierbar.

Ein Gerät, das aus ebenen Projektionen die zugehörige räumliche Struktur berechnen kann, ist der *Computertomograph*. Dazu schickt er ein Bündel Röntgenstrahlen durch die zu rekonstruierende Stelle – beispielsweise durch ein Stück Gewebe im menschlichen Körper – und misst dahinter, wie stark diese Strahlen vom Gewebe absorbiert werden. Auf diese Weise ergibt sich ein Satz von Messdaten, der analog zu einem

Röntgenbild als ebene Projektion dargestellt werden könnte. Dieser Vorgang wird vielfach wiederholt, indem sich die Apparatur in kleinen Schritten um die zu untersuchende Stelle dreht. Pro Position entsteht ein weiterer Satz von Daten, der einem weiteren Röntgenbild entspricht. Aus diesen „zweidimensionalen" Daten rekonstruiert der Computertomograph dann die räumliche Struktur des untersuchten Gewebes. Im Wesentlichen löst er dazu (immens) große, lineare Gleichungssysteme.[36]

Dass Objekte je nach Blickwinkel unterschiedliche Seiten zeigen und entsprechend anders wirken, fasziniert gerade auch Künstler. So zeigt Markus Raetz im Objekt „Hasenspiegel" (1988) einen gebogenen Eisendraht, der je nach Blickwinkel wie der Umriss eines Hasen oder wie der Umriss eines Manns mit Hut erscheint (siehe Abb. 5).

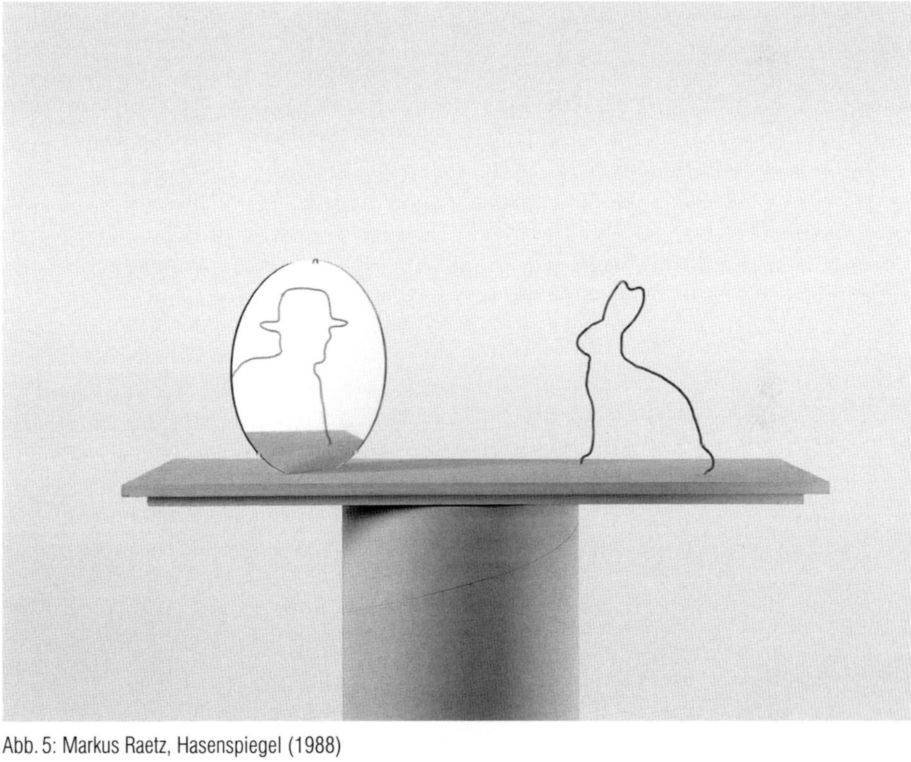

Abb. 5: Markus Raetz, Hasenspiegel (1988)

(PL7) Würfel durchbohren

Klassenstufe: 9–11 / • • •

Fachliche Pointe: Drei Tunnel mit quadratischem Querschnitt, die einander paarweise senkrecht kreuzen, schneiden sich in einem Würfel.

Voraussetzungen:
- Tunnel mit quadratischem Querschnitt bohren
- Orientieren in bis zu drei sich kreuzenden Tunneln
- Kopfrechnen im Zahlenraum bis 40

Wie bereits erwähnt ist der Würfel der wohl meistbesprochene geometrische Körper der Schulmathematik (siehe Vorstellungsübung A2). Entsprechend eignet er sich zur Erkundung einer neuen Klasse von Körpern: Wird der Würfel durchbohrt, entsteht ein Körper mit ungewohnten Eigenschaften, „ungewohnt" deshalb, weil alle im Unterricht thematisierten Körper (Polyeder und Rotationskörper) keine Löcher aufweisen.[37]

Die Vorstellungsübung leitet dazu an, sich einen Holzwürfel vorzustellen und die jeweils gegenüberliegenden Seitenflächen vom Zentrum aus durch einen Tunnel mit quadratischem Querschnitt zu verbinden. Dadurch entstehen drei Tunnel, die sich kreuzen. Über die Beantwortung von Fragen zur Form und Anzahl der Tunnelwände gelangt man zur Form des Hohlraums, in dem sich die Tunnel kreuzen.

- Stellen Sie sich vor, dass vor Ihnen ein Würfel aus massivem Holz steht. Wie viele Flächen begrenzen den Würfel? ...

- Nun durchbohren Sie den Holzwürfel von der Mitte der Vorderfläche geradeaus nach hinten. Und zwar ist der Bohrer so beschaffen, dass der entstehende Bohrtunnel im Querschnitt quadratisch ist. Wie viele ebene Flächenstücke begrenzen den durchbohrten Würfel zusätzlich von innen? ...

- Als Nächstes durchbohren Sie den vorliegenden Körper von der Mitte der linken Seitenfläche bis zur Mitte der rechten Seitenfläche, auch wieder mit demselben Bohrer, der einen quadratischen Tunnel ausbohrt. Die beiden so entstandenen Tunnel kreuzen sich. ... Wie viele zusammenhängende ebene Flächenstücke begrenzen den durchbohrten Würfel nun von innen? ...

- Zu guter Letzt durchbohren Sie den Körper in derselben Weise von der Mitte der oberen Fläche geradeaus nach unten: Dieser dritte quadratische Tunnel führt genau durch die Stelle, wo sich die beiden anderen kreuzen. ... Wie viele ebene Flächenstücke begrenzen den dreifach durchbohrten Würfel insgesamt von innen? ...

- Wie viele Kanten weisen die sich kreuzenden Tunnel auf?...
- Und: Was für eine Form hat der Hohlraum in der Mitte des Würfels, dort wo sich die drei Tunnel kreuzen?...
- Was haben Sie sich im Laufe der Vorstellungsübung vorgestellt?

Hinweise

Durch das Ausbohren der Tunnel mit quadratischem Querschnitt entstehen teils rechteckige, teils kreuzförmige Flächen, welche die Tunnel beranden. Durch einen Tunnel entstehen im Inneren des Würfels 4 neue Flächen, die von 12 neuen Kanten begrenzt werden. Durch zwei Tunnel entstehen 10 neue Flächen und 36 neue Kanten. Durch drei Tunnel entstehen 24 neue Flächen und 60 neue Kanten. Allerdings liegen 36 dieser 60 Kanten je zu dritt auf einer Geraden. Weil die Tunnel parallel zu einem Würfelseitenpaar vorangetrieben werden, ist der Hohlraum, in dem sich die Tunnel kreuzen, würfelförmig. Er ergibt sich quasi als Durchschnitt der drei Tunnel.

Typischerweise treten in einer Klasse folgende drei Vorstellungsstrategien auf, um den durchbohrten Würfel erkunden zu können:

- Der Begriff des Tunnels veranlasst häufig dazu, sich den Würfel so groß vorzustellen, dass sich die Lernenden in den Gängen aufrecht bewegen können. Sie beantworten die mathematischen Fragen, indem sie im ersten Tunnel vorwärts- und rückwärtsgehen und in die beiden anderen Tunnel hineinblicken.
- Einige Schülerinnen und Schüler stellen sich statt eines durchbohrten Würfels dessen Gegenstück vor, den Bohrkern. Sie beantworten die mathematischen Fragen auf der Grundlage dieses Vorstellungsbilds, auf das sie von außen blicken.
- In seltenen Fällen stellt sich eine Person vor, dass sie den Würfel dreht. Bereits beim Bohren der Tunnel wird der jeweils neue Tunnel von vorne nach hinten gebohrt. Und auch um die Fragen zu beantworten, wird der Würfel passend vor sich hingedreht.

Auf dieser Grundlage kann anschließend die Frage nach der Anzahl der Ecken, Kanten und Flächen des durchbohrten Würfels in Angriff genommen werden. Insbesondere kann nach der Anzahl der Löcher des Körpers gefragt werden.

Mathematische Anschlussfragen

Künstlerisch hat sich Ewerdt Hilgemann mit dreifach durchbohrten Würfeln auseinandergesetzt. In seiner Installation „Kubusstruktur“ (1972) zeigt er Holzwürfel mit unterschiedlich großen Tunneln quadratischen Querschnitts sowie deren Gegenstücke. Ist es nicht bemerkenswert, dass auch er die entsprechenden Bohrkerne darstellt? An seinen Objekten lassen sich einige der obigen Auszählungen verifizieren (siehe Abb. 6).

Abb. 6: Ewerdt Hilgemann, Kubusstruktur Nr. 140–143 (1972)

Derart unterschiedlich große Tunnel lassen die Idee aufkommen, die Breite der drei Tunnel stetig zu variieren. Mit quadratischen Funktionen können dann Fragen wie folgende beantwortet werden: Weshalb ist die Oberfläche des ausgebohrten Würfels dann am größten, wenn die Tunnelbreite exakt einem Drittel der Würfelseite entspricht? Für welche Tunneleingangsbreite ist die Oberfläche des ausgebohrten Würfels gleich groß wie die Oberfläche des Bohrkerns?[38]

Und wie viele Ecken, Kanten und Flächen hat nun der dreifach durchbohrte Würfel? Und wie viele Löcher weist er auf? Die Schwierigkeit bei der Beantwortung dieser Fragen liegt weniger in den Bohrlöchern als in gewissen Seitenflächen des Würfels. Seitenflächen, die durchbohrt werden, verlieren ihre polygonale Form und werden ringartig. Damit auch der durchbohrte Würfel von lauter polygonalen Seitenflächen berandet wird, zerlegt man jede der Ringflächen in vier Trapeze. Dann lässt sich die alternierende Summe „Anzahl Ecken minus Anzahl Kanten plus Anzahl Flächen" $e - k + f$ einfach bestimmen:[39]

- Im Fall des einfach durchbohrten Würfels ($e = 16$, $k = 32$, $f = 16$) ergibt sich $e - k + f = 0$.[40]
- Im Fall des zweifach durchbohrten Würfels ist $e - k + f = -4$, ganz egal ob die beiden kreuzförmigen Flächen des Bohrkerns in Rechtecke zerlegt werden ($e = 32$, $k = 72$, $f = 36$) oder nicht ($e = 32$, $k = 64$, $f = 28$).
- Im Fall des dreifach durchbohrten Würfels ($e = 40$, $k = 96$, $f = 48$) ergibt sich $e - k + f = -8$.

Im Vergleich mit einem normalen Ausgangswürfel ($e - k + f = 2$) fällt auf, dass die alternierende Summe durch das Ausbohren des ersten Tunnels um 2 abnimmt. Das Ausbohren des zweiten Tunnels verringert den Wert jedoch nicht um weitere 2, sondern um 4, so auch das Ausbohren des dritten Tunnels. Der Grund für diese scheinbare Unstetigkeit liegt darin, dass sich die zwei bzw. drei Tunnel kreuzen. Würden sie aneinander vorbeiführen, ergäben sich tatsächlich die erwarteten Werte $e - k + f = -2$ und $e - k + f = -4$ (Würfel mit zwei bzw. drei sich nicht kreuzenden Tunneln). Für derartige Körper gilt die *verallgemeinerte eulersche Polyederformel* $e - k + f = 2 - 2g$, wobei g für die Anzahl Löcher steht.[41]

Diese Gleichung kann umgekehrt zur Bestimmung der Anzahl Löcher verwendet werden. So ergibt sie im Fall des zweifach durchbohrten Würfels $g = 3$ und im Fall des dreifach durchbohrten Würfels $g = 5$. Diese Resultate sind plausibel, wenn man sich vorstellt, dass eine Bohrmaschine ein Loch genau dann vollendet hat, wenn sich die Tourenzahl – nachdem sie wegen des Widerstands, den das Holz der Maschine leistet, zurückgegangen ist – wieder erhöht. Kraft dieser Vorstellung hört und spürt man förmlich, dass das Bohren des zweiten und dritten Tunnels je zwei Löcher produziert.[42]

Herkömmliche Bohrer bohren Löcher mit kreisförmigem Querschnitt, also zylinderförmige Tunnel. Was für ein Körper entsteht, wenn drei Zylinder einander paarweise senkrecht durchdringen? Aus wie vielen Flächenstücken besteht dieser Durchdringungskörper? Ist er konvex oder weist er Rillen auf? (Für eine Abbildung des entstehenden Körpers siehe Abb. 4, rechts.)

Übrigens ist es – so unglaubwürdig es auch klingen mag – technisch möglich, Löcher zu bohren, deren Rand vorwiegend gerade ist und die beinahe quadratisch sind. Der dazu geeignete Bohrer weist einen Querschnitt in Form eines Reuleaux-Dreiecks auf (siehe Vorstellungsübung A7). Diesem Bohrer werden durch Ausfräsen die notwendigen Schneidekanten verliehen. Um seine Funktion zu erfüllen, wird er auf einen flexiblen Antriebsschaft gesetzt und in einer quadratischen Lehre rotiert. Dadurch berührt der Bohrer stets die vier Kanten eines Quadrats und bohrt ein so gut wie quadratisches Loch: Die Ecken dieser Ausbohrung sind zwar leicht abgerundet, seine Fläche beträgt jedoch 98,77 % der Quadratfläche.[43]

(PL8) Gerade krümmen

Klassenstufe: 10–11 / • •

Fachliche Pointe: Die Gerade als Ortskurve aller Punkte, die gleichabständig zu zwei festen Punkten liegen, wird zur Hyperbel, wenn einer der festen Punkte zu einem kleinen Kreis wächst.

Voraussetzungen:
- Punkte, die gleichabständig zu zwei festen Punkten sind, liegen auf einer Geraden
- Wird der Durchmesser eines Punktes zunehmend vergrößert, entsteht ein wachsender Kreis

Wird im Geometrieunterricht der Kreis behandelt, ist dies die erste – und für mehrere Jahre auch die letzte – krummlinige Figur, welche die Schülerinnen und Schüler kennenlernen. Insofern erstaunt es wenig, dass ihnen Kreislinien zum paradigmatischen Beispiel gekrümmter Linien werden. Auch wenn das Curriculum ab der 9. Klasse zunehmend Gekrümmtes thematisiert (von nicht linearen Funktionen bis hin zur Integralrechnung), hält sich die Schülerregel „wenn krumm, dann kreisförmig" oft äußerst hartnäckig. Darum geht es in dieser Vorstellungsübung.

Sie beginnt damit, von zwei festen Punkten aus die Ortskurve aller gleichabständigen Punkte zu konstruieren, eine Gerade. Im nächsten Schritt wird einer der beiden festen Punkte zu einem kleinen Kreis vergrößert. Dadurch krümmt sich die Gerade vom Kreis weg hin zum anderen festen Punkt. Wie verändert sich die Ortskurve, deren Punkte gleichabständig zum Kreis und zum anderen festen Punkt liegen, wenn der Kreis immer mehr wächst?

- Zeichnen Sie zwei verschiedene Punkte nebeneinander auf ein Blatt Papier, einen links und einen rechts. ... Markieren Sie den Punkt, der in der Mitte zwischen den beiden Punkten liegt.

- Markieren Sie weitere Punkte auf Ihrem Blatt, die jeweils den gleichen Abstand vom Punkt links und vom Punkt rechts haben, Punkt um Punkt. ... Wie sieht das geometrische Gebilde aus, das nach und nach entsteht? ...

- Stellen Sie sich nun vor, dass Sie den linken Punkt ein wenig aufblasen und aus ihm ein kleines Kreislein entsteht. Wie verändert sich dadurch das Gebilde, dessen Punkte vom rechten Punkt und dem kleinen Kreislein links den gleichen Abstand haben?... Was passiert, wenn das Kreislein größer und größer wird? ...

- Was haben Sie sich im Laufe der Vorstellungsübung vorgestellt?

Hinweise

Zuerst einmal ist die ganze Situation achsensymmetrisch, und zwar führt die Symmetrieachse durch die beiden zu Beginn markierten Punkte. (Im Folgenden wird vorerst davon ausgegangen, dass der Kreis nur so weit wächst, dass der Punkt rechts immer außerhalb des Kreises liegt.)

Wächst nun der Kreis konzentrisch um den linken Ausgangspunkt, beginnt sich die mittelsenkrechte Ortskurve in Richtung des rechten Punkts zu verschieben. Sie krümmt sich gegen diesen Punkt hin, denn: Unter dem Abstand eines Punktes von einem Kreis wird die kleinste Entfernung zwischen dem Punkt und allen Kreisperipheriepunkten verstanden. Konstruktiv erhält man den gesuchten Kreisperipheriepunkt, indem man den Kreis mit der Geraden schneidet, die durch den festen Punkt und den Kreismittelpunkt führt. Weil im Fall der Vorstellungsübung alle solche Schnittpunkte rechts vom Kreismittelpunkt liegen, muss sich auch die Ortskurve der gleichabständigen Punkte nach rechts krümmen.

Solche und ähnliche Überlegungen aktivieren die erwähnte Schülerregel: Eine geometrische Linie, die gekrümmt ist, muss kreisförmig sein. Deshalb stellen sich manche Lernenden die Ortskurve als Kreis oder zumindest als Kreisbogen vor.

Mathematische Anschlussfragen

Ist die erzeugte Ortskurve tatsächlich kreisförmig? Wäre dies der Fall, müsste die Ortskurve geschlossen sein. Es gäbe also einen Punkt, in dem der obere und der untere Teil der Kurve zusammenlaufen würden. Aus Symmetriegründen müsste sich dieser Punkt rechts vom rechten Punkt auf der Symmetrieachse befinden. Damit läge er jedoch vom Kreis weiter weg als vom Punkt, was seiner Definition widerspräche. Mit anderen Worten kann die hier vorliegende Ortskurve nicht geschlossen sein und ist insbesondere kein Kreis.

Dennoch weist die vorgestellte Ortskurve mancher Schülerinnen und Schüler die Form eines Kreisbogens auf. Auch dies ist nicht möglich, denn: Je weiter ein Punkt der Ortskurve von der Symmetrieachse entfernt ist, desto relativ kleiner ist der Kreis, das heißt, desto geringer ist die nach rechts schiebende Wirkung des Kreises. Folglich ist die Ortskurve weniger gekrümmt, je weiter man sich von der Symmetrieachse entfernt. Die stärkste Krümmung weist die Ortskurve im Punkt auf, der auf der Symmetrieachse liegt. Insbesondere kann die Ortskurve nicht kreisbogenförmig sein, da Kreisbogen konstant gekrümmt sind.

Und um was für eine Kurve handelt es sich denn nun? Aufgrund ihrer Konstruktion unterscheiden sich die Abstände aller Kurvenpunkte zu den beiden Ausgangspunkten immer um die gleiche Differenz, den Kreisradius. Deshalb handelt es sich bei der Ortskurve der Vorstellungsübung um einen Ast einer *Hyperbel*, deren Brennpunkte in den Ausgangspunkten liegen. Weisen die beiden Ausgangspunkte beispielsweise die Koordinaten $(-\sqrt{2}, -\sqrt{2})$ und $(\sqrt{2}, \sqrt{2})$ auf und beträgt der Kreisradius um den ersten Punkt $\sqrt{8}$, entspricht die Ortskurve dem positiven Ast der Hyperbel $y = \frac{1}{x}$.[44]

Die Vorstellungsübung kann auch fortgesetzt werden. Was passiert, wenn der wachsende Kreis – er spielt die Rolle der Leitkurve – sehr nahe an den Punkt rechts heranrückt? Analog zu den obigen Ausführungen laufen die Hyperbeläste nicht mehr so stark von der Symmetrieachse weg, sondern werden zunehmend stärker gegen diese Achse gedrückt. Die Hyperbel scheint sich einer Halbgeraden anzunähern, die vom Ausgangspunkt rechts ausgeht. Tatsächlich kollabiert die Hyperbel im Moment, da der Leitkreis durch den Brennpunkt führt, in eine Halbgerade: Jeder Punkt der Halbgeraden ist gleich weit weg von ihrem Anfangspunkt, der einerseits mit dem rechten Ausgangspunkt übereinstimmt und andererseits auf dem Kreis liegt. Aber auch noch weitere Punkte der Ebene erfüllen in diesem Moment das Kriterium der Gleichabständigkeit. Sie liegen auf der Strecke zwischen dem Kreismittelpunkt und dem rechten Ausgangspunkt. Insgesamt kollidiert die Hyperbel also in die Halbgerade, die im linken Ausgangspunkt beginnt und die durch den rechten Ausgangspunkt läuft.

Wächst der Kreis weiter, über den rechten Ausgangspunkt hinaus, entstehen aus dieser Strecke geschlossene Ortskurven. Es sind konfokale *Ellipsen*, da nun für jeden Kurvenpunkt nicht mehr die Differenz, sondern die Summe der Abstände zu den beiden Ausgangspunkten immer gleich groß wie der Kreisradius und damit konstant ist. Die beiden Brennpunkte der Ellipse liegen auch wieder in den beiden Ausgangspunkten, womit ihre große Halbachse auf der bereits genannten Symmetrieachse liegt. Je größer der Radius des Kreises im Vergleich zum Abstand der beiden Ausgangspunkte wird, desto näher rückt der rechte Ausgangspunkt ins Kreiszentrum, weshalb immer kreisähnlichere Ellipsen entstehen. Welche Metamorphose – von der Geraden über die Hyperbel über die Halbgerade über die Ellipse zum Kreis!

Anmerkungen

1 Für eine Einführung auf dem Niveau der Sekundarstufe siehe Kranzer (1989, S. 148 f.).

2 Für eine Abbildung des Collatz-Baums siehe Glaeser/Polthier (2009, S. 38), für eine entsprechende handschriftliche Skizze des Folgenbaums, die von Collatz selbst stammt, siehe unter *http://www.cecm.sfu.ca/organics/papers/lagarias/paper/goodies/letter1sketch.gif*.

3 Der Rekord stand im Januar 2009 bei $20 \cdot 2^{58} \approx 5{,}8 \cdot 10^{18}$. Für den aktuell größten Startwert siehe Oliveira e Silva, Tomás: *Computational verification of the 3x+1-conjecture* (*http://www.ieeta.pt/~tos/3x+1.html*). Für die Anzahl Berechnungsschritte bis zur Eins siehe Sloane, Neil J. A.: A006577. *The On-Line Encyclopedia of Integer Sequences* (*http://www.research.att.com/~njas/sequences/A006577*).

4 Die Zahl 906 150 257 ist das kleinste Gegenbeispiel, das Pólyas Vermutung widerlegt (Weisstein 2003, S. 2292). Sie hat darüber hinaus die Eigenschaft, dass die Anzahl kleinerer Zahlen mit ungeradzahlig vielen Primteilern genau eins kleiner ist als die Anzahl kleinerer Zahlen mit geradzahlig vielen Primteilern (unter der Festlegung, dass 1 als Nichtprimzahl keine Primteiler hat und 0 gerade ist).

5 Conway konnte 1972 beweisen, dass es keinen Algorithmus gibt, der aufgrund des Startwerts entscheiden kann, ob die zugehörige Collatz-Folge zur Eins führen wird, ohne die einzelnen Folgenglieder explizit zu berechnen. Dies heißt jedoch nicht, dass es unmöglich ist, einen Beweis für die Collatz-Vermutung zu finden.

6 Auch die $5n+1$-Vermutung wurde für alle Startwerte $< 10^{16}$ verifiziert (für den aktuell größten Startwert siehe Oliveira e Silva, Tomás: *Computational verification of the 5x+1- and 7x+1-conjectures*, *http://www.ieeta.pt/~tos/px+1.html*). Für die Anzahl Berechnungsschritte der $5n+1$-Folge bis zur Eins siehe Sloane, Neil J. A.: A133420. *The On-Line Encyclopedia of Integer Sequences* (*http://www.research.att.com/~njas/sequences/A133420*).

7 Für diese und weitere Anschlussfragen und ihre Behandlung im Unterricht siehe Glaser, Herbert/Weigand, Hans-Georg (1989): Das ULAM-Problem – Computergestützte Entdeckungen. In: *Didaktik der Mathematik*, H. 2, S. 114–139.

8 Für entsprechende Abbildungen siehe Glaeser/Polthier (2009, S. 39) oder Sloane, Neil J. A.: A006577. *The On-Line Encyclopedia of Integer Sequences*, unter „graph“ (*http://www.research.att.com/~njas/sequences/table?a=6577&fmt=5*).

9 Für die im Rahmen des im Kap. 2.2 beschriebenen Unterrichtsversuchs aufgetretenen Vorstellungen siehe Weber (2008, S. 148 f.).

10 Eine auf einem Intervall $[a, b]$ zweimal differenzierbare Funktion f ist genau dann *konvex*, wenn ihre zweite Ableitung f'' auf dem Intervall nicht negativ ist: $f''|_{[a,b]} \geqslant 0$. Ist f'' echt positiv, wird f *streng konvex* – oder gleichbedeutend *linksgekrümmt* – genannt. (Siehe auch Anmerkung 34.)

11 Siehe auch Kap. 2.2. Für Beweise, die sich auf den Satz von Thales bzw. auf Verhältnisgleichungen stützen, siehe Weber (2009, S. 213 f.).

[12] Für eine elementargeometrische sowie eine analytische Herleitung der Ellipsengleichung siehe Wittmann (1987, S. 239–241, 445–449), für Aufgaben zur Einführung in die Parameterdarstellungen von Kreis und Ellipse siehe Weber (2008, S. 157–159).

[13] Üblicherweise wird die Astroide als Rollkurve aufgefasst, und zwar als Bahn eines festen Punktes auf dem Umfang eines Kreises, der auf der Innenseite eines vier Mal größeren Kreises abrollt. Ihre Funktionsgleichung erhält man beispielsweise, wenn man an einer beliebigen Stelle zwischen 0 und 1 sämtliche darüberliegende Leiterpunkte betrachtet. Der höchstgelegene Punkt liegt dann auf dem Funktionsgraphen mit der angegebenen Gleichung. Für andere Herleitungen der Astroide aus der rutschenden Leiter siehe Schupp / Dabrock (1995, S. 3–9).

[14] Der Steigungswinkel der Geraden ist gleich dem Winkel des Schenkels, der durch den Bodenpunkt, den Wandpunkt und den Lampenpunkt gebildet wird (Distler, Manfred (2007): Eine Wochenhausaufgabe zur Geometrie. In: *Mathematik lehren*, H. 140, S. 43–45). Für weitere Aufgaben rund um die rutschende Leiter siehe Schupp / Dabrock (1995, S. 9–14).

[15] Diese Fragen lassen sich beantworten, wenn man den ganzen Kreis um die Leiter herum betrachtet.

[16] Für eine Skizze, die diese und weitere Fragen beantwortet, siehe Glaeser / Polthier (2009, S. 226).

[17] Für andere technische Geräte, die auf dem Prinzip der rutschenden Leiter beruhen, siehe Bolt (1995, Kap. 3), für weitere Ellipsenzirkel, die auf diesem Prinzip basieren, siehe Vollrath, Hans-Joachim (2003): Zur Erforschung mathematischer Instrumente im Mathematikunterricht. In: Hefendehl-Hebeker, Lisa / Hußmann, Stephan (Hrsg): *Mathematikdidaktik zwischen Fachorientierung und Empirie*. Hildesheim: Verlag Franzbecker, S. 256–265. Hier wird ausgeführt, was die Erforschung von Ellipsenzirkeln im gymnasialen Unterricht zur mathematischen Allgemeinbildung beitragen kann.

[18] Für die Herstellung eines „Thaleskreis-Schiebers", mit dem der Satz von Thales nicht nur visuell demonstriert, sondern dynamisch erlebbar wird, siehe Oberdorfer, Gerd (1994): *Phänomenale Mathe-Magie*. Bern / Bonn / Wien: Zytglogge Verlag, S. 50.

[19] Weil die Gleichung eines Bahnkurven-Punkts in Polarkoordinaten (r, ϕ) mit dem Ursprung in einem Nagel $r = d \cdot \cos(\phi) + l$ lautet, ergibt sich daraus in kartesischen Koordinaten (x, y) die Gleichung $(x^2 + y^2 - d \cdot x)^2 = l^2 \cdot (x^2 + y^2)$, eine algebraische Gleichung vierten Grades (Schupp / Dabrock 1995, S. 30–33). Für andere Erzeugungsarten der pascalschen Schnecke siehe von Baravalle (1963, S. 123–126, 132) und Schmidt, Hermann (1949): *Ausgewählte höhere Kurven*. Wiesbaden: Kesselringsche Verlagsbuchhandlung, S. 125–133, 139. Schmidt zeigt insbesondere ein mechanisches Instrument zum Zeichnen pascalscher Schnecken, das auf dem Prinzip des rutschenden Geodreiecks basiert.

[20] Nach Affolter, Walter et al. (2003): X-beliebig. In: *mathbu.ch 7 – Arbeitsheft 7*. Bern: Berner Lehrmittel- und Medienverlag / Zug: Klett und Balmer, S. 47–50.

21 Auf diesen Satz baut der klassische Beweis der eulerschen Polyederformel auf, in dem das Kantenmodell eines Polyeders auf die Ebene projiziert bzw. übertragen wird (Hilbert/Cohn-Vossen 1932, S. 254–256; Lakatos 1979, S. 2f.).

22 Dass hier wegen $(a + 1)^2 = a^2 + 2a + 1$ ein Spezialfall der ersten binomischen Formel vorliegt, sei nur am Rande bemerkt. Für eine Vorstellungsübung zur binomischen Formel siehe B5.

23 Für weitere anschauliche Herleitungen von $1 + 3 + \ldots + (2n - 1) = n^2$ siehe Nelsen (1993, S. 72–73).

24 Die Zerlegung einer Zahl n in eine Differenz zweier Quadratzahlen $n = a^2 - b^2$ $(a > b \geqslant 0)$ ist nicht nur für alle ungeraden Primzahlen (und 1) eindeutig, sondern auch für gewisse Vielfache von 4 (zum Beispiel 4, 8, 12, 20, 28, ...). Für ungerade nicht prime Zahlen $n > 1$ und die übrigen Vielfachen von 4 (16, 24, 32, ...) ist die Zerlegung mehrdeutig. Die einzigen Zahlen, die sich nicht als Differenz zweier Quadratzahlen schreiben lassen, sind 2, 6, 10, 14, ... (also $n = 4k + 2$ mit $k = 0, 1, 2, \ldots$). (Sloane, Neil J. A.: A034178, A058957 und A139544. *The On-Line Encyclopedia of Integer Sequences, http://www.research.att.com/~njas/sequences/*)

25 Die Differenz zweier ungerader Quadratzahlen ist immer ein Vielfaches von 8.

26 Zwei Bemerkungen: Die Endziffer einer Zahl ist gleich ihrem Rest bei der Division durch 10, beispielsweise $1578 \equiv 8 \pmod{10}$. Und: Für die Endziffer einer Quadratzahl ist einzig die Endziffer ihrer Ausgangszahl verantwortlich.

27 Für Abbildungen siehe Menninger (1958, S. 167) oder Kranzer (1989, S. 62).

28 Man könnte vermuten, dass alle konvexen Körper konstanter Breite kreisförmige Umrisse haben, auch die nicht kugelförmigen. Zwar weisen diese Körper aufgrund ihrer konstanten Breite tatsächlich nur solche Umrisse auf, die ebenfalls konstanter Breite sind und damit auch konstanten Umfang besitzen (siehe A11). Die Kreisform folgt daraus jedoch nicht. (Hilbert/Cohn-Vossen 1932, S. 191 f.)

29 Drei sich senkrecht durchdringende Zylinder werden *Trizylinder* genannt und gehören zu den *Steinmetz-Körpern* (Weisstein 2003, S. 2852–2854).

30 Eine Abbildung zeigt Führer (2006, S. 87).

31 Für eine Abbildung des entsprechenden Konoids siehe Bender (1978, S. 43) oder als Modell in der Sammlung der Technischen Universität Dresden: *Mathematische Modelle* (*http://www.math.tu-dresden.de/modellsammlung/karte.php?ID=259*).

32 Nach Gardner (1968, S. 89). Gardner erwähnt zudem, dass das Konoid der konvexe Körper mit dem kleinsten Volumen ist, während der keilförmig zugeschnittene Zylinder mit einem Volumen von $\frac{4}{3} \cdot \pi$ der größtmögliche konvexe Körper mit den gewünschten Normalprojektionen ist.

33 Hilbert/Cohn-Vossen 1932, S. 190.

34 Ein Körper heißt *streng konvex*, wenn die Verbindungsstrecke zweier beliebiger Punkte des Körpers ganz im Innern des Körpers verläuft. Mit anderen Worten darf das Innere der Strecke, die zwei beliebige Punkte miteinander verbindet, den Rand des Körpers nicht nur nicht schneiden, sie darf ihn nicht einmal berühren. (Siehe auch Anmerkung 10.)

35 Wie viele und welche Schnittbilder sind im Fall allgemeiner konvexer Körper zur eindeutigen Rekonstruktion notwendig? Ein allgemeiner konvexer Körper ist eindeutig bestimmt durch seine Schattenbilder in allen Ebenen, die eine feste gegebene Gerade enthalten. Zu seiner eindeutigen Rekonstruktion sind also nur diejenigen Schattenbilder notwendig, die in den Ebenen eines Ebenenbüschels durch eine feste Trägergerade liegen, und nicht die Schattenbilder in all den Ebenen, die tangential an einer Kugel liegen, die den konvexen Körper umgibt. (Gardner, Richard (2006): *Geometric Tomography*. Cambridge: Cambridge University Press).

36 Für eine einfache Erklärung der Rekonstruktion siehe Kirchgraber, Urs/Bettinaglio, Marco/Stoffer, Daniel/Weber, Christof (1994): *Leitprogramm »Lineare Gleichungssysteme«*. ETH Zürich, S. 75–84 (*http://www.educ.ethz.ch/unt/um/mathe/aa/lin_gleich/*).

37 Alle Körper ohne Löcher sind topologisch äquivalent zur Kugel (siehe Anmerkung 3 zu Kap. 5). Entsprechend gelten für Körper mit Löchern andere topologische Gesetze. Musterbeispiele für Körper mit Löchern sind Kugeln mit einem oder mehreren Henkeln.

38 Die Oberflächen des dreifach durchbohrten Würfels und des Bohrkerns sind gleich groß, wenn die Tunnelbreite $\frac{\sqrt{2}}{2}$ der Würfelseite beträgt. Siehe auch Besuden, Heinrich (2009): Minimal Art im Geometrieunterricht zur Förderung beweglichen Denkens. In: *Der Mathematikunterricht*, H. 2, S. 12–19.

39 Für die Gültigkeit der eulerschen Polyederformel muss ein Körper nicht zwingend durch Polygone berandet sein (siehe Anmerkung 3 zu Kap. 5).

40 Wie der einfach durchbohrte Würfel herangezogen werden kann, um die Voraussetzungen zu präzisieren, unter denen die eulersche Polyederformel gilt, zeigt Lakatos (1979, S. 13f., 60f.).

41 Diese Gleichung wird manchmal auch *euler-poincarésche Formel* genannt. Für einfache Beweise siehe Courant/Robbins (1962, S. 197) und Petit (1987, S. 17f.). Für eine weitere Verallgemeinerung der eulerschen Polyederformel siehe Vorstellungsübung A13, wo sie für höherdimensionale Polyeder diskutiert wird.

42 Für diese Begründung sowie eine Vorstellungsübung, die den dreifach durchbohrten Würfel in die topologisch äquivalente Kugel mit fünf Henkeln überführt, siehe Gallin, Peter (2009): Der gläserne Aschenbecher. In: *Mathematik lehren*, H. 152, S. 62f.

43 Für die Kurven, die die Punkte eines rotierenden Reuleaux-Dreiecks erzeugen, siehe Weisstein (2003, S. 2543–2545), noch ausführlicher bei Schierscher, Georg (2005): Das Reuleaux-Dreieck. In: *Mathematik lehren*, H. 130, S. 48–51. Der Bohrer mit seinem flexiblen Antriebsschaft ist abgebildet in Smith, Scott (1993): Drilling Square Holes. In: *The Mathematics Teacher*, H. 86, Nr. 7, S. 579–583, für die entsprechenden Patente Nr. 1241175–1241177 siehe *http://www.google.com/patents*. Den echten Bohrer in Aktion zeigt Aurel, Jacques: *Perçage d'un trou carré ou hexagonal* (*http://maurel.meca.free.fr/Html-FR/percage-trou-carre.htm*), für einen Trickfilm des Bohrers siehe *http://www.etudes.ru/ru/mov/mov017/* (russisch, ohne Worte).

[44] Den zweiten Ast der Hyperbel erhält man als Ortskurve derjenigen Punkte, deren Abstand zum rechten Ausgangspunkt größer ist als ihr Abstand zum linken Ausgangspunkt, und zwar exakt um den Kreisradius. Damit ist dieser Hyperbelast jedoch nicht gleichabständig zum Kreis (um den linken Ausgangspunkt) und zum rechten Ausgangspunkt.

7 Vorstellungsübungen vom Typ „Begründung"

In diesem Kapitel finden Sie Vorstellungsübungen vom Typ „Begründung" versammelt. Jede Übung hat zum Ziel, einen mathematischen Sachverhalt plausibel und glaubwürdig zu machen.

Zur groben Orientierung finden Sie in Tab. 1 eine Übersicht über alle elf Beispiele, die der gedruckten Reihenfolge entspricht. Alle Vorstellungsübungen werden mehr oder weniger ausführlich kommentiert. Um das didaktische Potenzial von Vorstellungsübungen aufzuzeigen, enthalten die beiden ersten Vorstellungsübungen B1 und B2 ausführliche Hinweise zu Schülervorstellungen. (Zu den verschiedenen Übungstypen und zum Aufbau der Kommentare siehe Kapitel 4.)

Vorstellungsübung	Fachliche Pointe	Voraussetzungen	Klassenstufe	Seiten
Ebenes Dreieck begehen	Die Innenwinkelsumme im ebenen Dreieck ist genauso groß wie eine halbe Volldrehung.	▸ Abschreiten eines Dreiecks ▸ Winkel als Drehwinkel	7–10 ••	**(B1)** S. 172 ff.
Geometrische Reihe berechnen	Der Grenzwert der geometrischen Reihe $\frac{1}{3} + \frac{1}{9} + \frac{1}{27} + \dots$ ist gleich $\frac{1}{2}$.	▸ Unterteilen und Färben einer Strecke ▸ Fortgesetztes Wiederholen einer Handlung	10–12 •••	**(B2)** S. 176 ff.
Umkreis eines Sechsecks konstruieren	Der Radius eines Kreises lässt sich entlang des Umfangs des Kreises abtragen, und zwar genau sechs Mal.	▸ Geometrische Figuren mit gleichseitigen Dreiecken legen ▸ Konstruieren und Zusammensetzen von Kreisbögen	7–10 •	**(B3)** S. 181 f.
Drachenviereck aus Quadrat erzeugen	Drachenvierecke setzen sich aus geeignet verzogenen Quadrathälften zusammen.	▸ Quadrat, das auf dem Kopf steht, mit seinen Diagonalen ▸ Im Quadrat stehen die Diagonalen senkrecht aufeinander	8–9 •	**(B4)** S. 183 f.
Erste binomische Formel legen	Der Flächeninhalt von $a^2 + b^2$ ist kleiner als der Flächeninhalt von $(a + b)^2$.	▸ Mit zwei kongruenten Rechtecken eine Figur in Gestalt des Buchstabens „L" legen ▸ Lücken erkennen und Muster zu einem Quadrat ergänzen	8–10 ••	**(B5)** S. 185 ff.

▶

Vorstellungsübung	Fachliche Pointe	Voraussetzungen	Klassenstufe	Seiten
Dreieck mit aufgesetzten Quadraten verziehen	Ob die Summe der Flächeninhalte der beiden Quadrate über den Schenkeln eines gleichschenkligen Dreiecks größer oder kleiner ist als der Flächeninhalt des Quadrats über der Basis, hängt vom Zwischenwinkel ab. Im rechtwinkligen Fall sind sie gleich groß.	▸ Gleichseitiges und gleichschenkliges Dreieck mit Quadraten über den Seiten ▸ Verändern der Quadrate durch die Verschiebung einer Dreiecksecke	8–11 •••	**(B6)** S. 189 ff.
Kugeln schneiden	Der Schnittkreis zweier sich schneidender Kugeln entsteht aufgrund deren Rotation.	▸ Der Schnitt zweier Kreise ergibt zwei Schnittpunkte ▸ Rotiert ein Kreis um die Spiegelachse, entsteht eine Kugel	9–11 ••	**(B7)** S. 195 ff.
Gewölbtes Dreieck begehen, mit Drehung in den Ecken	Auf der Kugel gibt es Dreiecke mit einer Innenwinkelsumme von 270°.	▸ Abschreiten einer Figur auf der Kugeloberfläche ▸ Die Innenwinkelsumme ebener Dreiecke beträgt 180° (vgl. B1)	11–12 ••	**(B8)** S. 199 f.
Gewölbtes Dreieck begehen, ohne Drehung in den Ecken	Wird ein Vektor auf einer Kugel längs einer geschlossenen Kurve parallelverschoben, verdreht er sich wegen der Krümmung der Kugeloberfläche.	▸ Abschreiten einer Figur auf der Kugeloberfläche ▸ Die Innenwinkelsumme ebener Dreiecke beträgt 180°, und für sphärische Dreiecke ist sie größer als 180° (vgl. B1 und B8)	11–12 ••	**(B9)** S. 201 f.
Quadrat umbeschreiben	Jeder ebenen, geschlossenen, hinreichend „braven" Kurve kann ein Quadrat umbeschrieben werden.	▸ Drehen eines Rechtecks, das einer festen Figur umbeschrieben ist	11–12 ••	**(B10)** S. 203 ff.

Vorstellungsübung	Fachliche Pointe	Voraussetzungen	Klassenstufe	Seiten
Direktesten Weg auf der Kugel finden	Je schwächer gekrümmt eine Verbindungsstrecke auf der Kugeloberfläche ist, desto kürzer ist sie.	▸ Erdkugel mit Himmelsrichtungen und Äquatorkreis ▸ Parallel zum Äquatorkreis liegen Breitenkreise ▸ Jeder ebene Schnitt einer Kugel ergibt einen Kreis (vgl. B7) ▸ Halbiert ein ebener Schnitt eine Kugel, ist der Randkreis der Schnittfläche ein Kugelumfang von maximaler Länge	11–12 •••	**(B11)** S. 206 ff.

Tab. 1: Liste der Vorstellungsübungen vom Typ „Begründung“

(B1) Ebenes Dreieck begehen

Klassenstufe: 7–10 / • •

Fachliche Pointe: Die Innenwinkelsumme im ebenen Dreieck ist genauso groß wie eine halbe Volldrehung.

Voraussetzungen:
- Abschreiten eines Dreiecks
- Winkel als Drehwinkel

Der Satz über die Innenwinkelsumme im ebenen Dreieck wird im Schulzusammenhang üblicherweise wie folgt plausibel gemacht: Die drei Ecken eines Dreiecks aus Papier werden abgerissen und nebeneinandergelegt, oder aber zwei Kopien des Dreiecks werden um einen Seitenmittelpunkt gedreht.[1] Beide Varianten veranschaulichen zwar den klassischen Beweis, der seit Euklid mithilfe des Parallelenaxioms und des Satzes über Wechselwinkel an Parallelen geführt wird.[2] Sie klären aber kaum, ob die Winkelsumme im ebenen Dreieck wirklich exakt so groß wie ein gestreckter Winkel ist. Lässt sich der Beweis nicht auch an einer einzigen Dreiecksfigur führen, ohne dass diese zerstört oder kopiert wird? Zudem lassen sich die üblichen Argumente schlecht auf ebene Vielecke verallgemeinern, wo für jeden zusätzlichen Eckpunkt weitere 180° zur Innenwinkelsumme dazukommen.

In dieser Vorstellungsübung werden die Innenwinkel nicht als statische Größen interpretiert oder gedrehte Kopien des originalen Dreiecks geschickt nebeneinandergelegt. Entsprechend der Dynamik, die im Begriff „gestreckter Winkel" steckt – das Öffnen des Zirkels, bis die Schenkel gestreckt sind –, werden hier die Innenwinkel dynamisch gedeutet, und zwar als Drehwinkel. Die Vorstellungsübung leitet dazu an, längs der Seiten eines großen Dreiecks zu gehen (Änderung des Orts) und sich in den Eckpunkten jeweils um die Größe des dortigen Innenwinkels zu drehen (Änderung der Richtung). Auf diese Weise werden die Drehungen entlang der Dreiecksseiten transportiert und Winkel für Winkel zusammengefügt.

- Stellen Sie sich vor, wie Sie auf einer Wiese gehen. Da sehen Sie vor sich drei Stoffstreifen liegen, die die Form eines großen Dreiecks bilden. Stellen Sie sich so mit Ihren Füßen mitten auf einen der Streifen, dass das Dreieck vor Ihnen liegt, und strecken Sie Ihre Arme seitwärts nach rechts und links aus: Sie liegen über einem Streifen – das heißt einer Seite – des Dreiecks. …

- Bewegen Sie sich nun seitwärts, Fuß neben Fuß setzend, auf Ihrem Streifen in Richtung des rechten Arms, bis Sie an eine Ecke kommen, wo zwei Stoffstreifen zusammenlaufen. …

- Jetzt ragt der rechte Arm über die Figur hinaus, und der linke liegt über der soeben begangenen Seite des Dreiecks. Drehen Sie sich langsam, mit starr ausgestreckten Armen, um Ihre Längsachse so, dass dieser linke Arm zuerst in die Figur hineinzeigt, so lange, bis er über dem nächsten Stoffstreifen des Dreiecks zu liegen kommt. …
- In die Richtung dieses Arms bewegen Sie sich wieder, Fuß neben Fuß setzend, bis zur zweiten Ecke. Jetzt ragt der linke Arm über das Dreieck hinaus, und der rechte liegt über der eben begangenen Seite des Dreiecks. Drehen Sie sich wieder langsam so, dass der rechte Arm zuerst in das Dreieck hineinzeigt, bis er über der nächsten Seite zu liegen kommt. …
- Gehen Sie auf diese Art weiter, bis Sie an den Ausgangspunkt zurückkommen. …
- Wie stehen Sie jetzt? … Was ist passiert?
- Was haben Sie sich im Laufe der Vorstellungsübung vorgestellt?

Hinweise auf intendierte Vorstellungen

Im Gegensatz zu verwandten Argumenten, in denen das Dreieck vor- und rückwärts begangen wird, findet die Begehung in der Vorstellungsübung seitwärts statt. Diese kleine Unnatürlichkeit hat den Vorteil, dass man sich in den Eckpunkten nicht um den Außenwinkel, sondern tatsächlich um den jeweiligen Innenwinkel dreht. Für eine graphische Darstellung siehe Abbildung 1.[3]

Die Vorstellungsanweisungen sind in ihrem Fokus auf das Gehen und Drehen fast ausschließlich Vorstellungshandlungen in Form gedanklicher Bewegungen. Sie leiten nicht zur Bearbeitung eines mathematischen Objekts an, sondern dazu, eine mathe-

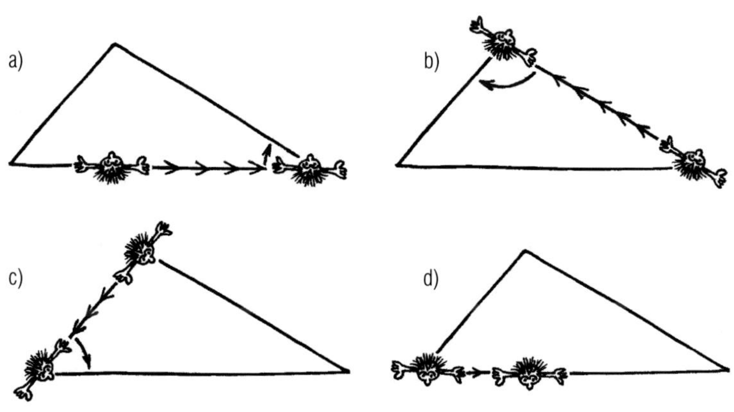

Abb. 1: Aufsicht auf die Begehung eines Dreiecks

(B2) Geometrische Reihe berechnen

Klassenstufe: 10–12 / •••

Fachliche Pointe: Der Grenzwert der geometrischen Reihe $\frac{1}{3} + \frac{1}{9} + \frac{1}{27} + \ldots$ ist gleich $\frac{1}{2}$.

Voraussetzungen:
- Unterteilen und Färben einer Strecke
- Fortgesetztes Wiederholen einer Handlung

In Schulbüchern finden sich geometrische Argumente dafür, dass eine geometrische Reihe wie beispielsweise $\sum_{n=1}^{\infty} \frac{1}{2^n}$ nicht divergiert, sondern konvergiert. Entsprechend anschauliche Herleitungen gehen die Frage vom Ende her an und starten mit einer Strecke endlicher Länge – dem „Grenzwert" –, die dann durch immer kürzere Stücke ausgeschöpft wird (siehe Abb. 2).

Abb. 2: Konvergenz der geometrischen Reihe

Geht es nicht nur um die Konvergenz, sondern um den Wert konvergenter geometrischer Reihen, wird in der Regel algebraisch argumentiert. So basiert der klassische Beweis der Summenformel auf der Eigenschaft, dass die geometrische Reihe $\sum_{n=0}^{\infty} a \cdot q^n$ um einen Summanden „nach rechts verschoben" wird, wenn sie mit dem konstanten Quotienten q multipliziert wird ($-1 < q < 1$):

$$a + q \cdot a + q^2 \cdot a + q^3 \cdot a + q^4 \cdot a + \ldots \qquad | \cdot q$$
$$\Rightarrow \qquad q \cdot a + q^2 \cdot a + q^3 \cdot a + q^4 \cdot a + q^5 \cdot a + \ldots$$

Wird nun die untere von der oberen Reihe abgezogen, kann die entstandene Gleichung nach dem gesuchten Wert der Reihe aufgelöst werden. Nach diesem Schema werden etwa periodische Dezimalbrüche in Brüche umgewandelt, zum Beispiel $0{,}111\ldots = = \frac{1}{10} + \frac{1}{100} + \frac{1}{1000} + \ldots = \frac{1}{9}$ oder $0{,}999\ldots = 1$.

Aus mathematischer Sicht mag ein derartiges Vorgehen zwar elegant sein, es ist jedoch – mit Wertheimer gesprochen – *„ein Trick in dem Sinn, dass es kein unmittelbares Verständnis dafür vermittelt, was sich strukturell abspielt"*. So wird insbesondere oft zu wenig deutlich gemacht, dass das Verfahren nur unter der Voraussetzung der Konvergenz gilt: Für die divergente Reihe $1 + 2 + 4 + \ldots$ ergibt das Verfahren den unsinnigen Wert -1.

Der Text der folgenden Vorstellungsübung leitet zu einer Vorstellung an, die das Zustandekommen des Werts solcher Reihen veranschaulicht. Damit verfolgt die Vorstellungsübung das Ziel, *„Einsicht in die Natur der Reihe“* (Wertheimer) und letztendlich auch in die Natur der allgemeinen Summenformel $\sum_{n=0}^{\infty} a \cdot q^n = \frac{a}{1-q}$ zu gewähren.[5]

- Zeichnen Sie eine Strecke quer vor sich hin, sagen wir von einer Handbreit Länge. ...
- Teilen Sie die Strecke in drei gleich lange Abschnitte. Färben Sie den linken Abschnitt rot und den rechten grün. Den mittleren lassen Sie ungefärbt. ...
- Fassen Sie nun das mittlere ungefärbte Drittel der Strecke ins Auge. Teilen Sie es wiederum in drei gleich lange Abschnitte und färben Sie auch hier den linken Abschnitt rot und den rechten grün. ... Sehen Sie, wie der neue rote Abschnitt und der alte rote Abschnitt aneinanderstoßen? ... Damit haben Sie jetzt ein Drittel eines Drittels der ganzen Strecke rot und ein ebenso langes Stück grün gefärbt. ...
- Verfahren Sie immer so weiter, indem Sie den jeweils ungefärbten mittleren Abschnitt dritteln und die beiden äußeren Abschnitte färben. ...
- Der wievielte Teil der ursprünglichen Strecke wird letztendlich rot sein? ...
- Was haben Sie sich im Laufe der Vorstellungsübung vorgestellt?

Hinweise auf intendierte Vorstellungen

Um den Wert von $\sum_{n=1}^{\infty} \frac{1}{3^n}$ zu berechnen, wird in der Vorstellungsübung eine Strecke fester Länge immer wieder nach derselben Regel unterteilt und die dadurch entstehenden Abschnitte werden – auch immer nach derselben Regel – mit zwei verschiedenen Farben gefärbt. Dadurch wird die gesamte Strecke zunehmend von zwei farbigen Anteilen überdeckt, die immer in demselben Verhältnis zueinanderstehen.

Im Unterschied zu vielen anderen Vorstellungsübungen setzt dieser Text nicht mit einem Vorstellungsbild, sondern gleich mit einer Vorstellungshandlung ein, die zu einem Vorstellungsbild führt, das in mehrfachen Handlungen des Teilens und Färbens bearbeitet wird. Die von den Vorstellungsanweisungen beschriebenen Vorstellungsbilder sind primär visuell, das Messen der Streckenlänge („eine Handbreit Länge“) allenfalls auch taktil.

Die Frage „Der wievielte Teil der ursprünglichen Strecke wird letztendlich rot sein?“ zielt darauf, das durch Vorstellungshandeln erzeugte Vorstellungsbild als Ganzes ins Auge zu fassen, die Länge des rot gefärbten Abschnitts mit der Länge des grün gefärbten Abschnitts zu vergleichen und als gleich lang zu erkennen.

Hinweise auf produktive und hinderliche Vorstellungen, die die Lernenden konstruieren

Um den Vorstellungsanweisungen Folge leisten und die mathematische Frage beantworten zu können, sind folgende individuelle Vorstellungen produktiv:

- Der mittlere Streckenabschnitt ist ein „Vorrat", von dem zwar beliebig oft, jedoch immer weniger vom Rand her weggenommen wird.
- Als Alternative zur Wegnahme von den Rändern kann der mittlere Streckenabschnitt hervorgehoben werden.
- Ein Hin- und Herwechseln zwischen dem Blick fürs Ganze (die Strecke) und dem Blick für den jeweils ungefärbten Abschnitt, der weiter unterteilt wird, ist eine günstige gedankliche Organisation der Vorstellungen.
- Besonders produktiv für die Beantwortung der mathematischen Frage ist die Vorstellung eines Balanceakts: Nach jedem Unterteilungsschritt ist der Anteil der neu rot und der neu grün gefärbten Strecke gleich groß, weshalb die beiden Farbanteile schon während des ganzen Unterteilungs- und Färbungsprozesses immer ausgeglichen sind.
- Eine weitere produktive Vorstellung ist die des gleichmäßigen Zusammenwachsens des rot und des grün gefärbten Abschnitts. Diese Vorstellung kann so weit gehen, dass nicht mehr der Prozess des stückweisen Ansetzens vorgestellt wird, sondern ein kontinuierliches, auf beiden Seiten gleichmäßig verlangsamtes Ausfließen von Farbe.
- Einige Schülerinnen und Schüler führen das Zeichnen bzw. Färben der Streckenabschnitte mit der Hand als Vorstellungshandlung aus. Auch wenn das mittlere ungefärbte Drittel ins Auge gefasst werden soll, kann diese Anweisung als gedankliche Bewegung bzw. als langsames Heranzoomen durchgeführt werden.

Manche Schülerinnen und Schüler entwickeln im Laufe dieser Vorstellungsübung auch solche Vorstellungen, die sich für die Beantwortung der mathematischen Frage als wenig produktiv, sondern im Gegenteil als hinderlich erweisen:

- Die Erfahrung, dass keine Handlung – auch keine vorgestellte – unbegrenzt oft durchgeführt werden kann, kann so stark sein, dass sich Schülerinnen und Schüler nicht auf die mathematische Fragestellung einlassen können. Man könnte diese hinderliche Vorstellung zu vermeiden suchen, indem man alle Vorstellungsanweisungen im Konjunktiv schriebe (also „Wenn es möglich wäre, dann würde ..."). In vorliegendem Fall wurde darauf verzichtet, um die entsprechenden „schlafenden Hunde" nicht schon gleich bei allen Schülerinnen und Schülern zu wecken. (Weiter unten mehr dazu.)
- Bei einem allzu materialisierten Vorstellungsbild von der Strecke – etwa in Form einer Perlenkette von (noch so kleinen) Atomen oder eines Farbstrichs – wird ihre Unterteilung früher oder später problematisch. Selbst wenn bei einzelnen Schülerinnen und Schülern im Laufe des fortgesetzten Teilens die Vorstellungshandlung des Heranzoomens einsetzt – das passiert tatsächlich immer wieder –, kann in Folge das Vorstellungsbild des Strichs, der die Strecke markiert, immer breiter werden.

Dies steht im Widerspruch zur euklidischen Auffassung von einer Strecke als Länge ohne Ausdehnung in die Breite.

- Einzelne Schülerinnen und Schüler geraten mit den festen Vorgaben der Farben „Rot“ und „Grün“ in Konflikt. Für sie sind die Farben für den linken und den rechten Abschnitt nicht frei wählbar, sondern bereits aufgrund ihrer Lage bestimmt – etwa „Hellgrün“ für „links“ und „Dunkelviolett“ für „rechts“. Synästhetiker wie sie wären also besser bedient, würde in den Vorstellungsanweisungen auf konkrete Farbangaben verzichtet. Viele andere Schülerinnen und Schüler wiederum sind für konkrete Farbvorschläge dankbar.

Mathematische Anschlussfragen

Das mathematische Potenzial dieser Vorstellungsübung bewegt sich in den Bereichen des Argumentierens, Verallgemeinerns und Beweisens.

- Diskutieren der unbegrenzt häufigen Durchführung von Handlungen: Die Vorstellungsübung B2 zielt in ihrer Anlage auf die Ausgeglichenheit der roten und der grünen Färbung. Obwohl der mittlere ungefärbte Abschnitt nie aufgebraucht sein wird, liefert er nach jedem Unterteilungsschritt einen gleich großen Anteil für die linke (rote) Färbung wie für die rechte (grüne) Färbung. Damit werden die Abschnitte, die für die geometrische Reihe stehen, schließlich die Hälfte der ganzen Strecke bedecken.

  Der Teufel steckt allerdings in der Futurform „werden“: Wie bereits erwähnt, kann diese Vorstellungsübung Streitgespräche über den Anspruch auslösen, eine Handlung unbegrenzt oft ausführen zu können. Er steht – ganz egal, ob es sich um eine konkrete Handlung oder eine Vorstellungshandlung handelt – im Widerspruch zur alltäglichen Erfahrung der Endlichkeit. In der Vorstellungsübung wird ein typisch mathematischer (Aus-)Weg begangen, der darin besteht, sich nicht auf die zugrunde liegende Problematik einzulassen, sondern sie geschickt zu umschiffen. Wie schon in der Veranschaulichung der Konvergenz der Reihe $\sum_{n=1}^{\infty} \frac{1}{2^n}$ wird von einer Strecke endlicher Länge und damit vom Grenzwert her argumentiert. Es geht also nicht so sehr darum, unendlich oft Vorstellungshandlungen auszuführen, es geht vielmehr darum, sie gedanklich einzuholen (ja zu überholen!), um ihre Tendenz zu erfassen.

  Damit werden auch Probleme umgangen, die bereits in der griechischen Philosophie formuliert worden sind, zum Beispiel das Paradoxon vom athletisch laufenden Achilles und der mit Vorsprung gestarteten Schildkröte. Dieses Paradoxon gewinnt seine Brisanz aus der plausiblen Extrapolation alltäglicher Erfahrung, die davon ausgeht, dass eine unbegrenzt oft durchgeführte Handlung zwangsläufig auch unbegrenzt viel Zeit ausschöpft.

- Verallgemeinern und Beweisen: In einem weiteren Schritt kann die Strecke statt in drei nun in vier gleich lange Abschnitte unterteilt werden. Der Abschnitt links ist dann rot, der zweite gar nicht und die letzten beiden sind grün zu färben. Damit wird „am Schluss" ein Drittel der ganzen Strecke rot sein, weshalb eben $\sum_{n=1}^{\infty}\frac{1}{4^n}=\frac{1}{3}$ gilt. Allerdings muss die im Fall von $\sum_{n=1}^{\infty}\frac{1}{3^n}$ produktive Vorstellung des Balanceakts modifiziert werden, da hier nun doppelt so viele Streckenanteile grün sind wie rot.

Mit der gleichen Argumentationsstrategie lässt sich schließlich eine allgemeine Summenformel konvergenter geometrischer Reihen plausibel machen. Ausgehend von einer Strecke der Länge 1 wird das rechte (an die bestehende Teilsumme anschließende) Intervall bei jedem neuen Schnitt in b Teile zerlegt. Ihr erster, linker Teil wird zur bestehenden Teilsumme (rot) gezählt, der zweite für den nächsten Schnitt ins Auge gefasst, und die rechts vom zweiten Teil liegenden $b-2$ Teile werden zur Restsumme (grün) geschlagen. Damit verhalten sich die Länge der Teilsumme (rot) und die Länge der Restsumme (grün) wie $1:(b-2)$. Während mit jedem weiteren Zerlegungsschritt das ungefärbte Intervall kürzer wird, wachsen Teilsumme (rot) und Restsumme (grün) einander entgegen, immer im Verhältnis $1:(b-2)$.

Mit anderen Worten ist schließlich die ganze Strecke rot und grün eingefärbt, wobei die Länge des roten Abschnitts $(b-2)$-mal in der Länge des grünen Abschnitts enthalten ist. Das heißt aber auch, dass die (rote) Teilsumme $1+(b-2)=(b-1)$-mal in der ganzen Strecke (rot + grün) enthalten ist. Da die ganze Strecke die Länge 1 aufweist, weist ihr roter Anteil die Länge $\frac{1}{b-1}$ auf. In die Sprache formaler Beziehungen übersetzt ergibt sich folgender Ausdruck:

$$\frac{1}{b}+\frac{1}{b^2}+\frac{1}{b^3}+\ldots+\frac{1}{b^n}\xrightarrow{n\to\infty}\frac{1}{b-1}$$

Da b die Anzahl Teile angibt, in welche die Strecke zerlegt wird, stammt b aus der Menge $\{2, 3, 4, \ldots\}$. Die Zahl $\frac{1}{b}$ ist damit ein Stammbruch und insbesondere echt kleiner als 1. Folglich machen die obigen Ausführungen für alle Stammbrüche q plausibel, weshalb der geometrischen Reihe $\sum_{n=0}^{\infty}a\cdot q^n$ der Wert $\frac{a}{1-q}$ zugewiesen wird. Erst vor diesem Hintergrund kann der algebraische Beweis der auf reelle Zahlen q (mit $-1<q<1$) verallgemeinerten Summenformel geschätzt und verstanden werden.

(B3) Umkreis eines Sechsecks konstruieren

Klassenstufe: 7–10 / •

Fachliche Pointe: Der Radius eines Kreises lässt sich entlang des Umfangs des Kreises abtragen, und zwar genau sechs Mal.

Voraussetzungen:
- Geometrische Figuren mit gleichseitigen Dreiecken legen
- Konstruieren und Zusammensetzen von Kreisbögen

Die Tatsache, dass der Radius entlang der Kreisperipherie sechs Mal abgetragen werden kann, ist erstaunlich. Weshalb geht die Konstruktion so glatt auf, wo doch gerade beim Kreis so manches nicht in ein pythagoreisches Weltbild passt?

In dieser Vorstellungsübung führen vorgestellte Handlungen wie das Legen, Schieben und Einfügen von Holzdreiecken zur Figur eines regulären Sechsecks. Weil sich jedem Kreis die regelmäßige Figur dieses Sechsecks einbeschreiben lässt, kann der Radius genau sechs Mal von innen an den Kreis angelegt werden.[6]

- Stellen Sie sich ein gleichseitiges Dreieck aus Sperrholz vor. Legen Sie es so vor sich auf den Tisch, dass dessen eine Ecke nach oben zeigt. Schieben Sie von unten ein Lineal an das Dreieck heran, bis es dicht an dessen unterer Seite anliegt. …

- Verschieben Sie Ihr Holzdreieck an dem Lineal entlang nach rechts, und zwar um die Länge der Dreiecksseite. Um sich zu merken, wo das Holzdreieck ursprünglich lag, legen Sie an dessen ehemaligen Platz ein identisches zweites Holzdreieck hin. … Es liegen nun also zwei gleichseitige Dreiecke nebeneinander, die dicht an einem Lineal anliegen. …

- Fügen Sie zwischen den beiden am Lineal anliegenden Dreiecken ein drittes identisches nahtlos ein. Das klappt gut, weil die oberen Ecken der beiden Holzdreiecke auch im Abstand einer Dreiecksseite voneinander entfernt liegen. …

- Nun legen Sie das Lineal beiseite und ergänzen das entstandene Gebilde zu einem regelmäßigen Sechseck: Legen Sie dazu drei weitere gleichseitige Dreiecke von unten an das Gebilde, und zwar so, dass zwei davon dicht an den beiden ersten Dreiecken anliegen und das dritte Dreieck die Lücke zwischen den beiden anderen schließt. … Damit fügen sich sechs Dreiecke rundum lückenlos zu einem regelmäßigen Sechseck aneinander. …

- Stechen Sie nun in die Mitte des Sechsecks einen Zirkel ein und schlagen Sie über jeder Dreiecksseite auf dem äußeren Rand des Sechsecks einen Kreisbogen. …

- Sie haben also zuerst die beiden unteren Seiten der Figur verändert, wodurch sie nun länger sind als die Seiten des Quadrats zu Beginn. ... Obwohl sie nun länger sind, sind sie immer noch genau gleich lang. ...
- Auch die beiden oberen Seiten sind länger als zu Beginn. Sind sie länger oder kürzer als die beiden unteren Seiten? ...
- Fassen Sie nun die Diagonalen Ihres Flugdrachens ins Auge: Wie haben sich ihre Längen verändert? ... Und unter welchem Winkel schneiden sie sich nun?...
- Was haben Sie sich im Laufe der Vorstellungsübung vorgestellt?

Hinweis

Das erste Vorstellungsbild ist für die eine oder andere Person ungewohnt – ein Quadrat, das auf dem Kopf steht? Allzu dominant ist für die meisten Schülerinnen und Schüler das klassische, aufrecht positionierte Quadrat (für den Fall eines auf dem Kopf stehenden Würfels siehe Vorstellungsübung A2).

Dies mag der Grund sein, warum den Schülerinnen und Schülern die Kontrolle über die Lage ihrer Figur gerne entgleitet. So beginnt sich etwa das Quadrat zu drehen, ohne dass dieser Bewegung Einhalt geboten werden könnte.

Mathematische Anschlussfragen

Ist das Drachenviereck wie beschrieben als geeignet verzerrtes Quadrat vorgestellt und begriffen, kann untersucht werden, welche weiteren Eigenschaften des Quadrats durch die Verzerrung erhalten bleiben und welche nicht. So wird im Drachenviereck nur eine der beiden Diagonalen durch die andere halbiert, und nur ein Paar gegenüberliegender Innenwinkel ist gleich groß.

Implizit geht man meistens davon aus, dass es sich bei einem Drachenviereck um eine konvexe ebene Figur handelt. Wird eine Ecke statt wie in der Vorstellungsübung aus dem Quadrat hinaus- längs einer Diagonalen in das Quadrat hineingeschoben, entsteht ein Drachenviereck mit einer einspringenden Ecke (sog. *Deltoid*). Das ändert allerdings nichts an der Tatsache, dass auch in diesem Viereck die beiden Diagonalen senkrecht zueinander stehen.

(B5) Erste binomische Formel legen

Klassenstufe: 8–10 / • •

Fachliche Pointe: Der Flächeninhalt von $a^2 + b^2$ ist kleiner als der Flächeninhalt von $(a + b)^2$.

Voraussetzungen:
- Mit zwei kongruenten Rechtecken eine Figur in Gestalt des Buchstabens „L“ legen
- Lücken erkennen und Muster zu einem Quadrat ergänzen

Die binomischen Formeln spielen an mehreren Stellen des Lehrplans eine entscheidende Rolle. So werden sie zum Vereinfachen von Bruchtermen und Wurzeltermen oder beim Lösen von quadratischen Gleichungen herangezogen (quadratische Ergänzung zur Bildung eines quadrierten Binoms). Aber auch wenn es darum geht, einen Bruch mit einem Nenner der Form $a + \sqrt{b}$ bzw. $a + bi$ so zu erweitern, dass die entsprechende Division auf eine einfachere Division zurückgeführt wird, kommen binomische Formeln zum Einsatz.

Entsprechend fatal ist es, wenn der Term $(a + b)^2$ fälschlicherweise zu $a^2 + b^2$ ausmultipliziert wird. Dennoch passiert genau dies im Mathematikunterricht immer wieder. Es scheint, als würden sich Anfänger primär auf die hochgestellte Zwei konzentrieren und die Additivität des Terms einfach übernehmen. Es scheint eine geradezu suggestive Kraft von der Quadrierung auszugehen, zumal ihr im Fall von $(a \cdot b)^2$ „wie gewünscht“ nachzugeben ist und die multiplikative Struktur bestehen bleibt.

Um dieser Suggestion entgegenzuwirken und um eine sichere Handhabung zu garantieren, steht die „erste binomische Formel“ auf dem Lehrplan und ist zu memorieren. Zur Unterstützung solcher Bemühungen, aber auch zur Beweisführung wird die erste binomische Formel gerne auch visualisiert, indem die algebraische Quadrierung geometrisch als Quadrat gedeutet wird und die Addition als Zusammenfügen von Strecken bzw. Flächen.

Der Term $(a + b)^2$ ist also nicht gleich, sondern – für positive a und b – größer als $a^2 + b^2$. Um diesen Unterschied sinnfällig zu machen, fokussiert die Vorstellungsübung auf $2 \cdot ab$. Entsprechend weist der Text der Vorstellungsübung dazu an, sich zuerst zwei Rechtecke – quasi die Materialisierungen dieses Unterschieds – vorzustellen. Diese sind so lange zu verschieben, bis sie sich bei parallelen Seiten in genau einem Punkt berühren. Anschließend wird die entstehende geometrische Figur durch zwei passende Quadrate zu einem großen Quadrat ergänzt.[8]

Indem die Vorstellungsübung die quadratische Gesamtfigur von den beiden Rechtecken aus aufbaut, dient sie dazu, den immer wieder vergessenen gemischten Term der binomischen Formel zu visualisieren und so die binomische Formel zu vertiefen. Wenn sie vermutlich auch nicht garantiert, dass nun Summen von Termen korrekt quadriert werden, erwirbt man sich durch sie zumindest das Wissen, wie etwas nicht ist oder wie etwas nicht funktioniert – und dieses Wissen kann davor schützen, den Fehler zu begehen.[9]

- Stellen Sie sich zwei längliche, rechteckige Holzplättchen vor, die vor Ihnen auf dem Tisch liegen. Sie haben exakt die gleiche Form.

- Verschieben Sie die beiden Holzplättchen wie folgt auf dem Tisch: Eines legen Sie so vor sich hin, dass es quergestellt vor Ihnen liegt. Das zweite legen Sie so vor sich hin, dass es hochgestellt auf dem Tisch liegt. ... Verschieben Sie nun das hochgestellte Plättchen so, bis es von oben an das andere, quergestellte Plättchen anstößt. Verschieben Sie es noch weiter, bis die beiden Holzplättchen die Form des Buchstabens L bilden. ...

- Nun schieben Sie das obere, hochgestellte Plättchen ein wenig nach links. Dadurch entsteht unter dem hochgestellten und links neben dem quergestellten Plättchen eine kleine Lücke. ... Schieben Sie das obere Plättchen noch weiter nach links, bis diese Lücke quadratisch ist. Die beiden Plättchen berühren sich dann in genau einem Punkt. ...

- Nehmen Sie ein drittes, quadratisches Holzplättchen zur Hand, das exakt in diese Lücke passt, und fügen Sie es in die Lücke ein. ... Sehen Sie, was für eine Form die drei Holzplättchen zusammen bilden? ...

- Rechts oben besteht ebenfalls eine Lücke: Fügen Sie in diese Lücke ein weiteres viertes Holzplättchen. ... Welche Form muss es haben, damit es genau in die Lücke passt? ...

- Fassen Sie alle vier Holzplättchen ins Auge: Welche Form bilden sie zusammen?

- Was haben Sie sich im Laufe der Vorstellungsübung vorgestellt?

Hinweise

Lässt man eine Klasse ihre jeweils vier vorgestellten Holzplättchen zeichnen und vergleichen, entstehen viele unterschiedliche Visualisierungen der ersten binomischen Formel. Aber auch schon weil in der einen, vorgestellten Konfiguration die konkreten Maße der rechteckigen Plättchen keine Rolle spielen, ist die binomische Formel von konkreten Größenverhältnissen unabhängig. Sind folglich Schülerinnen und Schüler mit der algebraischen Interpretation von geometrischen Objekten (Rechtecken, Quadraten) und Operationen (Zusammenfügen) vertraut, veranschaulicht die beschriebene Vorstellungsübung nicht nur, dass $a^2 + b^2$ kleiner als $(a + b)^2$ ist, sondern beweist darüber hinaus die erste binomische Formel.

Es darf nicht falsch gedeutet werden, wenn sich Lernende schwer damit tun, die Äquivalenz von algebraischen Termen und Gleichheiten auf der einen Seite und von geometrischen Objekten und Zusammenfügungen auf der anderen Seite zu akzeptieren. Gerade nachdenkliche Schülerinnen und Schüler beharren darauf, dass es sich um substanziell verschiedene Bereiche handelt, die nichts miteinander zu tun haben und deshalb auch nichts miteinander zu tun haben dürfen.[10] Nicht nur für diese Schülerinnen und Schüler ist es hilfreich, wenn Visualisierungen immer wieder zum Unterrichtsgegenstand gemacht und die damit intendierten Sichtweisen expliziert werden. So kann an dieser Stelle die mathematikgeschichtlich überaus fruchtbare Verknüpfung von Geometrie und Arithmetik thematisiert und reflektiert werden.[11]

Mathematische Anschlussfragen

Ausgehend von der quadratischen Schlussfigur lassen sich – nach Umbenennung der Seiten – auch die beiden anderen binomischen Formeln herleiten. Für den Beweis der dritten binomischen Formel $a^2 - b^2 = (a + b) \cdot (a - b)$ etwa wird von der Schlussfigur a^2 das quadratische Plättchen links unten b^2 wieder weggenommen. Verklebt man nun die ersten drei Plättchen entlang ihrer berührenden Kanten aneinander, zerschneidet die entstandene Restfigur entlang ihrer Spiegelachse in zwei trapezförmige Plättchen und klappt eines der beiden Plättchen um (siehe Abb. 3, links), lassen sich die beiden Trapeze zu einem Rechteck zusammenfügen, mit Flächeninhalt $(a + b) \cdot (a - b)$. Es ist eine ganz besondere Herausforderung, sich diesen Prozess im Rahmen einer Vorstellungsübung zu vergegenwärtigen!

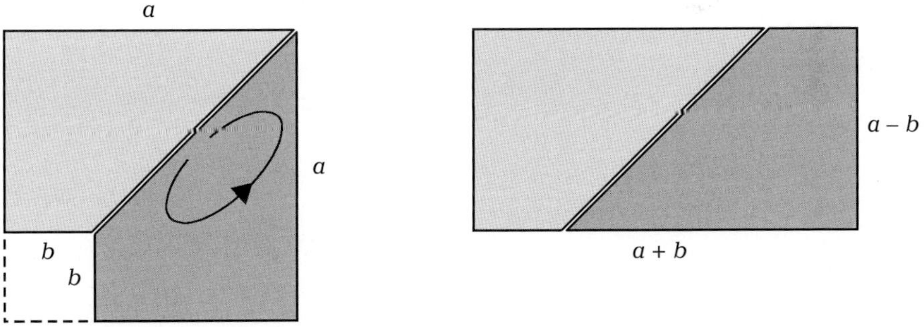

Abb. 3: Visualisierung der dritten binomischen Formel

Ein Anwendungsbereich binomischer Formeln, auf den sich Schülerinnen und Schüler nach dieser Vorstellungsübung gerne einlassen, sind Rechentricks, dank denen sich komplizierte *Kopfrechnungen* abkürzen und damit nicht nur verblüffend schnell, sondern auch sicher durchführen lassen. Hier einige Beispiele solcher abkürzender Rechenverfahren:[12]

- Das Quadrat einer beliebigen Zahl zwischen 10 und 100 lässt sich einfach berechnen, wenn man es auf Quadrate von Vielfachen von 10 und von einstelligen Zahlen zurückführt. Beispielsweise ist

  $$31^2 = (30 + 1)^2 = 30^2 + 2 \cdot 30 \cdot 1 + 1^2 = 900 + 60 + 1 = 961$$

  oder

  $$47^2 = (50 - 3)^2 = 50^2 - 2 \cdot 50 \cdot 3 + 3^2 = 2500 - 300 + 9 = 2209.$$

- Besonders einfach wird es dank der ersten binomische Formel, Zahlen wie 35 oder 7,5 zu quadrieren. So lässt sich $7{,}5^2$ durch $7 \cdot 8 + 0{,}25 = 56{,}25$ berechnen, gilt doch ganz allgemein

  $$(n + 0{,}5)^2 = n^2 + 2 \cdot n \cdot 0{,}5 + 0{,}25 = n \cdot (n + 1) + 0{,}25.$$

- Aber auch die dritte binomische Formel ist beim Kopfrechnen nützlich, etwa im Fall von Multiplikationen wie

  $$12 \cdot 14 = (13 - 1) \cdot (13 + 1) = 13^2 - 1^2 = 169 - 1 = 168$$

  oder wie

  $$27 \cdot 23 = (25 + 2) \cdot (25 - 2) = 25^2 - 2^2 = 625 - 4 = 621.$$

Neben solchen und anderen Rechenvereinfachungen spielen binomische Formeln auch im Kontext von zahlentheoretischen Beweisen eine wichtige Rolle. So ist die Differenz der Quadrate zweier aufeinanderfolgender natürlicher Zahlen wegen $(n + 1)^2 - n^2 = 2n + 1$ immer ungerade. Diese Tatsache kann auch im Rahmen einer Vorstellungsübung thematisiert werden (siehe PL5).

(B6) Dreieck mit aufgesetzten Quadraten verziehen

Klassenstufe: 8–11 / • • •

Fachliche Pointe: Ob die Summe der Flächeninhalte der beiden Quadrate über den Schenkeln eines gleichschenkligen Dreiecks größer oder kleiner ist als der Flächeninhalt des Quadrats über der Basis, hängt vom Zwischenwinkel ab. Im rechtwinkligen Fall sind sie gleich groß.

Voraussetzungen:
- Gleichseitiges und gleichschenkliges Dreieck mit Quadraten über den Seiten
- Verändern der Quadrate durch die Verschiebung einer Dreiecksecke

„Der Pythagoras“ gilt vielen als der mathematische Satz schlechthin, ist er doch einer der meistgenannten Wissensinhalte, die in Befragungen mit Mathematik in Verbindung gebracht werden. Im Mathematikunterricht wird er meistens zur Berechnung von Längen und Distanzen herangezogen. Dabei gerät die ihm innewohnende geometrische Aussage der Flächenumlegung bzw. Flächenverwandlung leicht aus dem Blick.

Die Vorstellungsübung leistet genau dies. Sie beschreibt ein gleichseitiges Dreieck und fokussiert auf die quadratischen Flächen über den Dreiecksseiten und ihren Inhalt. Wie wirkt sich die Verschiebung einer Dreiecksecke auf die Quadrate aus? Im gleichseitigen Dreieck sind die beiden oberen Quadratflächen zusammen deutlich größer als die untere Quadratfläche. Wenn sich die obere Ecke des Dreiecks nach unten bewegt, kollabiert das Dreieck in die Basis. Dadurch schrumpfen die oberen Quadrate bis auf einen Bruchteil ihres ursprünglichen Flächeninhalts. Ihre beiden Flächen sind zusammengenommen deutlich kleiner als die des unteren Quadrats. Folglich muss eine Position existieren, bei der die beiden oberen Quadrate inhaltsgleich zum unteren Quadrat sind. An diesem Umschlagpunkt zwischen den qualitativ so unterschiedlichen Situationen eines „größer“ und „kleiner“ steht der Satz von Pythagoras.

- Stellen Sie sich ein Quadrat vor. Richten Sie Ihr Quadrat so aus, dass zwei seiner Seiten waagerecht und die beiden anderen Seiten senkrecht verlaufen. ...

- Setzen Sie oben auf das Quadrat ein gleichseitiges Dreieck drauf, mit der Quadratseite als Grundseite. ...

- Betrachten Sie die beiden nach oben laufenden, schrägen Seiten des Dreiecks. Errichten Sie über jeder dieser beiden Seiten ein Quadrat, dessen Grundseite mit einer schrägen Dreiecksseite zusammenfällt. Diese beiden oberen Quadrate stehen wie Flügel vom Dreieck ab.

- Konzentrieren Sie sich nun auf das gleichseitige Dreieck mit seinen drei an ihm befestigten Quadraten, den beiden oberen und dem unteren: Offensichtlich sind die beiden Flügel-Quadrate zusammengenommen größer als das Quadrat unterhalb der Basis des Dreiecks, ... und zwar sind sie genau doppelt so groß. ...

- Fassen Sie nun die obere Ecke des Dreiecks ins Auge und denken Sie sich das Dreieck mit den daran befestigten Quadratflächen beweglich: Wenn Sie die obere Ecke des Dreiecks ein wenig nach unten, in Richtung der Basis des Dreiecks, verschieben, werden die beiden schrägen Dreiecksseiten, die Schenkel, kürzer ... und damit auch die beiden Flügel-Quadrate kleiner, nicht wahr? ...

- Der Einfachheit halber stellen wir uns im Folgenden vor, dass die Ecke immer nur exakt nach oben und unten verschoben wird, damit die beiden Schenkel immer genau gleich lang sind.

- Verschieben Sie nun also die obere Ecke des Dreiecks weiter in Richtung der Basis des Dreiecks, ganz langsam, bis sie nur noch ein kleines bisschen darüberliegt ... Dadurch schrumpfen die beiden Flügel-Quadrate, und sie kommen immer näher zusammen, bis sie fast aneinanderstoßen.

- Zusammengenommen sind die beiden Flügel-Quadrate nun deutlich kleiner als das Quadrat unterhalb des Dreiecks. ... Welchen Anteil am unteren Quadrat haben die beiden Flügel-Quadrate eigentlich in etwa? ...

- Zu Beginn sind die beiden Flügel-Quadrate zusammengenommen größer, jetzt kleiner – dann muss dazwischen also eine Position der oberen Dreiecksecke existieren, sodass die beiden Flügel-Quadrate zusammengenommen exakt gleich groß sind wie das untere Quadrat. ...

- Wie hoch muss die obere Dreiecksecke dazu liegen? Was vermuten Sie? ...

- Was haben Sie sich im Laufe der Vorstellungsübung vorgestellt?

Hinweise

Beim gleichseitigen Dreieck ist der Winkel in der oberen Dreiecksecke ein spitzer. Der Flächeninhalt der beiden oberen Quadrate ist doppelt so groß wie der des unteren Quadrats. Erzeugt die Dreiecksecke hingegen ein stumpfwinkliges Dreieck, ist der Inhalt der beiden oberen Quadrate im Extremfall noch halb so groß wie der des unteren Quadrats. Mit dem Zwischenwertsatz (siehe Kommentar zu B10) ist die Existenz einer Position garantiert, bei der die oberen Quadrate exakt inhaltsgleich zum unteren Quadrat sind.

Der Umschlagpunkt zwischen der Spitz- und der Stumpfwinkligkeit ist gerade die gesuchte Position. Genau dann, wenn das gleichschenklige Dreieck rechtwinklig ist, entsprechen sich die Flächeninhalte der Flügelquadrate und des unteren Quadrats. So passt das Dreieck in jedes der Flügelquadrate zwei Mal, und im unteren Quadrat hat es vier Mal Platz. Mit dieser Flächenumlegung sind der Satz von Pythagoras und seine Umkehrung für den Spezialfall des gleichschenklig-rechtwinkligen Dreiecks bewiesen.[13]

Mathematische Anschlussfragen

In der Vorstellungsübung sind zwei mögliche Verallgemeinerungen angelegt. Es stellt sich nicht nur die Frage, wie der entsprechende Sachverhalt der Flächengleichheit für rechtwinklige, nicht gleichschenklige Dreiecke lautet. Die Beobachtung der Vorstellungsübung, dass der Inhalt der beiden Flügelquadrate im Vergleich zum unteren Quadrat abnimmt, je größer und stumpfer ihr Zwischenwinkel wird, bereitet zudem die Frage nach der Beziehung zwischen den Quadratflächen über nicht rechtwinkligen Dreiecken vor.

Die Antwort auf diese Frage, der *Kosinussatz*, lässt sich als Flächenverwandlung plausibel machen. Dabei spielen die verlängerten Dreieckshöhen, welche die Quadra-

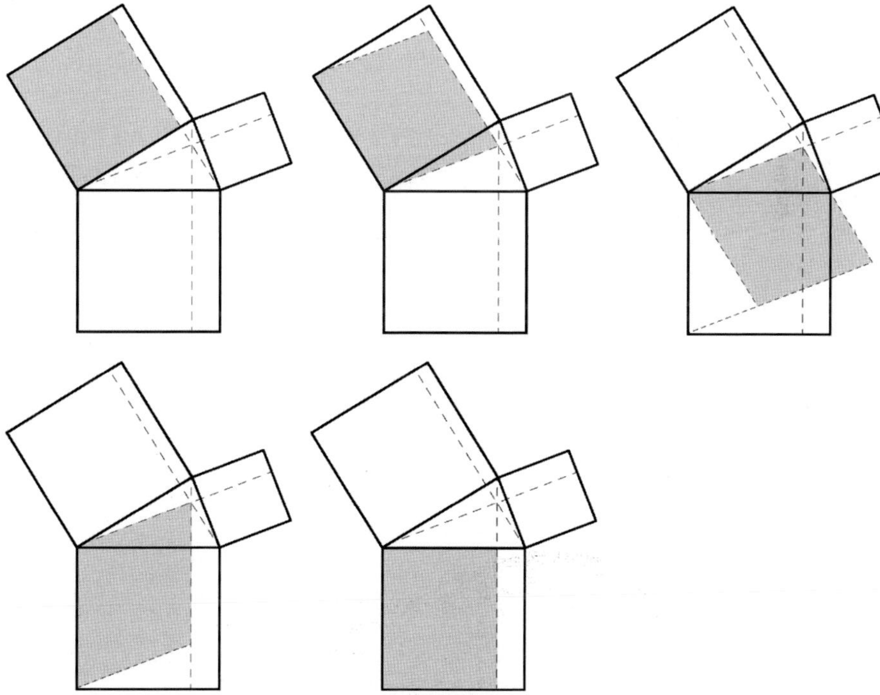

Abb. 4: Flächenverwandlung zum Beweis des Kosinussatzes (spitzwinkliger Fall)

te in Rechtecke teilen, die entscheidende Rolle: Jedes Paar von solchen Rechtecken, die in einer Dreiecksecke aneinanderstoßen, lässt sich in einer Folge von Scherungen und Verschiebungen ineinander überführen (Abb. 4).[14] Deshalb sind aneinanderstoßende Rechtecke immer auch inhaltsgleich. Daraus folgt, dass sich die beiden Rechtecke, aus denen ein durch eine Höhe unterteiltes Quadrat besteht, in zwei Rechtecke verwandeln lassen, von denen jedes Teil eines anderen Quadrats ist. Um diese beiden Rechtecke zu erhalten, ist von den beiden anderen Quadraten ein Paar aneinanderstoßende und deshalb gleich große Restflächen zu entfernen.[15]

Was heißt das für die algebraische Form des Kosinussatzes? Die Länge jeder solchen Restfläche entspricht einer Dreiecksseite, und ihre Breite ergibt sich aus der senkrechten Projektion der anderen Dreiecksseite. Folglich erhält man für die Flächeninhalte jeder Restfläche – in trigonometrischer Sprache – den Ausdruck $Seite_1 \cdot Seite_2 \cdot \cos(Zwischenwinkel)$. Mit anderen Worten lautet der Kosinussatz in algebraischer Gestalt $c^2 = a^2 + b^2 - 2 \cdot a b \cos\gamma$ (mit zyklischer Vertauschung). Er liefert ein einfaches rechnerisches Kriterium, um zu entscheiden, ob ein Dreieck mit längster Seite c spitzwinklig ($a^2 + b^2 > c^2$) oder stumpfwinklig ($a^2 + b^2 < c^2$) ist.

Damit ist der Satz von Pythagoras auch aus geometrischen Gründen ein Spezialfall des Kosinussatzes. Genau dann, wenn ein Dreieck rechteckig ist, fallen zwei seiner Höhen im Dreieck mit den beiden kürzeren Seiten – den Katheten – zusammen. Das bedeutet, dass die entsprechenden Kathetenquadrate nicht geteilt werden, weshalb sie durch die Flächenverwandlung als Ganzes in das Hypotenusenquadrat eingehen.[16]

Der pythagoreische Satz lässt sich noch unter weiteren Aspekten untersuchen und verallgemeinern: Gilt der Satz auch für andere Figuren? Gilt er auch in höheren Dimensionen oder anderen Geometrien? Dazu einige Bemerkungen:[17]

- Der Satz von Pythagoras gilt nicht nur für Quadrate, sondern auch für gewisse rechtwinklige Dreiecke, die über den Seiten eines rechtwinkligen Dreiecks stehen. Dieser Sachverhalt ist unmittelbar einsehbar: Wird das rechtwinklige Dreieck längs seiner Höhe geteilt, entstehen zwei kleinere rechtwinklige Dreiecke. Klappt man diese Dreiecke sowie das ursprüngliche Dreieck um die Seiten des ursprünglichen Dreiecks nach außen, entsteht ein Dreieck, auf das rechtwinklige, ähnliche Dreiecke aufgesetzt sind. Aufgrund ihrer Konstruktion sind die beiden Kathetendreiecke inhaltsgleich zum Hypotenusendreieck.
- Der Satz von Pythagoras gilt nicht nur für Quadrate und gewisse rechtwinklige Dreiecke, sondern überhaupt für alle Flächen über den Dreiecksseiten, die zueinander ähnlich sind. Denn: Wegen der Ähnlichkeit stehen ihre Flächeninhalte immer in gleichen, konstanten Verhältnissen zu den Inhalten der entsprechenden Quadrate bzw. rechtwinkligen Dreiecke.
- Rechtwinklige Dreiecke zeichnen sich dadurch aus, dass ihr Umkreis mit dem Thales-Kreis zusammenfällt. Deshalb lassen sie sich zu einem Rechteck ergänzen, dessen Ecken auf diesem Kreis liegen. In diesem besonderen Sehnenviereck lässt sich

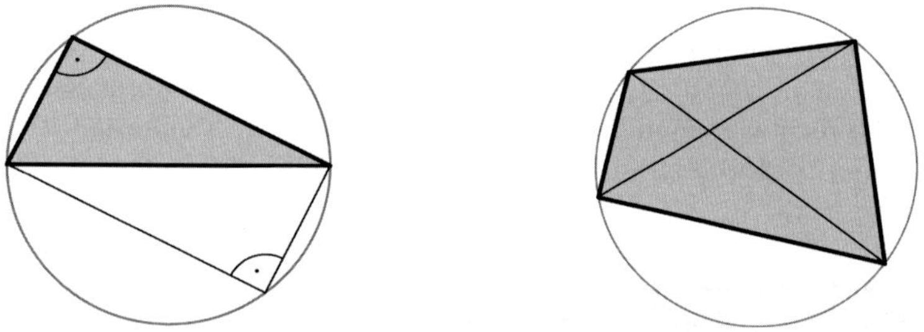

Abb. 5: Satz von Ptolemäus (rechts) als verallgemeinerter Satz von Pythagoras (links)

der Satz von Pythagoras so interpretieren, dass die Summe der Produkte gegenüberliegender Seiten gleich dem Produkt der Diagonalen ist (Abb. 5, links). Dieser *Satz von Ptolemäus* gilt für alle beliebigen konvexen Sehnenvierecke (Abb. 5, rechts). Mit anderen Worten lässt sich der pythagoreische Satz auf allgemeine Vierecke übertragen, in denen sich gegenüberliegende Innenwinkel zu 180° ergänzen.[18]

- Für die Berechnung der Länge der Diagonalen d eines Quaders mit der Länge a, der Breite b und der Höhe c ergibt sich der „räumliche Pythagoras“ $\sqrt{a^2 + b^2}^{\,2} + c^2 =$ $= a^2 + b^2 + c^2 = d^2$. Dank dieser Formel lassen sich Distanzen in der räumlichen Vektorgeometrie berechnen. Sie lässt sich auch auf noch höhere Dimensionen übertragen. So liegen die beiden am weitesten voneinander entfernten Ecken im vierdimensionalen Hyperwürfel $\sqrt{1^2 + 1^2 + 1^2 + 1^2} = 2$ Längeneinheiten auseinander (siehe Kommentar zu A13).
- Pólya beschreibt eine Möglichkeit, wie der pythagoreische Satz auf räumliche Körper verallgemeinert werden kann. Wird die Ecke eines Würfels mit einer schrägen Ebene abgeschnitten, entsteht ein nicht reguläres Tetraeder. Es zeichnet sich dadurch aus, dass alle Seiten in der Spitze unter rechten Winkeln aufeinandertreffen. Werden die Inhalte der entsprechenden rechtwinkligen Dreiecke mit A, B und C und der Inhalt der Schnittfläche mit D bezeichnet, gilt nicht, wie man vermuten könnte, $A^3 + B^3 + C^3 = D^3$ oder $A^{\frac{3}{2}} + B^{\frac{3}{2}} + C^{\frac{3}{2}} = D^{\frac{3}{2}}$, sondern – wie im Fall der Raumdiagonalen im Quader – $A^2 + B^2 + C^2 = D^2$. Auch diese dreidimensionale Verallgemeinerung des Satzes von Pythagoras lässt sich in naheliegender Weise auf noch höhere Dimensionen verallgemeinern.[19]
- Auf der Kugeloberfläche ist der Satz von Pythagoras nicht mehr gültig. So weist das sphärische Dreieck, das ein Achtel der Kugeloberfläche belegt, zwar rechte Innenwinkel auf, verletzt aber wegen seiner gleich langen Seiten a, b und c den pythagoreischen Satz $a^2 + b^2 = c^2$ zwangsläufig. Letztlich hat das damit zu tun, dass der Satz von Pythagoras äquivalent ist zum Parallelenaxiom bzw. zum Innenwinkelsatz von Dreiecken: Es ist gerade die Gültigkeit dieser Sachverhalte, die darüber entscheidet, ob eine Geometrie euklidisch ist oder nicht (siehe Vorstellungsübung B8).[20]

Zur Beantwortung der Frage kann es produktiv sein, taktile Vorstellungen zu (re-) konstruieren und sich vorzustellen. Dazu lege man gedanklich einen Tennisball auf die beiden zu einem Ring – er steht für eine Kugelumfangslinie – geschlossenen Daumen und Zeigefinger. Wird der Ball vorsichtig durch diesen Ring nach unten gedrückt, weitet sich der Ring aus, das heißt, die beiden Finger müssen immer stärker ausgestreckt werden. Im Moment, wo der Tennisball durchrutscht, sind zum einen die beiden Finger so wenig gekrümmt wie nie zuvor, zum andern fällt der Ring genau dann mit einem Großkreis des Balls zusammen.

Diese weniger visuelle als vielmehr taktile Vorstellung kann auch direkt auf die beiden Orte auf der Erdkugel angesetzt werden. Stellt man sich einen Globus so klein vor, dass die Spitzen von Daumen und Zeigefinger die beiden Orte berühren und der durch die beiden gespreizten Finger gebildete Bogen das verbindende Stück Breitenkreis berührt, lässt sich die fachliche Pointe dieser Vorstellungsübung förmlich ertasten. Dreht sich die Hand nämlich um die Achse durch die beiden Fingerspitzen langsam nach Norden, steht der Bogen vom Globus ab – er ist zu lang. So wird erfahr- und vorstellbar, dass der Kugelumfang minimaler Krümmung ein Großkreis ist.

Anmerkungen

[1] Zum entsprechenden operativen Beweis siehe Wittmann (1985, S. 10).

[2] Siehe Euklid (1973, S. 23).

[3] Schon Wertheimer (1957, S. 172–184), Wittenberg (1963, S. 109–117), Schuberth (1984), Peters (1985) oder Eschenburg (1998) schlagen als Plausibilitätsargument vor, sich in den Eckpunkten zu drehen, allerdings um den jeweiligen Außenwinkel. Dies ist besonders dann sinnvoll, wenn die Richtungsänderung gemessen wird, die zum Konzept der Krümmung führt (siehe Anmerkung 29).

[4] Darauf weist etwa Eschenburg (1998) hin.

[5] Das Verfahren dieser Vorstellungsübung geht auf Wertheimer zurück (1957, S. 250–255). Für andere visualisierende Herleitungen der geometrischen Reihe siehe Nelsen (1993, S. 119–121).

[6] Nach Wagenschein (1970, Bd. 2, S. 135–148).

[7] Siehe etwa Weigand et al. (2009, S. 137).

[8] Geht es darum, erstmals an die Visualisierung der binomischen Formel heranzuführen, mag es geeigneter sein, sich einen quadratischen Rahmen vorzustellen und zwei passende, verschieden große quadratische Plättchen in den Rahmen hineinzulegen. Die Pointe würde dann darin bestehen, dass die beiden kleineren Quadrate das größere Quadrat nicht restlos „ausschöpfen“.

[9] Dies ist ein Beispiel für *negatives Wissen* (Oser 2005). (Siehe dazu Anmerkung 12 in Kap. 2.)

[10] Für sie könnte es hilfreich sein, statt mit kontinuierlichen Strecken und Plättchen mit diskreten Punkten und Punktmustern (etwa aus Perlen oder Personen) zu operieren. Allerdings handelt man sich damit erhebliche Vorstellungsschwierigkeiten ein, müssen doch sehr viele Punkte gedanklich kontrolliert werden.

[11] Für geübte Personen mögen Visualisierungen „selbsterklärend“ sein und mathematische Strukturen und Zusammenhänge „aus sich heraus“ verstehbar machen. Das Erkennen und Entscheiden, welche Strukturen in einer Visualisierung relevant sind (und welche nicht), ist jedoch eine anspruchsvolle Fähigkeit, die erst erlernt werden muss: „[Ein veranschaulichendes Bild] kann den Gedankengang zwar unterstützen, erspart den Betrachtenden aber nicht die Leistung, die Figur in Gedanken zu strukturieren und zu deuten. Mathematisches Verstehen ist ein konstruktiver Akt, der sich im Spannungsfeld zwischen Ablesen und Hineinlesen bewegt.“ (Hefendehl-Hebeker 2000, S. 6)

[12] Mithilfe der binomischen Formeln lassen sich Multiplikation und Division auf einfachere Rechenarten (Quadrieren, Addieren, Subtrahieren und Halbieren) zurückführen. So liefert die erste bzw. zweite binomische Formel für das Produkt zweier Zahlen folgende unerwartete Berechnungsmöglichkeiten:

$$a \cdot b = \frac{(a+b)^2 - a^2 - b^2}{2} = \frac{a^2 + b^2 - (a-b)^2}{2}.$$

Damit lässt sich – sind statt des Einmaleins die ersten n Quadratzahlen bekannt – das Produkt von natürlichen Zahlen leicht berechnen. Da in einigen antiken Zahlensystemen leicht addiert und subtrahiert, nicht jedoch multipliziert werden kann, scheinen Produkte dort auf diese Art berechnet worden zu sein. Damit wird die immer wieder bemängelte Schwerfälligkeit der entsprechenden Zahlensysteme erheblich relativiert. (Wikipedia: Binomische Formel. In: *Wikipedia – die freie Enzyklopädie, http://de.wikipedia.org/wiki/Binomische_Formel*)

13 Wie aus diesem Argument ein Beweis für allgemeine rechtwinklige Dreiecke abgeleitet werden kann, der ebenfalls mit Flächenumlegungen arbeitet, beschreiben Wittmann (1987, S. 147–151) und Baptist (1997, S. 54–56). Für eine graphische Übersicht, in welchem Gebiet die obere Dreiecksecke bewegt werden kann, sodass das Dreieck seine Grundform behält, siehe Weigand et al. (2009, S. 131 f.).

14 Diese Flächenverwandlung kann als verallgemeinerter *Kathetensatz* interpretiert werden: Das Quadrat über einer Kathete ist inhaltsgleich zum zugehörigen Rechteck über der Hypotenuse.

15 Für eine Begründung dieser Flächenverwandlung, insbesondere weshalb die untere verlängerte Parallelogrammseite durch eine Quadratecke führt (drittes Bild in Abb. 4), siehe von Baravalle (1963, S. 61 f.).

16 Für Abbildungen des angedeuteten Beweises des Satzes von Pythagoras siehe von Baravalle (1963, S. 53 f.) oder Nelsen (1993, S. 5). Für einen anderen Beweis mithilfe von Flächenverwandlungen siehe Krüger (2000, S. 199).

17 Für didaktische Hinweise, historische Bezüge und weitere Verallgemeinerungen rund um den Satz von Pythagoras siehe Fraedrich (1995) und Baptist (1997).

18 Selbst der Satz von Ptolemäus lässt sich weiter verallgemeinern, und zwar auf konvexe Vierecke, die keine Sehnenvierecke sind. Analog zum Kosinussatz ist dann die Summe der Produkte gegenüberliegender Seiten zu vermindern, nämlich um das doppelte Produkt aller vier Seiten und den Kosinus der Summe zweier Gegenwinkel. Dieser Satz wird *Bretschneider* zugeschrieben. (Baptist 1997, S. 98 f.)

19 Siehe Pólya (1966, S. 63–66, 78), aber auch Baptist (1997, S. 143–149). Dieser Satz scheint aber schon mindestens seit dem 18. Jahrhundert bekannt zu sein und wird manchmal auch *Satz von de Gua* genannt. Für die Verallgemeinerung dieses Satzes auf vier- und höherdimensionale „rechtwinklige Tetraeder" siehe Fraedrich (1995, S. 118–123).

20 Weist ein sphärisches Dreieck den Innenwinkel $\gamma = 90°$ auf, so gilt für seine Seitenlängen a, b und c die Gleichung $\cos c = \cos a \cdot \cos b$ (in der sphärischen Geometrie werden Längen über den entsprechenden Mittelpunktswinkel gemessen). Dieser „sphärische Pythagoras" folgt aus dem Seiten-Kosinussatz.

21 Für weitere Abbildungen und Fragen zu pythagoreischen Bäumen siehe Peitgen et al. (1992, S. 150–156) sowie Glaeser/Polthier (2009, S. 236 f.).

22 Für einen filmischen Beweis siehe Ghys, Étienne: *Dimensions – Preuve*, Kap. 9 (erste Hälfte) (*http://www.dimensions-math.org/Dim_reg_DE.htm*).

23 Wie Courant/Robbins ausführen, ist bei der Kugel der mathematische Nachweis

der sog. *isoperimetrischen Eigenschaft* sehr viel schwieriger zu führen als beim Kreis (Courant/Robbins 1962, S. 283–285).

[24] Hilbert/Cohn-Vossen diskutieren neun weitere geometrische Eigenschaften der Kugel dahingehend, ob durch sie die Kugel eindeutig definiert ist oder ob noch andere Körper dieselbe Eigenschaft besitzen. (1932, S. 190–205)

[25] Physikalisch gesehen herrscht zwischen den beiden Seifenblasen ein Druckunterschied. In der großen Kammer der Doppelblase herrscht der kleinere Druck als in der kleinen Kammer, weshalb sich die Grenzfläche in die große Kammer hineinwölbt. (Stevens 1983, S. 180f.; siehe auch Thompson, D'Arcy (1973): *Über Wachstum und Form*. Basel: Birkhäuser Verlag, Kap. 4)

[26] Für einen geometrischen Beweis der reziproken Beziehung der Radien siehe Isenberg, Cyrill (1992): *The Science of Soap Films and Soap Bubbles*. New York: Dover Publications, S. 89–93. Für weitere Fragen zu Seifenblasen und -schaum, die im Anschluss an diese Vorstellungsübung thematisiert werden können, siehe Stevens (1983, S. 178f., 218), Wittmann (1987, S. 462) sowie Aigner (2000, S. 241ff.).

[27] Für die einfache Heranführung an sphärische Dreiecke mit Comics siehe Petit (1984, S. 1–19). Die Formel $\alpha + \beta + \gamma = \pi + \frac{F}{R^2}$ für die Innenwinkelsumme eines Dreiecks mit Inhalt F auf einer Kugel vom Radius R stammt von Gauß. Dieser berichtete 1827 über das größte damals vermessene Dreieck, dessen Winkelsumme 180° 15″, also im Rahmen der Messgenauigkeit 180°, betrug (Trudeau 1998, S. 174f.; Führer 1997, S. 262).

[28] Der Winkel zwischen zwei Kurven in der Ebene „lebt“ zwischen den entsprechenden Tangenten im Schnittpunkt der Kurven. Entsprechend „leben“ Vektoren bzw. Winkel zwischen zwei Vektoren nicht in der gekrümmten Fläche selbst, sondern in (ebenen) Tangentialflächen an der gekrümmten Fläche.

[29] Man kann beweisen, dass der Drehwinkel beim Umfahren eines geschlossenen Kugelgebiets zu dessen Flächeninhalt proportional ist: Wird der Winkel ins Verhältnis zum Inhalt der umfahrenen Fläche gesetzt, ergibt sich die *gaußsche Krümmung* der Fläche im Ausgangspunkt. Bei dem oben beschriebenen Dreieck auf der Kugel beträgt sie wie erwartet $\frac{\frac{\pi}{2}}{\frac{4\pi R^2}{8}} = \frac{1}{R^2}$. Für detaillierte Ausführungen zum Zusammenhang von Parallelverschiebung und Krümmung siehe Arnold (1988, S. 305–309), Hilbert/Cohn-Vossen (1932, S. 170–180) und Kranzer (1989, S. 82f.). Einen Comic, der in das Konzept der Krümmung einführt, zeigt Petit (1984, S. 22–27).

[30] Von Sullivan stammt ein Applet, mit dem interaktiv erfahrbar wird, dass und wie stark sich ein Vektor verdreht, wenn er auf der Oberfläche einer Kugel parallelverschoben wird (Sullivan, John: *Spherical Geometry Demo, http://torus.math.uiuc.edu/jms/java/dragsphere*).

[31] Eine Beweisvariante des Fundamentalsatzes der Algebra untersucht, wie sich das Bild eines Kreises unter der Polynomfunktion verhält, wenn der Radius des Kreises stetig abnimmt (Deller, Henri et al. (2000): *Algebra 3*. Zürich: Orell Füssli Verlag, S. 104).

[32] Dieser Satz wurde 1929 von Schnirelmann bewiesen (Jaglom 1956, S. 22–24). Für eine Abbildung des Müritzsees mit einbeschriebenem Quadrat siehe Steinhaus (1959, S. 113).

[33] Nach Glaeser / Polthier (2009, S. 31).

[34] Es ist zu betonen, dass der Zwischenwertsatz kein Konstruktionsverfahren für die Lage der geraden Schnitte angibt, sondern bloß ihre Existenz garantiert. Für Beweise der beiden Halbierungssätze im Zweidimensionalen, die auf dem Niveau der gymnasialen Schulmathematik verständlich sind, siehe Courant / Robbins (1962, 241 f.). Illustrationen zur Version im Dreidimensionalen, dem Satz von Stone-Tukey, zeigen Glaeser / Polthier (2009, 41).

[35] Welche Bedingungen ein etwas allgemeinerer, nämlich rechtwinkliger wackelnder Tisch erfüllen muss, damit auch er durch eine geeignete Drehung stabilisiert werden kann, beschreiben Baritompa, Bill et al. (2007), Mathematical table turning revisited. In: *The Mathematical Intelligencer*, H. 29, S. 49–58.

[36] Für die filmische Veranschaulichung der kürzesten Strecke zwischen Moskau und Wladiwostok siehe *http://www.etudes.ru/ru/mov/mov018/index.php* (russisch, ohne Worte).

8 Vorstellungsübungen vom Typ „Paradoxon“

In diesem Kapitel finden Sie Beispiele von Vorstellungsübungen des Typs „Paradoxon“. Während Vorstellungsübungen vom Typ „Begründung“ den Schülerinnen und Schülern einen Sachverhalt glaubwürdig machen wollen, dienen Vorstellungsübungen vom Typ „Paradoxon“ dazu, einen (scheinbaren) Widerspruch unausweichlich werden zu lassen. Die Übungen sind auf einen Konflikt zwischen verschiedenem Wissen (intuitives Wissen, Erfahrungswissen, Fachwissen) angelegt, um dieses zu hinterfragen und zu erweitern.

Zur Orientierung sind in Tab. 1 alle fünf Beispiele aufgelistet. Sie werden mehr oder weniger ausführlich kommentiert. Die Kommentare zu den beiden ersten Vorstellungsübungen P1 und P2 gehen ausführlich auf mögliche Schülervorstellungen ein, hängen mathematische Paradoxa doch oft mit Vorstellungsschwierigkeiten zusammen. In allen Vorstellungsübungen werden mögliche mathematische Anschlussfragen diskutiert. (Zu den verschiedenen Übungstypen und zum Aufbau der Kommentare siehe Kapitel 4.)

Vorstellungsübung	Fachliche Pointe	Voraussetzungen	Klassenstufe	Seiten
Gäste in einem Hotel mit unendlich vielen Zimmern unterbringen	Das „Rechnen mit Unendlich“ gehorcht anderen Gesetzen als das Rechnen mit ganzen Zahlen.	▸ Natürliche Zahlen auf dem Zahlenstrahl ▸ Sind die endlich vielen Zimmer eines Hotels ausgebucht, kann es keine neuen Gäste mehr aufnehmen	8–12 ••	**(P1)** S. 215 ff.
Ins Weltall ausfliegen	Es könnte sein, dass das Universum nicht offen und unendlich, sondern geschlossen und endlich ist.	▸ Gerade und Ebene, Kreis und Kugel (lokal und global) ▸ Bewegt man sich auf einer Geraden bzw. auf einer Ebene geradeaus, kommt man nie mehr an den Ausgangspunkt zurück, im Gegensatz zu der entsprechenden Bewegung auf einem Kreis bzw. einer Kugeloberfläche	10–12 •••	**(P2)** S. 220 ff.
Schleuderball	Ob und wie sich ein Objekt bewegt, hängt von seinem Bezugssystem ab.	▸ Dreht man sich und schleudert dabei einen Ball an einer Schnur um sich herum, wird der Ball auf eine Kreisbahn gezwungen	8–10 ••	**(P3)** S. 226 ff.

Vorstellungsübung	Fachliche Pointe	Voraussetzungen	Klassenstufe	Seiten
Anzahl Punkte und Längen von Kreisumfängen vergleichen	Die einzelnen Punkte zweier Kreisperipherien können einander eineindeutig zugeordnet werden, selbst wenn die Kreislinien nicht gleich lang sind.	▸ Einen Uhrzeiger auf zwei verschieden großen, kreisförmigen und konzentrisch angeordneten Zifferblättern drehen ▸ Bestehen zwei Linien aus endlich und gleich vielen, gleich langen Streckenabschnitten, sind sie auch als Ganzes gleich lang	9–11 ••	**(P4)** S. 229 ff.
Universum in eine Hohlkugelwelt transformieren	Es könnte sein, dass das Universum so beschaffen ist, dass sich die Länge eines Gegenstandes aufgrund seiner Bewegung verändert.	▸ Innenfläche und Innenraum einer großen Hohlkugel ▸ Die Reihe $\frac{1}{2} + \frac{1}{4} + \frac{1}{8} + \ldots$ konvergiert gegen 1	11–12 •••	**(P5)** S. 232 ff.

Tab. 1: Liste der Vorstellungsübungen vom Typ „Paradoxon“

(P1) Gäste in einem Hotel mit unendlich vielen Zimmern unterbringen

Klassenstufe: 8–12 / • •

Fachliche Pointe: Das „Rechnen mit Unendlich" gehorcht anderen Gesetzen als das Rechnen mit ganzen Zahlen.

Voraussetzungen:
- Natürliche Zahlen auf dem Zahlenstrahl
- Sind die endlich vielen Zimmer eines Hotels ausgebucht, kann es keine neuen Gäste mehr aufnehmen

Das Phänomen der Unendlichkeit tritt in der Geometrie im Zusammenhang mit Parallelen auf, die sich im Endlichen nicht schneiden. Die Analysis greift auf die Beobachtung zurück, dass es keine größte natürliche Zahl gibt: $n \to \infty$ steht für den Prozess, dass n über alle (endliche) Maße wächst. Hier wie dort steht Unendlichkeit für einen Sachverhalt, dem man beliebig nahe kommen kann, ohne ihn je zu erreichen. Man spricht deshalb auch vom *Potentiell-Unendlichen.*

In der Vorstellungsübung geht es um eine andere Auffassung des Unendlichen. Hier liegt es „vollendet" vor, als eigene Entität. Diese Auffassung des Unendlichen – das *Aktuell-Unendliche* – stammt aus der Mengenlehre. In ihr wird jeder natürlichen Zahl eine Menge mit entsprechend vielen Teilmengen zugeordnet. Weil sich auch Mengen mit mehr als endlich vielen Elementen bilden lassen, kann der Begriff der Unendlichkeit entsprechend gedeutet werden. Dadurch erhält das Zahlenverständnis einerseits eine axiomatische Fundierung, und es wird andererseits möglich, mit diesem Aktuell-Unendlichen zu „rechnen". Was passiert bei der Addition einer (endlichen) Zahl, was bei der Multiplikation mit einer (endlichen) Zahl?[1]

Nach unserer alltäglichen Erfahrung – und damit Intuition – kann ein Hotel mit seinen endlich vielen Zimmern keine Gäste mehr aufnehmen, sobald alle Zimmer belegt sind. Die Vorstellungsübung erzählt die Geschichte des (von Hilbert erdachten) Grand Hotels, in welchem es kein letztes Zimmer gibt und also unendlich viele Zimmer zur Verfügung stehen. Mehrmals kommen neue Gäste an. Die Vorstellenden werden in eine paradoxe Situation geführt, denn in einem Hotel mit unendlich vielen Zimmern bedeuten die beiden Aussagen „Alle Zimmer sind belegt" und „Es können keine Gäste mehr aufgenommen werden" nicht mehr dasselbe. Für den Fall endlich vieler neuer Gäste wird der Widerspruch in der Vorstellungsübung zwar noch aufgelöst: Für jede endliche Anzahl neuer Gäste kann Platz geschaffen werden, indem die bereits einquartierten Gäste verschoben werden. Die Frage, wie abzählbar unendlich viele Gäste zusätzlich untergebracht werden können, wird hingegen den Schülerinnen und Schülern überlassen.

- Stellen Sie sich ein riesiges Hotel vor: Es hat unendlich viele Einzelzimmer, die mit den Zimmernummern 1, 2, 3 usw. durchnummeriert sind. … Stellen Sie sich weiter vor, Sie würden als Nachtportier in diesem Hotel jobben. …

- Eines Nachts sind unendlich viele Gäste im Hotel einquartiert. Sie stellen sich also auf eine ruhige Nacht ein und legen sich schlafen. …

- Da erscheint ein Gast an der Hotelrezeption, weckt Sie und verlangt ein Einzelzimmer. „Tut mir leid“, sagen Sie, „wir sind leider total ausgebucht.“

- „Das kann nicht sein“, entgegnet Ihnen der Gast. „Sie haben doch unendlich viele Zimmer, also muss noch ein leeres Zimmer für mich da sein!“ …

- „Tut mir wirklich sehr leid“, sagen Sie, „aber es sind schon unendlich viele Gäste einquartiert, also ist kein einziges Zimmer mehr frei.“

- Der Gast bleibt hartnäckig: „Das glaube ich nicht. Ich möchte sofort die Hoteldirektorin sprechen!“

- Sie holen also die Hoteldirektorin. Sie hört sich die Klage des neuen Gastes gelassen an und meint dann zu Ihnen: „Dieses Problem lässt sich lösen – wir tauschen einfach ein bisschen die Zimmer: Schicken Sie den Gast von Nummer 1 nach Nummer 2, den Gast von Nummer 2 nach Nummer 3, den wieder nach Nummer 4 usw. – also jeder Gast zieht in das Zimmer mit der nächstfolgenden Zimmernummer. Auf diese Weise wird Zimmer 1 frei, und unser neuer Gast kann untergebracht werden.“ …

- Gesagt, getan. Und da es sich um ein mathematisches Hotel handelt, geht alles blitzschnell. Zufrieden legen Sie sich wieder hin. …

- Etwas später werden Sie wieder geweckt: Ein Bus mit hundert Personen ist angekommen, die alle unbedingt ein Bett in einem Einzelzimmer möchten. Sie sind ratlos und laufen wieder zur Hoteldirektorin.

- Sie sagt: „Auch diese Gäste können untergebracht werden. Schicken Sie diesmal den Gast von Nummer 1 nach Nummer 101, den von Nummer 2 nach Nummer 102 usw. – also jeder Gast wird hundert Zimmer weiter einquartiert.“ …

- Und wieder sind in kürzester Zeit alle alten Gäste umgezogen und die Neuankömmlinge in den ersten hundert geräumten Zimmern untergebracht. …

- Aber noch einmal wird Ihre Ruhe in dieser Nacht gestört. Denn wieder eine halbe Stunde später – es ist schon weit nach Mitternacht – strömt eine riesige, unüberschaubare Menschenmenge in die Empfangshalle des Hotels, und ihr Reiseleiter wünscht, dass Sie alle Reisende in Einzelzimmern unterbringen. ...
- Sie fragen: „Wie viele Personen sind es denn?“ „Unendlich viele“, sagt der Reiseleiter. ...
- Was machen Sie nun als Portier? ... Wie können Sie diese unendlich vielen neuen Gäste im Hotel unterbringen? ...
- Was haben Sie sich im Laufe der Vorstellungsübung vorgestellt?

Hinweise auf intendierte Vorstellungen

Um die unendlich vielen neuen Gäste unterzubringen, lässt man die bereits einquartierten Gäste beispielsweise in Zimmer mit doppelt so großer Zimmernummer umziehen. Dadurch werden alle Zimmer mit ungerader Nummer frei und können die neuen Gäste aufnehmen.

Die Vorstellungsanweisungen zielen auf das visuelle Vorstellungsbild eines Hotels mit unendlich vielen Zimmern und auf die Vorstellungsbilder von endlich und unendlich vielen neuen Gästen. Die gewünschte Unterbringung von einem bzw. hundert Neuankömmlingen wird von der Vorstellungsübung selbst beantwortet, indem sie zu den Vorstellungshandlungen des Umquartierens oder Verschiebens aller bereits einquartierten Gäste anleitet. Die mathematische Frage zum Schluss der Vorstellungsübung stellt eine besondere Belastungsprobe für die aufgebauten Vorstellungen dar, da sie nicht adäquat sind, um in den unendlich vielen bereits besetzten Zimmern weitere unendlich viele Gäste unterzubringen.[2]

Hinweise auf produktive und hinderliche Vorstellungen, die die Lernenden konstruieren

Um unendlich viele neue Gäste unterzubringen, muss die Vorstellung des Verschiebens umgebaut werden. Dies erweist sich immer wieder als schwierig. Darüber hinaus können im Laufe dieser Vorstellungsübungen folgende hinderliche Vorstellungen auftreten:

- Wird das Hotel mit verschiedenen Gängen, Flügeln und mit mehreren Etagen vorgestellt, verkompliziert sich der Prozess des Umziehens drastisch.
- Weitere hinderliche Vorstellungen drehen sich um die Koordination des Umzugs der alten Gäste. So kann Gast Nummer 1 bei seinem Umzug in Zimmer 2 mit dem Gast Nummer 2 zusammenstoßen (und in Folge alle anderen Gäste). An dieser Stelle kann es hilfreich sein, alle alten Gäste gleichzeitig zum Umziehen aufzufordern (etwa durch die Lautsprecherdurchsage „Jetzt bitte umziehen!“).

- Wie soll man sich die letzte, unendlich große Gruppe an Neuankömmlingen vorstellen? Wird versucht, die Empfangshalle des Hotels entsprechend zu vergrößern, so geht die Aufmerksamkeit von der unendlich großen Anzahl auf die unendlich große Halle über und wird folglich abgelenkt. Es ist günstiger, sich vorzustellen, dass ein endlicher Teil der Gruppe dicht gedrängt in der Halle steht, während der andere, unendliche Teil draußen vor dem Eingang wartet.

Folgende Vorstellungen können bei der Ausführung der Vorstellungsanweisungen und beim Beantworten der Fragen nützlich und produktiv sein:

- Die Vorstellungsübung versetzt die Zuhörerinnen und Zuhörer zwar in die Rolle des Nachtportiers hinein, um sie mit dem Problem zu konfrontieren. Allerdings ist es günstig, diese Perspektive immer wieder zu verlassen, um das Problem verstehen und besser bearbeiten zu können. So schlüpfen die einen oder anderen Lernenden in die Rolle der Hoteldirektorin, um sich der Antwort zu nähern.
- Die Zimmer sind – viel eher als die Gäste – ein tragendes Element der Vorstellungsübung. Ihre unendliche Anzahl in Hilberts Hotel kann durch das Vorstellungsbild einer Zimmerflucht eingefangen werden, die sich nach hinten perspektivisch verengt und in die man als Portier hineinschaut. Der Umzug der alten Gäste kann dann als ein Wegschieben hinein in den geometrisch unendlich entfernten Fluchtpunkt vorgestellt werden. Dadurch entsteht im vorderen Bereich Platz für die endlich vielen Neuankömmlinge.
- Da durch die Zimmernummer jedem Gast genau eine natürliche Zahl zugeordnet ist, kann für das Hotel das Bild eines Bandes vorgestellt werden, das quer (etwa von links nach rechts) verläuft und worauf Zahlen markiert sind. In diesem Vorstellungsbild eines quer sich erstreckenden Zimmer-Bandes können die beiden ersten Umziehaktionen als gedankliche Bewegung (gleichzeitiges Verschieben aller alten Gäste) nach rechts gedeutet werden. Im Gegensatz zum Bild der Zimmerflucht, das den Blickwinkel des Nachtportiers wiedergibt, liegt hier der Fokus weniger auf dem neu geschaffenen Platz als vielmehr auf dem Prozess des Umziehens als einem einzigen Akt.
- Für die Beantwortung der mathematischen Frage kann es günstig sein, das Vorstellungsbild des Zimmer-Bandes weiter umzubauen. So lässt sich unter dem Zimmer-Band bzw. neben der bestehenden Zimmerflucht eine zweite Serie von Zimmern anordnen. Die Zimmer werden in naheliegender Weise umnummeriert, wodurch die alten Gäste in Zimmer mit doppelt so großen Nummern umquartiert werden und die Neuankömmlinge ihr Nachtasyl in den Zimmern mit ungeraden Nummern erhalten. Einzelne Schülerinnen und Schüler sprechen vom Bild des Reißverschlusses, weil sich die von alten und neuen Gästen belegten Zimmer ineinander „verzahnen".

Mathematische Anschlussfragen

Weil die unendlich große Menge der alten Gäste über die Zimmernummern mit der Menge der natürlichen Zahlen in eine eineindeutige Beziehung gesetzt werden kann, sind für die Anzahl der Gäste Rechengesetze wie $x + 1 \neq x$ und $2x \neq x$ außer Kraft gesetzt. Aufbauend auf den in dieser Übung konstruierten Vorstellungen erfahren die Lernenden Unterschiede zwischen endlichen und aktuell-unendlichen Mengen und nähern sich dem Begriff des Aktuell-Unendlichen. Es schließen sich folgende weitere Fragen an:

- Wie können abzählbar unendlich viele Busse mit je abzählbar unendlich vielen Personen in Hilberts Hotel untergebracht werden? Eine erste Methode besteht darin, die alten Gäste aus Zimmern mit Nummer n in solche mit Nummern 2^n zu schicken. Dann können die neuen Gäste aus Bus m in die Zimmer einquartiert werden, deren Nummern gleich den Potenzen der $(m + 1)$-ten Primzahl sind. Bei dieser Methode bleiben sogar noch (abzählbar) unendlich viele Zimmer frei wie zum Beispiel das Zimmer 6, dessen Nummer keine Potenz einer Primzahl ist.

  Eine weitere Methode lässt sich aus Cantors *erstem Diagonalverfahren* ableiten. Hier werden die alten Gäste aus Zimmer n wieder in die geraden Zimmer $2n$ geschickt, um anschließend den k-ten Businsassen aus dem m-ten Bus ins Zimmer mit der Nummer $2 \cdot \left(\sum_{i=0}^{k+m-2} i + m \right) - 1 = (k + m - 1)(k + m - 2) + 2m - 1$ zu weisen. Bleiben bei dieser Methode ebenfalls gewisse Zimmer frei?[3]
- Nach welcher Methode muss die Zimmerverteilung vorgenommen werden, damit die Gäste von der Hotelhalle einen möglichst kurzen Weg in ihr Zimmer zu gehen haben?
- Wie müssen die Gäste von Anfang an so auf die Zimmer verteilt werden, dass niemand umzuziehen braucht, gleichgültig ob später endlich oder unendlich viele neue Gäste einquartiert werden sollen? Dabei sollen die neuen Gäste beliebig oft nacheinander kommen dürfen, jeden Tag und jede Nacht, und dennoch soll kein Gast jemals wegen irgendwelcher neuer Gäste umziehen müssen.
- Wie sähe die Situation aus, wenn nicht nur abzählbar, sondern überabzählbar viele neue Gäste in Hilberts Hotel übernachten wollten?[4]

Im Anschluss an diese Vorstellungsübung kann auch die Frage aufgeworfen werden, ob die Zusammenfassung aller Mengen, die sich selbst nicht enthalten, eine Menge ist oder nicht (sog. *Paradoxon von Russell*). Sie lässt sich in den außermathematischen Kontext einer Bibliothekarin einkleiden, die einen Katalog aller Katalogbände schreiben soll, die sich selbst nicht registrieren. Sie steht vor der schier unlösbaren Frage, ob sie den Katalogband, den sie gerade anlegt, ebenfalls registrieren soll oder nicht.[5]

(P2) Ins Weltall ausfliegen

Klassenstufe: 10–12 / • • •

Fachliche Pointe: Es könnte sein, dass das Universum nicht offen und unendlich, sondern geschlossen und endlich ist.

Voraussetzungen:
- Gerade und Ebene, Kreis und Kugel (lokal und global)
- Bewegt man sich auf einer Geraden bzw. auf einer Ebene geradeaus, kommt man nie mehr an den Ausgangspunkt zurück, im Gegensatz zu der entsprechenden Bewegung auf einem Kreis bzw. einer Kugeloberfläche

Wie frühere Kulturen auf einer ebenen Scheibe zu leben glaubten, gehen wir aufgrund unserer lokalen Perspektive und Erfahrungen davon aus, dass das uns umgebende dreidimensionale Universum unendlich und damit offen ist. Wir leben in der Überzeugung, dass eine Rakete, die immer geradeaus von der Erde wegfliegt, sich zwangsläufig in den Weiten des Weltalls verlieren muss und nie mehr zurückkehrt. Dies ist alles andere als wohlbegründet.

In dieser Vorstellungsübung wird Dimension für Dimension untersucht, welche Konsequenzen die Offen- bzw. die Geschlossenheit einer Welt für Geradeaus-Reisen hat. Zuerst werden in der eindimensionalen Welt eines riesigen Seils, dessen Enden offen bzw. miteinander verknotet sind, die Bewegungsmöglichkeiten und damit die zur Verfügung stehenden Dimensionen ausgetestet. Die Vorstellungsübung regt anschließend dazu an, eine Reise zu beginnen und immer „geradeaus" zu fahren. Im Fall des geschlossenen, kreisförmigen Seils kommt man wieder an den Ausgangspunkt der Bewegung zurück, selbst wenn das Seil sehr lang ist. Im zweiten und dritten Teil der Vorstellungsübung werden analoge, höherdimensionale offene bzw. geschlossene Welten auf dieselbe Frage hin untersucht.

Die Vorstellungsübung zeigt, dass unser dreidimensionales Universum ohne Weiteres geschlossen sein könnte. Damit würde sich die Rakete nicht in den Weiten des Weltalls verlieren, sondern irgendwann zur Erde zurückkehren, und mehr noch: Einer der leuchtenden Punkte am nächtlichen Firmament wäre unsere Sonne.

- Stellen Sie sich vor, dass Ihre Welt die einer Geraden ist. Sie leben auf einem sehr langen, straff gespannten Seil. ... Auf Ihrem Seil haben Sie nur wenig Bewegungsmöglichkeiten: Bewegen Sie sich auf dem Seil ein bisschen vorwärts und bewegen Sie sich ein bisschen rückwärts. ...

- Stellen Sie sich zusätzlich vor, dass das Seil unendlich lang ist. Beginnen Sie, sich in eine der beiden Richtungen zu bewegen, immer weiter. Garantiert kommen Sie nie mehr zum Ausgangspunkt zurück. …
- Stellen Sie sich jetzt vor, dass Ihr Seil nicht unendlich lang ist, sondern einfach sehr, sehr lang ist. Es schließt sich zu einem riesigen Kreis.
- Beginnen Sie, sich in eine der beiden Richtungen zu bewegen. …
- Was passiert, wenn Sie sich lange genug in die eingeschlagene Richtung weiterbewegen? Kehren Sie irgendwann einmal zum Ausgangspunkt zurück oder nicht?

- Stellen Sie sich nun vor, Sie seien ein Lebewesen, das in einer Fläche wohnt, ähnlich einem Schatten: Bewegen Sie sich in Ihrer flachen Welt zuerst ein paar Schritte vorwärts und ein paar Schritte rückwärts, dann ein paar Schritte nach links und dann ein paar Schritte nach rechts. …
- Stellen Sie sich zusätzlich vor, dass Ihre Wohnfläche riesig groß ist und aus einer unendlich großen Ebene besteht. …
- Beginnen Sie, sich in Ihrer flachen Welt in eine feste Richtung geradeaus fortzubewegen, immer weiter, immer weiter. Sie kehren gewiss nie mehr zum Ausgangspunkt zurück. …
- Stellen Sie sich jetzt vor, dass Ihre Fläche zwar groß, aber leicht gekrümmt ist und sich zu einer riesigen Kugeloberfläche schließt. …
- Bewegen Sie sich in eine feste Richtung Ihrer Kugeloberflächen-Welt fort, immer weiter und weiter. …
- Was passiert nun, wenn Sie sich lange genug bewegen? Kehren Sie irgendwann einmal zum Ausgangspunkt zurück oder nicht?

- Sie und ich, wir leben in einem Universum, in dem wir uns nicht nur vorwärts bzw. rückwärts und unabhängig davon nach links bzw. rechts bewegen können, sondern zusätzlich nach oben bzw. unten. …
- Üblicherweise nehmen wir an, dass unser Universum unendlich groß ist: Stellen Sie sich vor, Sie starten mit einem Raumschiff von der Erde aus hinaus ins Weltall. Sie fliegen immer kerzengerade von der Erde weg. Dann kommen Sie nie mehr zur Erde zurück. …

- Jetzt stellen Sie sich zum Schluss vor, dass unser Universum geschlossen ist, so wie schon das zum Kreis gekrümmte Seil bzw. die zur Kugeloberfläche gebogene Fläche auch geschlossen waren. ...
- Fliegen Sie nun ins Weltall hinaus, immer kerzengerade mit festem Kurs, immer weiter. ...
- Was passiert nun, wenn Sie lange genug in die eingeschlagene Richtung weiterfliegen? Kehren Sie irgendwann einmal zum Ausgangspunkt zurück oder nicht? ...
- Was haben Sie sich im Laufe der Vorstellungsübung vorgestellt?

Hinweise auf intendierte Vorstellungen

Der Text dieser Vorstellungsübung ist in all seinen Teilen analog angelegt. Ausgehend vom Vorstellungsbild einer lokal ein-, zwei- bzw. dreidimensionalen Welt wird eine kleine Bewegung durchgeführt, und zwar aus Sicht eines Individuums der entsprechenden Welt. Durch diese Vorstellungshandlung exploriert man zunächst nur einen kleinen Ausschnitt der eigenen Welt. Ob die jeweilige Welt als Ganzes offen oder geschlossen ist, macht sich dabei noch nicht bemerkbar. Anschließend werden die Vorstellungsbilder der drei Welten durch die Vorstellungshandlung des „Geradeaus"-Bewegens erkundet. Dazu werden die Vorstellungen ausgebaut, um die jeweilige Welt nicht nur lokal, sondern etwas globaler zu erfassen. Für die lokal dreidimensionale, global geschlossene Welt der *3-Sphäre* S^3 ist dies bereits eine echte Herausforderung.[6]

Alle drei Teile schließen mit der mathematischen Frage nach der Rückkehrmöglichkeit. Sind die entsprechenden Vorstellungsbilder ausgebildet, können die Fragen sicher beurteilt werden. Im Fall der 3-Sphäre ist die Antwort – zumindest in Analogie zu den beiden tieferdimensionalen Situationen – zwar ebenfalls bejahend. Damit widerspricht sie aber der Auffassung, dass eine Reise ins Universum, deren Route vom Ausgangspunkt wegführt, nie mehr an ihren Ausgangspunkt zurückführt.

Hinweise auf produktive und hinderliche Vorstellungen, die die Lernenden konstruieren

Der Erwartungsdruck, ein globales Vorstellungsbild der 3-Sphäre aufzubauen, um die Frage nach der Rückkehrmöglichkeit vorstellungsbasiert zu beantworten, kann von den Schülerinnen und Schülern kaum aufgelöst werden. Oft begegnen sie ihm – vielleicht gerade deshalb – mit Zweifeln an der Möglichkeit, in einer geschlossenen, gekrümmten Welt „geradeaus" gehen zu können.

Andere Vorstellungen werden zwar aufgebaut, stellen sich der Konstruktion weiterer Vorstellungen und ihrer Erkundung jedoch entgegen und sind daher hinderlich:

- Im ein- und zweidimensionalen Fall kann manchmal die lokale Ungekrümmtheit nicht mit der Gekrümmtheit vereinbart werden, die aus der Geschlossenheit der jeweiligen Welt folgt. Lokale Ungekrümmtheit und globale Gekrümmtheit behindern sich gegenseitig, und bei einer der beiden Vorstellungen scheinen Abstriche an die Genauigkeit nötig zu sein.

- Bei der Vorstellung der 3-Sphäre S^3 gibt es eine Reihe hinderlicher Umstände. So ist es im ein- und zweidimensionalen Fall günstig, sich die geschlossene Welt global – S^1 als ganzen Kreisscheibenrand und S^2 als ganze Kugeloberfläche – vorzustellen. Dies kann in der analogen Situation von S^3 die Erwartung auslösen, ein Vorstellungsbild der ganzen 3-Sphäre aufbauen zu müssen. Für eine solche Außenperspektive wäre der Blick aus dem vierdimensionalen Raum $\mathbb{R}^4$ nötig, was zumindest ungewohnt, wenn nicht unmöglich ist (siehe auch Vorstellungsübung A13).
- Beim Versuch, sich im dritten Teil der Übung vorzustellen, wie die kleine Erdkugel – die von außen wie eine 2-Sphäre S^2 aussieht – in das Universum von S^3 eingebettet ist, wird die Kugeloberfläche S^2 aus dem zweiten Teil des Texts wieder wachgerufen. Dieses Vorstellungsbild erschwert dann den Schritt in die nächste Dimension.
- Die Vorstellung einer eindimensionalen Welt kann von der Vorstellung begleitet sein, dass sich das Seil im kalten, windigen Weltall befindet – eine äußerst unangenehme Vorstellung.

Um die angeleiteten Vorstellungen dennoch aufzubauen und die mathematische Frage beantworten zu können, sind folgende Vorstellungen produktiv:

- Im vorgestellten Blickfeld befindet sich nur ein Ausschnitt der gerade aktuellen, lokal ungekrümmten Welt. Da die Welt im eindimensionalen Fall von $\mathbb{R}^1$ bzw. S^1 nur einen Freiheitsgrad (vorwärts – rückwärts) zur Bewegung besitzt, kann sie wie die Schienen einer Eisen- oder Achterbahn (Looping) aussehen.
- Für die beiden Fälle, in denen die lokale Welt ein- bzw. zweidimensional ist, ist es zur Kontrolle und Steuerung der Vorstellungen nützlich, zusätzlich zur lokalen Innenperspektive auch über eine Außenperspektive zu verfügen. Wird etwa die Welt des zu einem Kreis geschlossenen Seils S^1 im Raum $\mathbb{R}^3$ schwebend vorgestellt, kann die Bewegung als Ganzes vorgestellt werden (etwa wie der Seilkreis oder der Looping wieder und wieder durchlaufen werden). Eine solche Außensicht kann durch vorgestelltes Wegzoomen oder durch Perspektivenwechsel eingenommen werden.
- Die ein- und zweidimensionalen Welten können alle im Raum $\mathbb{R}^3$ eingebettet und als Ganzes vorgestellt werden. Noch produktiver ist es, sich $\mathbb{R}^1$ in $\mathbb{R}^2$ vorzustellen sowie S^1 in S^2. Dann folgt beispielsweise die „Geradeaus“-Bewegung auf der Kugeloberfläche S^2 dem Äquator, einer Kreisbahn S^1. Diese Bewegung kann auf der Kugeloberfläche zur besseren Visualisierung eine farbige Spur hinterlassen.

Wie man sich einem globalen Vorstellungsbild der 3-Sphäre nähern kann, wird im folgenden Abschnitt erklärt.

Mathematische Anschlussfragen

Was heißt es eigentlich, sich auf einer gekrümmten Fläche „geradeaus“ zu bewegen? Nach einigen Diskussionen kristallisiert sich heraus, dass darunter ein Weg zu verstehen ist, der so ungekrümmt wie eben möglich ist: Ein Weg ist dann „gerade", wenn seine Krümmung nur infolge der Krümmung der jeweiligen Welt entsteht und nicht aufgrund anderer Einflüsse.

Wie soll man sich nun die 3-Sphäre S^3 und den Flug des Raumschiffs vorstellen? Aus dem geographischen Atlas kennt man die Darstellung der Erdoberfläche als zwei Kreisscheiben, je eine pro Hemisphäre. Ihre Ränder sind miteinander verklebt, und zwar wird ein Punkt auf dem Rand der einen Kreisscheibe mit dem entsprechend spiegelverkehrten Punkt auf dem Rand der anderen Kreisscheibe verklebt. Analog lässt sich S^3 als zwei Vollkugeln auffassen, wo Paare von Randpunkten miteinander identifiziert werden (in Abb. 1 sind zwei solche Identifikationen durch Pfeile angedeutet). Aufgrund dieser Analogie lässt sich die 3-Sphäre im dreidimensionalen Raum $\mathbb{R}^3$ veranschaulichen.[7]

Damit stellt sich der Flug im geschlossenen dreidimensionalen Raum der 3-Sphäre S^3 – analog zu einer Erdumsegelung im Atlas – wie folgt dar: Ausgehend von einer Stelle innerhalb der einen Vollkugel, in der auch die Erde platziert ist, führt der Weg früher oder später an den Rand der Vollkugel. An dieser Stelle wechselt der Weg zum entsprechenden Randpunkt der zweiten Kugel, um durch ihr Inneres erneut an deren Rand zu führen. Die Reise wird auf der ersten Kugel fortgesetzt, um schließlich an der Ausgangsstelle – der Erde – anzukommen. Von hier kann die Reise beliebig weitergehen. Die 3-Sphäre ist geschlossen, ohne dadurch die Reisemöglichkeiten einzuschränken.

Ein geschlossenes Universum mit der Topologie einer 3-Sphäre hat unter der Annahme, dass sich Licht geradlinig ausbreitet, folgende überraschende Konsequenz: Ein Lichtstrahl, der von einem Punkt auf der erdabgewandten Hälfte der Sonne ausgeht, endet nach langer Zeit bei einem Beobachter, der auf der sonnenabgewandten Hälfte der Erde – also nachts – in den Himmel schaut. Folglich würden wir am nächtlichen Sternenhimmel die Sonne als kleinen Leuchtpunkt sehen, so wie sie sich vor langer Zeit präsentierte. Umgekehrt formuliert: Wir könnten von der Erde aus mit einem sehr scharfen Teleskop die Rückseite der Erde sehen, und dies völlig unabhängig davon, in welche Richtung wir das Teleskop richten!

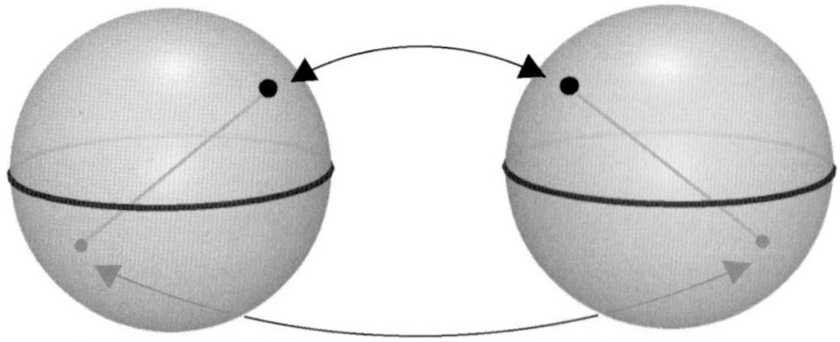

Abb. 1: Zwei Vollkugeln mit identifizierten Oberflächen bilden eine 3-Sphäre

Eine andere Darstellung der 3-Sphäre nutzt die Tatsache, dass die ganze Kugeloberfläche S^2 überstrichen wird, wenn aus einem Punkt – zum Beispiel dem Nordpol – ein kleiner Kreis S^1 wächst. Während der Kreis größer wird, verschiebt sich sein Mittelpunkt in Richtung des Kugelmittelpunkts. Nachdem dieser Kreis ein Maximum erreicht hat – dem Äquator entsprechend –, nimmt er so lange ab, bis er in einem Punkt kollabiert (siehe auch Kommentar zur Vorstellungsübung B11).

Analog dazu kann man sich – etwa im Rahmen einer weiteren Vorstellungsübung – einen Punkt denken, aus dem eine Kugeloberfläche S^2 wächst, die größer und größer wird, um dann wieder kleiner zu werden und in einem weiteren Punkt zu enden. S^3 ist dann aus den beiden Punkten und allen gegeneinander verschobenen, verschieden großen Kugeloberflächen zusammengesetzt. Wie sähe ein Raumflug in dieser Darstellung des Universums aus?[8]

Die Vorstellungsübung regt dazu an, über die Bedeutung von Mathematik für unser Weltbild nachzudenken. Wie schon bei der Diskussion um die Gestalt der Erde – flache Scheibe oder Kugeloberfläche? – darf auch zur Klärung der Gestalt des Universums nicht aufgrund lokaler Erfahrungen und Perspektiven auf globale Eigenschaften geschlossen werden. Im Alltag bewegen wir uns primär in zwei Raumdimensionen, wobei es sich – im Vergleich zur Größe der Erde und erst recht zur Größe des Universums – um recht bescheidene Distanzen handelt. So gesehen liegt es nahe, die Erde als flache Scheibe anzusehen. Von der dritten Raumdimension bereisen wir einen noch viel kleineren Bereich, der bei kaum einem Menschen über zehn Kilometer hinausgeht. Ist es da erstaunlich, dass sich der moderne Mensch das Universum aufgrund dieser lokalen Erfahrungen offen und unendlich vorstellt?[9]

Wie das Beispiel der 3-Sphäre zeigt, könnte die Topologie des Universums ohne Weiteres geschlossen sein, ohne dass dadurch unsere Bewegungsmöglichkeiten eingeschränkt würden. Kurz, die Frage, ob das Universum tatsächlich geschlossen oder doch offen ist, kann aus mathematischer Sicht bis heute nicht beantwortet werden. Mindestens die Kosmologie scheint das Modell eines geschlossenen – und damit endlichen – Universums zu favorisieren.[10]

(P3) Schleuderball

Klassenstufe: 8–10 / ••

Fachliche Pointe: Ob und wie sich ein Objekt bewegt, hängt von seinem Bezugssystem ab.

Voraussetzung:
- Dreht man sich und schleudert dabei einen Ball an einer Schnur um sich herum, wird der Ball auf eine Kreisbahn gezwungen

Wenn wir den Mond anschauen, ob mit bloßem Auge oder mit dem Teleskop, immer zeigt er uns dieselbe Ansicht. Folgt daraus, dass der Mond sich nicht um sich selbst dreht? Kepler soll dieser Ansicht gewesen sein und sie wie folgt begründet haben: Die Sonne dreht sich um sich selbst und verleiht dadurch den Planeten Bewegung, die Erde dreht sich und verleiht dadurch dem Mond Bewegung. Da der Mond keinen Trabanten hat, der sich um ihn bewegt, dreht er sich auch nicht um sich selbst.[11]

Die Vorstellungsübung kleidet die Frage nach der Drehung des Monds in den Kontext eines Balls, der von der ihn sich vorstellenden Person an einer Schnur um sich herumgeschleudert wird. Dabei erblickt die Person immer dieselbe Stelle des Balls, während sie diesen an der Schnur um sich herumführt.

- Stellen Sie sich vor, dass vor Ihnen ein Ball liegt, der an einer Schnur befestigt ist. …
- Nehmen Sie das freie Ende der Schnur zur Hand und beginnen Sie, sich um sich selbst zu drehen. Drehen Sie sich so schnell, dass der Ball auf einer Kreisbahn um Sie herumgeführt wird.
- Dreht sich der Ball bei dieser Bewegung ebenfalls um sich selbst oder nicht? … Einerseits dreht er sich um sich selbst, weil er ja um Sie herumwirbelt, andererseits dreht er sich aber auch nicht, weil er Ihnen immer dieselbe Seite zeigt, nämlich die, an der das Seil am Ball befestigt ist.
- Für welche Antwort entscheiden Sie sich? Welche Argumente führen Sie ins Feld, um die gegenteilige Antwort zu entkräften?
- Was haben Sie sich im Laufe der Vorstellungsübung vorgestellt?

Hinweis

Die Antwort hängt vom Standpunkt ab: Nimmt man eine Außenposition ein und beobachtet sich selbst mit dem Ball, dreht sich der Ball um sich selbst, einfach weil er die eigene Person umläuft. Von der schleudernden Person aus gesehen dreht sich der Ball jedoch nicht, da sich das Bezugssystem – die Person – bereits dreht und er relativ zu ihr ruht. Lage und damit auch ihre Veränderung sind relativ und hängen vom gewählten Bezugssystem ab.

Mathematische Anschlussfragen

Würde sich der Mond – von der Erde aus gesehen – drehen, zum Beispiel ein Mal pro Erdumrundung und gleichsinnig zur Erde, drehte er sich – von einem Punkt außerhalb des Systems Erde-Mond betrachtet – zwei Mal. Analog dazu kann folgende Frage gestellt werden: Wie oft dreht sich eine Münze, wenn sie entlang ihres Umfangs längs einer anderen Münze gleicher Größe abrollt, ohne zu rutschen? Auch diese Frage kann in einer Klasse im Rahmen einer Vorstellungsübung bearbeitet werden.

Aufgrund der Tatsache, dass die Umfänge der beiden Münzen gleich groß sind, ist man versucht, der rollenden Münze pro Umlauf nur eine einzige Umdrehung zuzuschreiben. Antwortet man so, richtet man den Fokus darauf, wie der Umfang der rollenden Münze entlang dem Umfang der festen Münze abgewickelt wird; man legt sein Bezugssystem in den Punkt, in dem sich die beiden Münzen berühren. Aus der lokalen Sicht dieses (sich bewegenden) Bezugssystems macht die rollende Münze in der Tat nur eine Umdrehung. Da sich der Berührpunkt jedoch auf einer Kreisbahn bewegt, überlagert sich die lokale Drehung der Münze mit der Drehung des Bezugssystems. Da beide Drehungen gleichsinnig erfolgen, dreht sich die rollende Münze für Beobachter mit einem Standpunkt außerhalb der Münzen zwei Mal.

Wie oft dreht sich die Münze, wenn sie entlang der Innenseite eines kreisförmigen Rings rollt, dessen Durchmesser bzw. Umfang doppelt so groß ist wie bei der Münze? In diesem Fall lässt sich der Umfang der Münze zwei Mal auf dem Umfang des Rings abtragen, weshalb die Münze aus der lokalen Sicht des Berührpunkts zwei Umdrehungen vollführt. Im Unterschied zum vorherigen Fall wird diese lokale Drehung der Münze von einer gegensinnigen Drehung des Bezugssystems überlagert. Im Endeffekt kompensieren sich die beiden Drehungen für außenstehende Beobachter zu einer einzigen Umdrehung entgegen der Rollrichtung.[12]

In den folgenden Fragen werden die Anzahl der festen Münzen vergrößert und ihre Anordnungen variiert. Mit einem Induktionsargument kann dann die Anzahl Drehungen – im Folgenden immer aus der Außensicht – der rollenden Münze bestimmt werden:

- Eine Münze wird um zwei sich berührende, gleich große Münzen gerollt. Wie oft dreht sie sich dabei? Der Umfang, den sie entlangrollt, setzt sich pro Münze aus vier Bögen zu je einem Sechstel eines Münzenumfangs zusammen. Da sich jedes Stück Umfang, den die Münze entlangrollt, verdoppelnd auf den Drehwinkel auswirkt, macht die Münze insgesamt $2 \cdot 4 \cdot \frac{1}{6} \cdot 2 = 2\frac{2}{3}$ Umdrehungen (siehe Abb. 2, links).
- Wie oft dreht sich eine Münze, wenn sie um eine offene, zunächst gestreckte Kette von n gleich großen Münzen rollt? Weil der gesamte Umfang pro weiter ange-

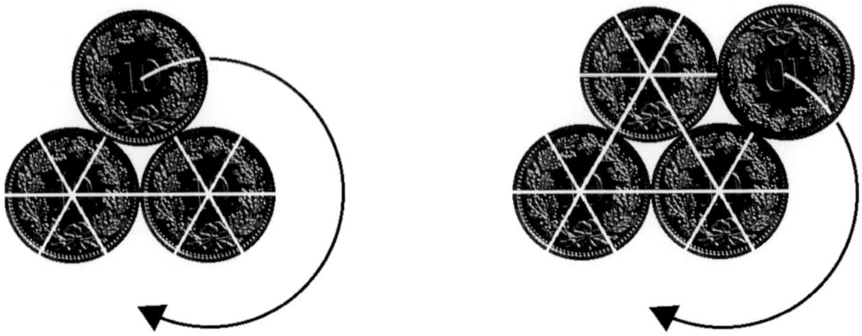

Abb. 2: Münze, die um eine offene Kette von zwei Münzen (links) bzw. um eine geschlossene Kette von drei Münzen rollt (rechts)

fügter Münze um ein Drittel eines Münzenumfangs zunimmt, macht die Münze $2\frac{2}{3} + (n-2) \cdot \frac{2}{3} = \frac{2}{3} \cdot n + \frac{4}{3}$ Drehungen ($n \geqslant 2$). Dieses Ergebnis gilt nicht nur für gestreckte, also achsensymmetrische offene Ketten, sondern überhaupt für alle offenen Ketten. Wird nämlich eine Münze aus ihrer achsensymmetrischen Lage verschoben, wird der abzurollende Umfang auf der einen Seite der Münze zwar kürzer. Auf der gegenüberliegenden Seite der Münze wird er aber um genau denselben Betrag länger.

- Eine Münze wird um drei dicht nebeneinanderliegende, in Dreiecksform angeordnete, gleich große Münzen gerollt (Abb. 2, rechts). Wie oft dreht sie sich dabei? Da sich der Umfang, längs dem sie rollt, pro Münze aus je einem halben Münzenumfang zusammensetzt, dreht sie sich insgesamt drei Mal.
- Und wie oft dreht sich eine Münze, die um eine geschlossene Kette von n gleich großen Münzen gerollt wird und dabei jede Münze ein Mal berührt? Da ab zwei Münzen der gesamte Umfang pro zusätzlicher Münze um ein Sechstel eines Münzenumfangs wächst, dreht sich die rollende Münze $2\frac{2}{3} + (n-2) \cdot \frac{1}{3} = \frac{1}{3} \cdot n + 2$ Mal ($n \geqslant 2$). Auch dieses Ergebnis ist unabhängig von der Form der Kette, und zwar weil die Summe der Innen- bzw. Außenwinkel eines n-Ecks nicht von dessen Form abhängt.[13]

(P4) Anzahl Punkte und Längen von Kreisumfängen vergleichen

Klassenstufe: 9–11 / • •

Fachliche Pointe: Die einzelnen Punkte zweier Kreisperipherien können einander eineindeutig zugeordnet werden, selbst wenn die Kreislinien nicht gleich lang sind.

Voraussetzungen:
- Einen Uhrzeiger auf zwei verschieden großen, kreisförmigen und konzentrisch angeordneten Zifferblättern drehen
- Bestehen zwei Linien aus endlich und gleich vielen, gleich langen Streckenabschnitten, sind sie auch als Ganzes gleich lang

Wir neigen dazu, uns eine Linie als sehr eng gepackte aneinandergereihte Punkte vorzustellen. Letztlich reproduzieren wir damit einen Atomismus, demzufolge alles Materielle aus kleinsten Teilchen zusammengesetzt ist. Dass dieses naturwissenschaftliche Konzept nicht ohne Weiteres auf geometrische Objekte übertragen werden kann, war vermutlich schon Euklid bewusst. Wenigstens fasste er Linien als „breitenlose Längen“ auf.

In der Vorstellungsübung werden zwei verschieden große Kreise konzentrisch ineinandergelegt. Durch Strahlen, die vom Kreismittelpunkt ausgehen, werden die unendlich vielen Punkte der beiden Kreisperipherien einander bijektiv zugeordnet. Durch den Kontext von Zifferblättern und einem Uhrzeiger wird die Plausibilität dieser Zuordnung unterstützt: Jeder Zeitmarke innen entspricht genau eine Zeitmarke außen. Damit scheint es auf den beiden Umfangslinien „gleich viele“ Punkte zu geben, und dies, obwohl sie unterschiedlich lang sind. Damit geht es in dieser Vorstellungsübung – wie schon in P1 – um das Aktuell-Unendliche. Während es dort um das „Rechnen mit unendlichen Mengen“ ging, wird hier die „Größe unendlicher Mengen“ thematisiert.

- Stellen Sie sich vor, dass vor Ihnen zwei Zifferblätter von Uhren liegen. Die beiden sind kreisförmig, aber verschieden groß. …

- Legen Sie die beiden Zifferblätter so aufeinander, dass die Mittelpunkte der entsprechenden Randkreise genau übereinanderliegen. …

- Richten Sie nun Ihren Blick auf den gemeinsamen Mittelpunkt der beiden Zifferblätter. Befestigen Sie an diesem Punkt einen sehr langen und ganz dünnen Zeiger, der über das größere Zifferblatt hinausgeht. Dabei schneidet er zuerst den Rand des inneren Zifferblattes und dann den Rand des zweiten, äußeren Zifferblattes. … Genauer: Der Zeiger schneidet den inneren

Kreis in einem Punkt, und auch der äußere Kreis wird von ihm in exakt einem Punkt geschnitten. …

- Drehen Sie den Uhrzeiger ein Stückchen vorwärts. … Wie weit Sie Ihren Zeiger auch gedreht haben, wird durch ihn ein Randpunkt des inneren Zifferblattes mit genau einem Randpunkt des äußeren Zifferblattes in Zusammenhang gebracht.
- Also entspricht jedem Punkt des inneren Kreises genau ein Punkt des äußeren Kreises, und umgekehrt entspricht jedem Punkt des äußeren Kreises genau ein Punkt des inneren Kreises. …
- Sind die entsprechenden Kreislinien deshalb auch gleich lang?
- Was haben Sie sich im Laufe der Vorstellungsübung vorgestellt?

Hinweise

Die mathematische Frage am Ende der Vorstellungsübung macht den Widerspruch unausweichlich: Die Aussage, dass die Punkte zweier geometrischer Objekte einander bijektiv zugeordnet werden können, impliziert im Fall unendlicher Punktmengen gerade nicht, dass die beiden Objekte auch gleich lang sein müssen. Während es bei der geometrischen Länge einer Menge um ihr *Maß* geht, geht es bei der Anzahl Elemente einer Menge um ihre *Mächtigkeit* – zwei sehr unterschiedliche Konzepte, um die „Größe" einer Menge zu erfassen.

Mit dem Begriff der Mächtigkeit wird der Begriff der Anzahl von Elementen auf unendliche Mengen verallgemeinert: Sobald zwei endliche Mengen gleich viele Elemente haben (zum Beispiel siebzehn), sind sie *gleichmächtig*. Unendliche Mengen lassen sich nicht mehr mittels Auszählen miteinander vergleichen. Um die Gleichmächtigkeit zweier unendlicher Mengen nachzuweisen, bildet man deshalb Paare von Elementen aus den beiden Mengen: Da jedem Punkt der inneren Kreislinie vermöge eines Strahls genau ein Punkt der äußeren Kreislinie entspricht, sind die beiden Kreislinien gleichmächtig, trotz ihrer unterschiedlichen Länge. Durch das Konzept der Mächtigkeit löst sich der Widerspruch auf, der in der Aussage „Verschieden lange Linien enthalten gleich viele Punkte" zu stecken scheint.

Mathematische Anschlussfragen

Da die Richtigkeit dieser Überlegung nicht vom jeweiligen Kreisradius abhängt, sind alle konzentrischen Kreislinien gleichmächtig, ganz unabhängig von ihrer Länge. Entsprechend ist jede geometrische Linie gleichmächtig zu einem beliebigen ihrer Abschnitte, und sei er noch so kurz. Unendliche Mengen zeichnen sich dadurch aus, dass sie (mindestens) eine echte Teilmenge besitzen, die gleichmächtig zur ganzen Menge ist.[14]

Ähnlich paradox stellt sich die Sache dar, wenn auf einer Achse ein großes und ein kleines Rad sitzen. Wird das große Rad ein Mal auf einer Strecke abgerollt, dreht sich das kleine Rad auch genau ein Mal. Hat es deswegen auch die gleich lange Strecke überrollt? – Nein, natürlich nicht, denn das kleine Rad rollt nicht nur, es rutscht zugleich auch. Auf jedem noch so kleinen Abschnitt der Strecke befinden sich Punkte, in denen das kleine Rad sowohl rollt als auch rutscht.[15]

Mengen können also aus mengentheoretischer Sicht ununterscheidbar sein, auch wenn sie sich geometrisch unterscheiden. Dies gilt nicht nur hinsichtlich der Länge, sondern auch hinsichtlich der geometrischen Dimension. So lassen sich die Punkte einer Strecke den Punkten eines Quadrats bijektiv zuordnen. Folglich sind selbst Quadrate (und Würfel) nicht mächtiger als Strecken, ungeachtet der unterschiedlichen Dimensionen der beiden Mengen.[16]

(P5) Universum in eine Hohlkugelwelt transformieren

Klassenstufe: 11–12 / •••

Fachliche Pointe: Es könnte sein, dass das Universum so beschaffen ist, dass sich die Länge eines Gegenstandes aufgrund seiner Bewegung verändert.

Voraussetzungen:
- Innenfläche und Innenraum einer großen Hohlkugel
- Die Reihe $\frac{1}{2} + \frac{1}{4} + \frac{1}{8} + \ldots$ konvergiert gegen 1

Physikalische Gegenstände behalten ihre Länge, wenn sie transportiert werden und ihren Ort ändern – wenigstens scheint dies eine allgemein akzeptierte Tatsache zu sein. Dass es sich damit auch ganz anders verhalten könnte, zeigt diese Vorstellungsübung. Wie schon in Vorstellungsübung P2 wird auch hier in einem Gedankenexperiment das herkömmliche Bild hinterfragt, das wir uns von der Welt um uns herum machen.

Die Vorstellungsübung beschreibt ein Universum, das auf der Innenseite einer großen, aber endlichen Kugel angesiedelt ist. Die gewohnte Erdoberfläche wird gegen die Innenseite einer Kugel ausgetauscht, und im Innern dieser Hohlkugel befinden sich sogar die Planeten und Sterne. Um ein solches Universum widerspruchsfrei zu denken, müssen in ihr andere physikalische Gesetze gelten. So verkürzen sich Längen, je mehr sich ein Gegenstand dem Mittelpunkt dieses Universums – dem Mittelpunkt der umgebenden Kugel – nähert. Gleichzeitig verringert sich die Geschwindigkeit, wenn sich ein Gegenstand – oder insbesondere Licht! – auf den Mittelpunkt zubewegt. Bewohnern eines solchen Universums erscheinen die Längen und Geschwindigkeiten von sich bewegenden Objekten konstant, für außenstehende Beobachter schrumpfen sie und werden langsamer. Wie kann dieser Widerspruch aufgelöst werden?

- Stellen Sie sich eine hohle Kugel von, sagen wir, mehreren Kilometern Durchmesser vor. … Stellen Sie sich vor, Sie leben zusammen mit den anderen Erdbewohnern auf der Innenseite dieser Kugel, quasi in der Wölbung der Kugel drin. …

- Diese Hohlkugelwelt ist ganz eigenartig beschaffen: Sobald Sie von der Innenseite der Kugel abheben, werden Sie kleiner! …

- Überhaupt schrumpfen alle Gegenstände, die sich in Richtung des Mittelpunkts der Hohlkugel bewegen, und zwar halbiert sich ihre Größe, sobald sie auf die halbe Distanz an den Mittelpunkt herangerückt sind. Nähern sich die Gegenstände dem Mittelpunkt noch mehr, schrumpfen sie auch noch mehr – bei jeder weiteren Halbierung der noch verbleibenden

Distanz halbiert sich auch ihre Größe. ... Dank dieser Eigenschaft können auch Sonne, Mond und alle Sterne bequem in der Hohlkugelwelt untergebracht werden.

- Stellen Sie sich nun zusätzlich vor, dass bei der Bewegung in Richtung Mittelpunkt auch noch die Geschwindigkeit abnimmt, und zwar halbiert auch sie sich, sobald Sie auf halbe Distanz an den Mittelpunkt herangerückt sind. ...

- Für Sie als Bewohner der Hohlkugelwelt ist Ihr Universum unendlich groß: Wie weit Sie auch in Richtung des Mittelpunkts fliegen, Sie können immer weiter und weiter reisen, ohne je an den Ausgangspunkt Ihrer Reise zurückzukehren. ...

- Schieben wir die Frage nach der Realisierbarkeit der Hohlkugelwelt beiseite und konzentrieren uns vielmehr auf die Frage der Endlichkeit bzw. Unendlichkeit Ihres Universums. Eines Tages geraten sich eine Bewohnerin und ein Bewohner der Hohlkugel in die Haare, denn:

- Die Bewohnerin sieht ihre Welt als eine unendliche Welt, in der sie und alle Dinge, die sich bewegen, ihre Größe beibehalten. ... Der Bewohner hingegen sieht seine Welt als eine endliche Welt, in der die Dinge ihre Größe verändern, wenn sie sich bewegen. ...

- Welche Argumente würden Sie vorbringen, um den Streit der beiden Personen zu schlichten?

- Was haben Sie sich im Laufe der Vorstellungsübung vorgestellt?

Hinweise

Die für die Hohlkugelwelt entscheidende Festlegung, die Länge und Geschwindigkeit eines Körpers zu reduzieren, wenn er sich einem festen Punkt nähert, fußt auf der geometrischen Reihe $\sum_{n=1}^{\infty} \frac{1}{2^n}$. Von der Summierung – gewissermaßen von „innen" – her gedacht lässt sich ein Vorgang wie $\frac{1}{2} + \frac{1}{4} + \frac{1}{8} + \ldots$ unbegrenzt oft weiterführen, ohne in endlicher Zeit an das Ende zu kommen. Nimmt man den „Außenblick" ein und fasst das Ganze – hier also 1 – ins Auge, wird erkennbar, dass der Vorgang nicht über diesen endlichen Wert hinauskommt, selbst wenn er unbegrenzt oft durchgeführt wird. Je länger der Vorgang dauert, desto genauer wird der Wert 1 angenähert (siehe auch Vorstellungsübung B2).

Analog zur teilweisen Berechtigung der beiden Blickwinkel im Fall der geometrischen Reihe haben auch beide streitende Bewohner einige mathematische Argumente auf ihrer Seite, sowohl die Verfechterin einer unendlichen wie auch der Verfechter einer endlichen Welt. Aus mathematischer Sicht sind letztlich beide Weltmodelle denkbar.[17]

Physikalisch gesehen bricht die Hohlkugelwelt zwar mit dem Prinzip, die Naturgesetze seien überall im Universum die gleichen. Dies ist logisch gesehen jedoch nicht problematisch, handelt es sich bei diesem Prinzip doch bloß um eine (nützliche) Annahme. Bis heute scheint die Hohlwelttheorie keine in der klassischen Kosmologie gültigen Gesetzmäßigkeiten zu verletzen. Mit anderen Worten sind auch aus physikalischer Sicht beide geometrischen Modelle des Universums denkbar.[18]

Damit ist auch diese Vorstellungsübung nur scheinbar widersprüchlich. Das herkömmliche Modell liegt uns aufgrund der Tendenz, uns selbst als den Nabel der Welt anzusehen und einfache Lösungen zu bevorzugen, einfach näher. Wissenschaftshistorisch erschwerte jedoch diese Tendenz immer wieder die Erweiterung tradierter Weltbilder. Wissenschaftler müssen darauf gefasst sein, Sachverhalten zu begegnen, für die mehrere gleichwertige (geometrische) Modelle denkbar sind, ohne grundsätzlich entscheiden zu können, welches der (physikalischen) Wirklichkeit entspricht. Es gibt wissenschaftliche Erkenntnisse, die eher auf Konventionen beruhen, als dass sie die Natur der Sache wiedergeben.

Mathematische Anschlussfragen

Hinter dem präsentierten kosmologischen Modell steckt geometrisch gesehen eine *Inversion an der Kugel*. Diese Transformation von Punkten P kann auf zwei Arten beschrieben werden:

- Der Punkt P wird durch eine Gerade mit dem Mittelpunkt M der Kugel verbunden. Bezeichnet r den Abstand von P zu M und beträgt der Radius der Kugel 1, so liegt der Bildpunkt P' auf dem Abschnitt zwischen P und M und weist zu M den Abstand $r' = \frac{1}{r}$ auf.
- Konstruktiv bedeutet dies Folgendes: Durch den Mittelpunkt M der Kugel wird eine Ebene gelegt, die durch P führt. Spielt diese Ebene die Rolle der Äquatorebene, werden zwei Punkte der Kugel ausgezeichnet, ihr Nordpol N und ihr Südpol S. Ferner wird durch P eine Gerade gelegt, die durch den Nordpol N führt. Der Punkt K, in dem diese Gerade die Kugeloberfläche schneidet, dient nun als Stützpunkt für eine zweite Gerade, die durch den Südpol S führt. Der Schnittpunkt dieser zweiten Geraden mit der Äquatorebene ist dann der gesuchte Punkt P'.[19]

Durch die Inversion an der Kugel wird nicht nur die Oberfläche der Kugel auf ihre Innenfläche abgebildet, sondern überhaupt der ganze Außenraum auf den Innenraum der Kugel (und umgekehrt). Damit können Fragen wie folgende diskutiert werden: Was entsteht bei dieser Transformation aus Geraden oder Ebenen, was aus Kreisen oder Kugeln? Wie breitet sich Licht in der Hohlwelt aus, auf welchen Bahnen laufen geozentrische Satelliten?[20]

In einer anderen Version der Hohlkugelwelt leben die Erdbewohner nicht auf der Innenseite einer Hohlkugel, sondern wie gewohnt auf einer kleinen Kugel. Nur befindet sich diese Erdkugel im Innern einer viel größeren Kugel, deren Innenseite quasi den Horizont des Universums darstellt, der nie erreicht werden kann. Dazu halbiert sich in diesem Modell die Länge und Geschwindigkeit eines Gegenstands, wenn er sich auf die halbe verbleibende Distanz zum Horizont hin bewegt. Auch hier ist die verursachende Kraft für die Bewohner der Hohlkugelwelt weder erfahrbar noch nachweisbar, da sie und mögliche Messgeräte bei jeder Bewegung gleichermaßen schrumpfen.[21]

Dieses Modell entspricht der Projektion des dreidimensionalen hyperbolischen Raums auf eine Vollkugel. (Für eine Abbildung, welche die analoge Projektion der hyperbolischen Ebene auf die Poincaré-Scheibe zeigt, siehe Abb. 13 in Kap. 5.)

Anmerkungen

[1] An dieser Stelle geht es nur um abzählbar, nicht um überabzählbar unendliche Mengen.

[2] Die BBC hat rund um das Thema des Aktuell-Unendlichen den Kurzfilm „Hotel Hilbert" (1996) produziert, der am *International Congress of Mathematicians* (Berlin 1998) gezeigt wurde.

[3] Cantor wies mit seinem *ersten Diagonalverfahren* nach, dass die Menge der rationalen Zahlen bijektiv der Menge der natürlichen Zahlen zugeordnet werden kann und damit abzählbar unendlich ist. Für eine Einführung siehe Kranzer (1989, S. 185), Courant/Robbins (1962, S. 63 f.) oder Casiro, Francis (2005): Das Hotel Hilbert. In: *Spektrum der Wissenschaft Spezial: Unendlich (plus 1)*, H. 2, S. 76–80.

[4] Für Cantors Beweis der Überabzählbarkeit der reellen Zahlen siehe Kranzer (1989, S. 185 f.) oder Courant/Robbins (1962, S. 65 f.), für eine entsprechende mathematische Erzählung siehe Wille (1984, S. 37 ff.).

[5] Für eine Einführung in Russells Paradoxon siehe Kranzer (1989, S. 188), für eine entsprechende mathematische Erzählung siehe Wille (1984, S. 48 f.).

[6] Eine *3-Sphäre* S^3 ist die Oberfläche einer vierdimensionalen Vollkugel. Sie kann beschrieben werden als die Menge aller reellen Punkte (x_1, x_2, x_3, x_4), welche die Eigenschaft $x_1^2 + x_2^2 + x_3^2 + x_4^2 = R^2$ erfüllen (R steht für den „Radius" der 3-Sphäre). Entsprechend bezeichnen S^1 eine Kreisperipherie und S^2 eine Kugeloberfläche.

[7] Zur Topologie der 3-Sphäre siehe Weeks (1985, S. 201–214), zum Volumen und zur Oberfläche der 3-Sphäre Coxeter (1973, S. 125 f.).

[8] Siehe Weeks (1985, S. 276). Für weitere Visualisierungen der 3-Sphäre, insbesondere ihre Zusammensetzung aus disjunkten Kreisen (sog. *Hopf-Faserung*) siehe den Film von Ghys, Étienne: *Dimensions – Fibration*, Kap. 7 (*http://www.dimensions-math.org/Dim_reg_DE.htm*).

[9] Die Frage nach der Topologie unseres Universums lässt sich auch nicht durch die Klärung der lokalen Gekrümmtheit entscheiden. So gibt es nicht nur dreidimensionale Räume, die ungekrümmt und dennoch geschlossen sind, sondern es existieren auch Räume, die gleichzeitig gekrümmt und offen sind. (Weeks 1985, S. 277 f.)

[10] Zu den Grenzen der Erkenntnis beim Aufstellen geometrischer Weltmodelle siehe Aigner (2000, S. 229–236), zur Kosmologie siehe Luminet, Jean-Pierre/Starkman, Glenn/Weeks, Jeffrey (1999): Ist der Raum endlich? In: *Spektrum der Wissenschaft*, H. 7, S. 50–57.

[11] Nach Gardner, Martin (1979): *Mathematischer Zirkus*. Berlin: Ullstein Verlag, S. 221–222.

[12] Für eine andere Erklärung dieses Paradoxons siehe Menninger (1958, S. 165), für Anschlussfragen, die auf Rollkurven führen, siehe Steinhaus (1959, S. 152–155).

[13] Für elementargeometrische Beweise siehe Gardner (1975, S. 31–33).

[14] Für ein einfaches geometrisches Argument siehe Courant/Robbins (1962, S. 66).

[15] Für diese und weitere Anschlussfragen siehe Menninger (1958, S. 215–218).

16 Bereits Cantor gab eine Bijektion zwischen dem Einheitsintervall und dem Einheitsquadrat an, indem er das erste Diagonalverfahren auf reelle Zahlen verallgemeinerte. Nur ist diese Funktion nirgends stetig, und entsprechend schlecht lässt sich ihr Graph darstellen. Dies liegt jedoch weniger an Cantors Funktion als an einem grundsätzlichen Sachverhalt: Funktionen zwischen dem Einheitsintervall und dem Einheitsquadrat können nicht sowohl bijektiv als auch stetig sein (*Satz von Netto*). Soll eine derartige Funktion stetig sein, muss auf ihre Injektivität verzichtet werden. Ihr Graph füllt dann das Bildquadrat zwar komplett aus (die Funktion ist surjektiv), aber er berührt sich selbst oder überkreuzt sich. Beispiele für Graphen flächenfüllender, stetiger Funktionen sind die *Hilbert-* und die *Peano-Kurve*, beides Fraktale mit der Selbstähnlichkeitsdimension 2. (Kranzer 1989, S. 96–98; Peitgen/Jürgens/Saupe 1992, S. 115–120).

17 Zur Frage der Eindeutigkeit kosmologischer Modelle siehe auch Aigner (2000, S. 229–236).

18 Zur Diskussion der experimentellen Unwiderlegbarkeit der Hohlwelttheorie siehe Sexl, Roman (1983): Die Hohlwelttheorie. In: *Der mathematisch-naturwissenschaftliche Unterricht*, H. 8, S. 453–460.

19 Da die Gerade durch *P* und *N* orthogonal zur Geraden durch *K* und *S* steht, ergeben sich leicht weitere Konstruktionen für die Inversion an einer Kugel (Coxeter 1981, S. 116–123). Wird etwa die Thales-Kugel über dem Durchmesser von *P* nach *M* errichtet, ist der Mittelpunkt des Durchschnittskreises von Inversionskugel und Thales-Kugel der gesuchte Bildpunkt *P'*.

20 Die Inversion an der Kugel ist zwar winkeltreu, aber nicht geradentreu. So transformiert sie Geraden (und Kreise), die nicht durch den Ursprung führen, in Kreise. Nur Geraden (und Kreise), die durch den Ursprung gehen, werden von ihr in Geraden übergeführt. Entsprechend transformiert sie Ebenen in Ebenen oder Kugeln. (Courant/Robbins 1962, S. 113–116; Weisstein 2003, S. 1525 1527, Treitz, Norbert (2008): Das Äußerste nach innen gewendet. In: *Spektrum der Wissenschaft*, H. 2, S. 46–49)

21 Nach Courant/Robbins (1962, S. 171 f.) und Kranzer (1989, S. 89).

Einsetzbar ab Klassenstufe	Lehrplanthema	Schwierigkeitsgrad	Vorstellungsübung	Anschlussfragen tragen bis Klassenstufe	Fachliche Pointe	Typ	Siehe Seiten
8	Geometrie – Grund-konstruktionen	•	*Drachen-viereck aus Quadrat erzeugen*	–9	Drachenvierecke setzen sich aus geeignet verzogenen Quadrathälften zusammen.	Be-gründung **(B4)**	S. 183 f.
8	Geometrie – Dreieck und Sechseck	•	*Ecken eines Dreiecks abschneiden*	–10	Das fortgesetzte Abschneiden der drei Ecken eines Dreiecks erzeugt eine Folge von Sechsecken, die in ein Dreieck mündet.	Auf-bau **(A4)**	S. 84 ff.
8	Geometrie – Konstruktion ebener Figuren	•	*Pentagramm konstruieren*	–10	Das Pentagramm lässt sich aus kombinatorischen Vorgaben konstruieren.	Auf-bau **(A5)**	S. 87 ff.
8	Arithmetik/ Algebra – Zahlenfolgen	•	*Folge der Quadratzahlen-Differenzen bilden*	–11	Die Differenzen aufeinanderfolgender Quadratzahlen bilden die Folge der ungeraden Zahlen.	Pro-blem-lösen **(PL5)**	S. 148 ff.
8	Geometrie – Netze des Tetraeders	• •	*Tetraeder falten*	–10	Tetraeder lassen sich aus einem rechteckigen Blatt Papier ohne Einschnitte und ohne Überlappungen falten.	Auf-bau **(A6)**	S. 91 ff.
8	Geometrie – Kreis-konstruktionen mit Zirkel	• •	*Fläche konstanter Breite konstruieren*	–10	Nicht nur der Kreis, auch andere konvexe Flächen haben konstante Breite.	Auf-bau **(A7)**	S. 95 ff.

Einsetzbar ab Klassenstufe	Lehrplanthema	Schwierigkeitsgrad	Vorstellungsübung	Anschlussfragen tragen bis Klassenstufe	Fachliche Pointe	Typ	Siehe Seiten
8	Algebra – Binomische Formeln	• •	*Erste binomische Formel legen*	–10	Der Flächeninhalt von $a^2 + b^2$ ist kleiner als der Flächeninhalt von $(a + b)^2$.	Begründung **(B5)**	S. 185 ff.
8	Geometrie – Koordinatensysteme	• •	*Schleuderball*	–10	Ob und wie sich ein Objekt bewegt, hängt von seinem Bezugssystem ab.	Paradoxon **(P3)**	S. 226 ff.
8	Geometrie – Pflasterungen mit Quadraten	• •	*Ebene Pflasterung dualisieren*	–11	Die reguläre Pflasterung mit Quadraten ist invariant unter Dualisierung.	Aufbau **(A8)**	S. 98 ff.
8	Arithmetik/ Algebra – Zahlenfolgen	• •	*Collatz-Folge bilden*	–11	Die Collatz-Folge scheint früher oder später in einen Zyklus zu münden.	Problemlösen **(PL1)**	S. 131 ff.
8	Mengenlehre – Cantors erstes Diagonalverfahren	• •	*Gäste in einem Hotel mit unendlich vielen Zimmern unterbringen*	–12	Das „Rechnen mit Unendlich“ gehorcht anderen Gesetzen als das Rechnen mit ganzen Zahlen.	Paradoxon **(P1)**	S. 215 ff.

Einsetzbar ab Klassenstufe	Lehrplanthema	Schwierigkeitsgrad	Vorstellungsübung	Anschlussfragen tragen bis Klassenstufe	Fachliche Pointe	Typ	Siehe Seiten
8	Geometrie – Satz von Pythagoras	• • •	*Dreieck mit aufgesetzten Quadraten verziehen*	–11	Ob die Summe der Flächeninhalte der beiden Quadrate über den Schenkeln eines gleichschenkligen Dreiecks größer oder kleiner ist als der Flächeninhalt des Quadrats über der Basis, hängt vom Zwischenwinkel ab. Im rechtwinkligen Fall sind sie gleich groß.	Begründung **(B6)**	S. 189 ff.
8	Geometrie – Konstruktion des Kreises	• • •	*Leiter rutschen*	–12	Der Mittelpunkt einer an eine Wand angelehnten rutschenden Leiter bewegt sich auf einem Viertelkreis.	Problemlösen **(PL2)**	S. 136 ff.
9	Geometrie – Projektionen von Körpern	• •	*Körper projizieren und rekonstruieren*	–11	Konstruktion eines Körpers, der einen kreisförmigen, einen quadratischen und einen dreieckigen Schatten in die drei Raumrichtungen wirft.	Problemlösen **(PL6)**	S. 151 ff.
9	Geometrie – Projektionen von Körpern	• •	*Pyramide kippen*	–11	Der Grundriss des Kantenmodells einer quadratischen Pyramide kann unterschiedlich gedeutet werden.	Aufbau **(A9)**	S. 101 ff.

Einsetzbar ab Klassenstufe	Lehrplanthema	Schwierigkeitsgrad	Vorstellungsübung	Anschlussfragen tragen bis Klassenstufe	Fachliche Pointe	Typ	Siehe Seiten
9	Geometrie – Kugeln	••	*Kugeln schneiden*	–11	Der Schnittkreis zweier sich schneidender Kugeln entsteht aufgrund deren Rotation.	Begründung **(B7)**	S. 195 ff.
9	Geometrie – Länge und Mächtigkeit einer Strecke	••	*Anzahl Punkte und Längen von Kreisumfängen vergleichen*	–11	Die einzelnen Punkte zweier Kreisperipherien können einander eineindeutig zugeordnet werden, selbst wenn die Kreislinien nicht gleich lang sind.	Paradoxon **(P4)**	S. 229 ff.
9	Geometrie – Platonische Körper	••	*Ikosaeder konstruieren*	–12	Ikosaeder lassen sich aus zwei kongruenten Objekten mit je fünf Anhängseln zusammensetzen.	Aufbau **(A1)**	S. 70 ff.
9	Geometrie – Platonische Körper	••	*Dodekaeder konstruieren*	–12	Dodekaeder lassen sich aus zwei kongruenten Objekten mit je fünf Anhängseln zusammensetzen.	Aufbau **(A10)**	S. 104 ff.
9	Geometrie – Rotationskörper	••	*Körper konstanter Breite konstruieren*	–12	Nicht nur die Kugel, auch andere konvexe Körper haben konstante Breite.	Aufbau **(A11)**	S. 108 ff.
9	Geometrie – Würfel mit Löchern	•••	*Würfel durchbohren*	–11	Drei Tunnel mit quadratischem Querschnitt, die einander paarweise senkrecht kreuzen, schneiden sich in einem Würfel.	Problemlösen **(PL7)**	S. 156 ff.

Einsetzbar ab Klassenstufe	Lehrplanthema	Schwierigkeitsgrad	Vorstellungsübung	Anschlussfragen tragen bis Klassenstufe	Fachliche Pointe	Typ	Siehe Seiten
9	Geometrie – Würfelschnitte	• • •	*Würfel schneiden*	–12	Würfelschnitte senkrecht zur Raumdiagonalen sind reguläre Drei- oder Sechsecke.	Aufbau **(A2)**	S. 76 ff.
10	Geometrie – Geraden, Hyperbeln und Ellipsen	• •	*Gerade krümmen*	–11	Die Gerade als Ortskurve aller Punkte, die gleichabständig zu zwei festen Punkten liegen, wird zur Hyperbel, wenn einer der festen Punkte zu einem kleinen Kreis wächst.	Problemlösen **(PL8)**	S. 160 ff.
10	Analysis – Folgen und Reihen	• • •	*Geometrische Reihe berechnen*	–12	Der Grenzwert der geometrischen Reihe $\frac{1}{3} + \frac{1}{9} + \frac{1}{27} + \ldots$ ist gleich $\frac{1}{2}$.	Begründung **(B2)**	S. 176 ff.
10	Geometrie – Dreidimensionaler euklidischer Raum und Oberfläche einer vierdimensionalen Kugel	• • •	*Ins Weltall ausfliegen*	–12	Es könnte sein, dass das Universum nicht offen und unendlich, sondern geschlossen und endlich ist.	Paradoxon **(P2)**	S. 220 ff.
11	Analysis – Stetigkeit	• •	*Quadrat umbeschreiben*	–12	Jeder ebenen, geschlossenen, hinreichend „braven“ Kurve kann ein Quadrat umbeschrieben werden.	Begründung **(B10)**	S. 203 ff.

Einsetzbar ab Klassenstufe	Lehrplanthema	Schwierigkeitsgrad	Vorstellungsübung	Anschlussfragen tragen bis Klassenstufe	Fachliche Pointe	Typ	Siehe Seiten
11	Sphärische Geometrie	• •	*Gewölbtes Dreieck begehen, mit Drehung in den Ecken*	–12	Auf der Kugel gibt es Dreiecke mit einer Innenwinkelsumme von 270°.	Begründung **(B8)**	S. 199 f.
11	Sphärische Geometrie	• •	*Gewölbtes Dreieck begehen, ohne Drehung in den Ecken*	–12	Wird ein Vektor auf einer Kugel längs einer geschlossenen Kurve parallelverschoben, verdreht er sich wegen der Krümmung der Kugeloberfläche.	Begründung **(B9)**	S. 201 f.
11	Sphärische Geometrie	• • •	*Direktesten Weg auf der Kugel finden*	–12	Je schwächer gekrümmt eine Verbindungsstrecke auf der Kugeloberfläche ist, desto kürzer ist sie.	Begründung **(B11)**	S. 206 ff.
11	Analysis – Folgen und Reihen	• • •	*Cantor-Menge konstruieren*	–12	Gewisse geometrische Objekte sind ein Zwischending zwischen einem Punkt und einer Strecke.	Aufbau **(A12)**	S. 111 ff.
11	Geometrie – Geometrie höherdimensionaler Objekte	• • •	*Vierdimensionalen Hyperwürfel konstruieren*	–12	Infolge einer geeigneten Verschiebung eines Würfels entsteht ein vierdimensionaler Hyperwürfel.	Aufbau **(A13)**	S. 115 ff.

Einsetzbar ab Klassenstufe	Lehrplanthema	Schwierigkeitsgrad	Vorstellungsübung	Anschlussfragen tragen bis Klassenstufe	Fachliche Pointe	Typ	Siehe Seiten
11	Geometrie – Inversion an der Kugel	• • •	*Universum in eine Hohl-kugelwelt transformieren*	–12	Es könnte sein, dass das Universum so beschaffen ist, dass sich die Länge eines Gegenstandes aufgrund seiner Bewegung verändert.	Para-doxon **(P5)**	S. 232 ff.

Anhang 2: Quellenverzeichnis

Literatur

Nachfolgend werden bloß solche Titel genannt, auf die im Buch mehrfach verwiesen wird. Einfachverweise sind nicht hier, sondern nur am Ort ihrer Nennung aufgeführt. Die hier aufgeführten Internetadressen wurden Ende Dezember 2009 verifiziert wie auch alle in den Kapiteln genannten Internetadressen.

Adam, Paul / Wyss, Arnold (1984): *Platonische und Archimedische Körper, ihre Sternformen und polaren Gebilde*. Bern: Verlag Paul Haupt / Stuttgart: Verlag Freies Geistesleben.

Aigner, Martin / Behrends, Ehrhard (2000): *Alles Mathematik*. Braunschweig: Vieweg Verlag.

Arnold, Vladimir Igor'evič (1988): Riemannsche Krümmung. In: *Mathematische Methoden der klassischen Mechanik*. Basel / Boston / Berlin: Birkhäuser Verlag, S. 305–321.

Banchoff, Thomas (1991): *Dimensionen – Figuren und Körper in geometrischen Räumen*. Heidelberg / Berlin / New York: Spektrum Akademischer Verlag.

Baptist, Peter (1997): *Pythagoras und kein Ende?* Leipzig: Klett Verlag.

von Baravalle, Hermann (1963): *Geometrie als Sprache der Formen*. Stuttgart: Verlag Freies Geistesleben.

Bender, Peter (1978): Umwelterschließung im Geometrieunterricht durch operative Begriffsbildung. In: *Der Mathematikunterricht*, H. 5, S. 25–87.

Böhm, Johannes / Quaisser, Erhard (1991): *Schönheit und Harmonie geometrischer Formen*. Berlin: Akademie Verlag.

Bolt, Brian (1995): *Was hat der Bagger mit Mathematik zu tun?* Stuttgart: Ernst Klett Verlag.

Courant, Richard / Robbins, Herbert (1962): *Was ist Mathematik?* Berlin / Göttingen / Heidelberg: Springer Verlag.

Coxeter, Harold S. M. (1963): *Unvergängliche Geometrie*. Basel / Boston / Stuttgart: Birkhäuser Verlag.

Coxeter, Harold S. M. (1973): *Regular Polytopes*. New York: Dover Publications.

Cromwell, Peter (1997). *Polyhedra*. Cambridge University Press.

Eschenburg, Jost-Hinrich (1998): Professorenmathematik für Mathematikprofessoren? In: *Mathematik lehren*, H. 86, S. 51–54.

Euklid (1973): *Die Elemente*. Darmstadt: Wissenschaftliche Buchgesellschaft.

Eves, Howard W. (1969): *In Mathematical Circles*. Boston: Prindle, Weber and Schmidt.

Fraedrich, Anna Maria (1995): *Die Satzgruppe des Pythagoras*. Mannheim: BI-Wissenschaftsverlag.

Freudenthal, Hans (1978): *Vorrede zu einer Wissenschaft vom Mathematikunterricht*. München / Wien: Oldenbourg Verlag.

Führer, Lutz (1997): *Pädagogik des Mathematikunterrichts*. Braunschweig: Vieweg Verlag.

Führer, Lutz (2006): Heuristik und Geschichte der elementaren Volumenberechnung. In: *Mathematica Didactica*, H. 29, S. 69–101.

Gallin, Peter (2008): Den Unterricht dialogisch gestalten. In: Winter, Felix / Keller, Stefan / Ruf, Urs: *Besser Lernen im Dialog*. Seelze: Kallmeyer und Klett Verlag, S. 96–108.

Galton, Francis (1883): *Inquiries into Human Faculty and its Development*. London: Macmillan. (Faksimile erhältlich unter *http://galton.org/books/human-faculty/*)

Gardner, Martin (1968): *Mathematische Rätsel und Probleme*. Braunschweig: Friedrich Vieweg und Sohn.

Gardner, Martin (1975): *Mathematischer Karneval*. Berlin / Frankfurt / Wien: Ullstein Verlag.

Glaeser, Georg / Polthier, Konrad (2009): *Bilder der Mathematik*. Heidelberg / Berlin / New York: Spektrum Akademischer Verlag.

Guderian, Dietmar (1990): *Mathematik in der Kunst der letzten dreißig Jahre*. Ebringen: Bannstein Verlag.

Hefendehl-Hebeker, Lisa (2000): Struktur und Genese mathematischen Wissens als Leitlinie für den Unterricht. In: *Österreichische Mathematische Gesellschaft* (Hrsg.): *Didaktik-Reihe*, H. 31, S. 5–27 (erhältlich unter *http://www.oemg.ac.at/DK/Didaktikhefte/1999%20Band%2031%20Graz/Hefendehl-Hebeker1999.pdf*).

Hilbert, David / Cohn-Vossen, Stephan (1932): *Anschauliche Geometrie*. Berlin / Heidelberg / New York: Springer Verlag.

Jaglom, Isaak Moisevič / Boltjanskij, Vladimir Grigor'evič (1956): *Konvexe Figuren*. Berlin: VEB Verlag der Wissenschaften.

Kranzer, Walter (1989): *So interessant ist Mathematik*. Köln: Aulis Verlag Deubner.

Krüger, Katja (2000): *Erziehung zum funktionalen Denken*. Berlin: Logos Verlag.

Lakatos, Imre (1979): *Beweise und Widerlegungen: die Logik mathematischer Entdeckungen*. Braunschweig: Friedrich Vieweg und Sohn.

Lorenz, Jens Holger (1992): *Anschauung und Veranschaulichungsmittel im Mathematikunterricht – Mentales visuelles Operieren und Rechenleistung*. Göttingen: Hogrefe Verlag.

Menninger, Karl (1958): *Mathematik in deiner Welt*. Göttingen: Vandenhoeck & Ruprecht.

Metzger, Wolfgang (1986): *Gestaltpsychologie*. Frankfurt a. M.: Verlag Waldemar Kramer.

Nelsen, Roger B. (1993): *Proofs Without Words – Exercises in Visual Thinking*. Washington: The Mathematical Association of America.

Nelsen, Roger B. (2000): *Proofs Without Words II – More Exercises in Visual Thinking*. Washington: The Mathematical Association of America.

Oser, Fritz (2005): *Lernen ist schmerzhaft – zur Theorie des Negativen Wissens und zur Praxis der Fehlerkultur*. Weinheim / Basel: Beltz Verlag.

Peitgen, Heinz-Otto / Jürgens, Hartmut / Saupe, Dietmar (1992): *Bausteine des Chaos: Fraktale*. Berlin: Springer Verlag / Stuttgart: Klett-Cotta.

Peters, Wilhelm (1985): Visualisierung zum Winkelsatz. In: Kautschitsch, Hermann / Metzler, Wolfgang (Hrsg.): *Anschauung und mathematische Modelle*. Schriftenreihe zur Didaktik der Mathematik, Bd. 13, Wien: Verlag Hölder-Pichler-Tempsky, S. 163–172.

Petit, Jean-Pierre (1984): *Das Geometrikon*. Weinheim: Physik Verlag. (frei erhältlich unter *http://www.savoir-sans-frontieres.com/download/ger/geometricon.htm*)

Petit, Jean-Pierre (1987): *Das Topologikon*. Weinheim: Physik Verlag. (frei erhältlich unter *http://www.savoir-sans-frontieres.com/download/ger/topologicon.htm*)

Pólya, Georg (1966/1967): *Vom Lösen mathematischer Aufgaben*, Bd. 1 und 2. Basel / Stuttgart: Birkhäuser Verlag.

Rademacher, Hans / Toeplitz, Otto (1930): *Von Zahlen und Figuren*. Berlin: Springer Verlag.

Ruf, Urs (2008): Das Dialogische Lernmodell. In: Winter, Felix / Keller, Stefan / Ruf, Urs: *Besser Lernen im Dialog*. Seelze: Kallmeyer und Klett Verlag, S. 13–23.

Ruf, Urs / Gallin, Peter (1998): *Dialogisches Lernen in Sprache und Mathematik*, Bd. 1 und 2. Seelze: Kallmeyersche Verlagsbuchhandlung.

Schuberth, Ernst (1984): Aus dem Alltag einer Waldorfschule – Die Winkelsumme der regelmäßigen Vielecke. In: *Westermanns Pädagogische Beiträge*, H. 3, S. 118–121.

Schupp, Hans / Dabrock, Heinz (1995): *Höhere Kurven – Situative, mathematische, historische und didaktische Aspekte*. Mannheim: BI-Wissenschaftsverlag.

Steinhaus, Hugo (1959): *Kaleidoskop der Mathematik*. Berlin: VEB Deutscher Verlag der Wissenschaften.

Stevens, Peter S. (1983): *Formen in der Natur*. München: Oldenbourg Verlag.

Thom, René (1973): Moderne Mathematik – gibt es das? In: *Didaktik der Mathematik*, H. 4, S. 251–263.

Trudeau, Richard (1998): *Die geometrische Revolution*. Basel / Boston / Berlin: Birkhäuser Verlag.

Wagenschein, Martin (1970): *Ursprüngliches Verstehen und exaktes Denken*, Bd. 1 und 2. Stuttgart: Klett Verlag.

Wagenschein, Martin (1988): *Naturphänomene sehen und verstehen*. Stuttgart: Klett Verlag, 2. Auflage.

Weber, Christof (2007): *Mathematische Vorstellungen bilden – Praxis und Theorie von Vorstellungsübungen im Mathematikunterricht der Sekundarstufe II*. Bern: h.e.p. Verlag.

Weber, Christof (2008): »Umfallen und Wegrutschen ist gleich« – mit mathematischen Vorstellungsübungen in den Dialog gehen. In: Winter, Felix / Keller, Stefan / Ruf, Urs: *Besser Lernen im Dialog*. Seelze: Kallmeyer und Klett Verlag, S. 142–161.

Weber, Christof (2009): Mathematische Vorstellungsübungen für die Oberstufe – Vom Aufbau individueller Vorstellungen zur Bildung gemeinschaftlichen Wissens. In: Leuders, Timo / Hefendehl-Hebeker, Lisa / Weigand, Hans-Georg (Hrsg.): *Mathemagische Momente*. Berlin: Cornelsen, S. 208–221.

Weeks, Jeffrey R. (1985): *The Shape of Space*. New York / Basel: Marcel Dekker Inc.

Weigand, Hans-Georg (2009): *Didaktik der Geometrie für die Sekundarstufe I*. Heidelberg / Berlin / New York: Spektrum Akademischer Verlag.

Weisstein, Eric (2003): *The CRC concise encyclopedia of mathematics*. Boca Raton: Chapman & Hall / CRC, 2. Auflage. (Für die aktualisierten Einträge siehe *MathWorld – A Wolfram Web Resource, http://mathworld.wolfram.com/*)

Wertheimer, Max (1957): *Produktives Denken*. Frankfurt a. M.: Waldemar Kramer Verlag.

Wille, Friedrich (1984): *Eine mathematische Reise*. Göttingen: Vandenhoeck und Ruprecht.

Winter, Heinrich (1991): *Entdeckendes Lernen im Mathematikunterricht – Einblicke in die Ideengeschichte und ihre Bedeutung für die Pädagogik*. Braunschweig: Vieweg Verlag.

Wittenberg, Alexander Israel (1963): *Bildung und Mathematik – Mathematik als exemplarisches Schulfach*. Stuttgart: Klett Schulbuchverlag.

Wittmann, Erich Christian (1985): Objekte – Operationen – Wirkungen: Das operative Prinzip in der Mathematikdidaktik. In: *Mathematik lehren*, H. 11, S. 7–11.

Wittmann, Erich Christian (1987): *Elementargeometrie und Wirklichkeit*. Braunschweig: Vieweg Verlag.

Zeitler, Herbert (1981): Über Gleichdicks – Anregungen und Erfahrungen zum Geometrieunterricht in der SI. In: *Didaktik der Mathematik*, H. 4, S. 250–275.

Zeitler, Herbert / Pagon, Dušan (2000): *Fraktale Geometrie – eine Einführung*. Braunschweig: Vieweg Verlag.

Abbildungen

Die Abbildungen stammen, soweit nicht anders angegeben, vom Autor.

Umschlag
Titel: Schülerarbeiten

Einleitung
S. 7: Foto: André Studer

Kapitel 1
S. 18: Abb. 1: Galton, Francis (1883): *Inquiries into Human Faculty and its Development*. London: Macmillan. Scannutzung mit freundlicher Genehmigung durch *www.galton.org*

Kapitel 2
S. 31: Abb. 2: Schülerarbeiten
S. 33: Abb. 4: Schülerarbeit
S. 34: Abb. 5: Schülerarbeit
S. 35: Abb. 6: Schülerarbeit
S. 38: Abb. 7: Schülerarbeit
S. 39: Abb. 8: Schülerarbeit

Kapitel 6
S. 155: Abb. 5: Markus Raetz, Hasenspiegel © VG Bild-Kunst, Bonn 2010. Foto: Peter Lauri
S. 158: Abb. 6: Ewerdt Hilgemann, Kubusstruktur Nr. 140–143 © Courtesy Art Affairs, Amsterdam. Foto: Studio Brandwijk, Badehoevedorp

Kapitel 7
S. 197: Abb. 7: © John M. Sullivan, Technische Universität Berlin (*http://torus.math.uiuc.edu/jms/Images/almgren/*)
S. 198: Abb. 8: © John M. Sullivan, Technische Universität Berlin (*http://torus.math.uiuc.edu/jms/Images/double/*)

Zitate

S. 14: Thom, René (1973): Moderne Mathematik – gibt es das? In: *Didaktik der Mathematik*, H. 4, S. 257
S. 59: Eves, Howard W. (1969): *In Mathematical Circles*. Boston: Prindle, Weber and Schmidt. Mit freundlicher Genehmigung der Mathematical Association of America

Anhang 3: Stichwortverzeichnis

3-Sphäre 222, 236

Abstumpfen
- Polyeder 85
- Polygon 84

Aktuell-unendlich 215
Archimedischer Körper 86, 122, 125
Arithmetische Reihe 82, 149
Astroide 140, 164
Autographensammlung 37

Barbier, Satz von 97, 109
Bild der Mathematik 23
Binomische Formel 185
Binomischer Lehrsatz 117
Blaschke-Lebesque, Satz von 97, 109
Bleecker, Satz von 123
Bretschneider, Satz von 210
Brianchon, Satz von 100

Cantor-Menge 111
Cauchy, Satz von 121
Collatz-Folge 131
Computertomograph 154

Dehn, Satz von 121
Deltoid 184
Dialogische Didaktik 20, 45
Differenzierung, natürliche 56
Dimension
- gebrochenzahlige 114, 126
- Selbstähnlichkeits- 113, 194, 237
- vierte 115

Dodekaeder 74, 86, 104
Drachenviereck, ebenes 183
Drehhyperboloid, einschaliges 80
Dreieck
- Abstumpfen 84
- ebenes 84, 90, 172, 181, 204
- Geo- 142
- harmonisches 82
- Innenwinkelsumme 172, 199
- Reuleaux- 95
- Sierpinski- 114
- sphärisches 199, 201

Dreieckszahl 82
Dualisieren
- Pflasterung 98
- Polyeder 85, 99
- Polygon 84

Dualität 98

Eidetik 45
Ellipse 136, 154, 162
Ellipsenzirkel 141
Escher-Würfel 103
Euler-Charakteristik 121
Euler-Poincarésche Formel 159, 166
Eulersche Formel
- ebenes Netz 146
- Polyeder 74, 105, 121
- Polyeder mit Löchern 159, 166
- Polytop 117

Fantasiereise 15
Fehlvorstellung 19, 25, 45
Figurierte Zahl 82
Flächenverwandlung 189
Folge
- der Quadratzahlen-Differenzen 148
- Collatz- 131

Fraktal 114, 194
Freudenthalsches Lehrbuch 17
Fulleren 86
Funktionales Denken 46, 57
Fußball 74, 86

Gaußsche Krümmung 107, 125, 211
Gaußsche Summenformel 82
Geodreieck 142
Geometrische Reihe 176, 233
Geradenbüschel 100
Gestaltgesetze 44, 78, 138
Goldener Schnitt 88, 122
Grundvorstellung 25
Gua, Satz von 210

Heuristischer Prozess 17
Hilbertsches Problem 121
Hilbert-Kurve 237
Hohlkugelwelt 232
Hopf-Faserung 236
Hyperbel 161
Hyperbolische Ebene 107, 125
Hyperbolischer Raum 235
Hyperkugel, vierdimensionale 222, 236
Hyperpyramide, vierdimensionale 119
Hyperwürfel, vierdimensionaler 116, 127

Ikosaeder 70, 86
Ikosidodekaeder 86
Innenwinkelsumme
- ebenes Dreieck 172
- ebenes Polygon 175
- sphärisches Dreieck 199, 211
Intelligenz 15
Inversion an der Kugel 234, 236
Irrationalität des Goldenen Schnitts 89

Kardioide 144
Kathetensatz 210
Kippbild 101
Konoid 154, 165
Konstante Breite
- Kugel 195
- Meissner-Körper 110
- Reuleaux-Dreieck 95
Konvexität
- Funktion 137, 163
- Körper 154, 165
Kopfgeometrie 14
Kopfrechnen 149, 187
Körper
- archimedischer 86, 122, 125
- konstanter Breite 110
- Meissner- 110
- platonischer 92, 93, 105, 121, 122, 123, 125
- Rotations- 80, 109
- Steinmetz- 165
Kosinussatz 191
Krümmung
- gaußsche 107, 125, 211
- Links- 137, 163

Kugel
- Hohl- 232
- Inversion an der Kugel 234, 236
- konstante Breite 196
- kürzeste Verbindung 206
- Oberflächenformel 83
- Schneiden 195
- vierdimensionale 222, 236

Mächtigkeit 229
Meissner-Körper 110
Metapher 52

Necker-Würfel 103
Negatives Wissen 45, 47, 186
Netto, Satz von 237
n-Zähligkeit einer Rotation 72, 121

Oktaeder 85, 93, 99, 102, 119
Operatives Prinzip 15, 25, 66
Origami-Faltung 92, 123

Parabel 83, 149
Paradoxon von Russell 219
Parallelenaxiom 124, 172, 182, 193
Parallelverschiebung 201, 211
Pascal, Satz von 100
Pascalsche Schnecke 144, 164
Pascalsches Dreieck 126
Peano-Kurve 237
Pentagramm 88, 122
Perspektivenwechsel 37
Pflasterung
- halbreguläre ebene 99, 125
- raumfüllende 93, 123
- reguläre ebene 98, 125
- reguläre hyperbolische 107, 125
Platonischer Körper 92, 93, 105, 121, 122, 123, 125
Poincaré-Scheibe 107
Pólya
- heuristische Prozesse 17
- Vermutung von 134
Polychor 126
Polyeder
- Abstumpfen 85
- Dualisieren 85, 99

- eulersche Formel 74, 105, 121
- mit Löchern 156, 166

Polygon
- Abstumpfen 84
- Dualisieren 84
- Innenwinkelsumme 172, 175
- Stern- 90
- überschlagenes 88, 122

Polytop 126, 127
- eulersche Formel 117

Projektive Geometrie 100, 124
Prozess
- heuristischer 17
- mathematischer 17

Ptolemäus, Satz von 193
Punktreihe 100
Pyramide, vierdimensionale 119
Pythagoras
- -Baum 194
- Satz von 189
- Tetraktys 82

Pythagoreer 82, 88

Quadratzahlen-Differenzen 148

Raum-Zeit 115
Reflexion 22
Reihe
- arithmetische 82, 149
- geometrische 176, 233

Reuleaux-
- -Dreieck 95
- -Tetraeder 110

Rhomboeder 93
Russell, Paradoxon von 219

Sattelfläche 107
Satz von
- Barbier 97, 109
- Blaschke-Lebesque 97, 109
- Bleecker 123
- Bretschneider 210
- Brianchon 100
- Cauchy 121
- Dehn 121
- Gua 210
- Netto 237
- Pascal 100
- Ptolemäus 193
- Pythagoras 189
- Stone-Tukey 205
- Turney 127

Schläfli-Symbol 90, 105, 119
Schlegel-Diagramm 100, 118
Schreibgespräch 36
Schülervorstellung 15, 18, 25
Sechseck, ebenes 76, 84, 99, 181
Seifenblase 195
Selbstähnlichkeit 113
Selbstähnlichkeitsdimension 113, 194, 237
Selbstdualität 86, 99
Sierpinski-
- -Dreieck 114
- -Tetraeder 114

Spindeltorus 109, 125
Starrheitssatz 121
Steinmetz-Körper 165
Sternpentagon 88
Sternpolygon
- reguläres 90
- zusammengesetztes 90

Stone-Tukey, Satz von 205

Tesserakt 116
Tetraeder 119
- Abstumpfen 85
- Falten 91
- Pflasterung 123
- rechtwinkliges 193
- Reuleaux- 110
- Sierpinski- 114

Tetraktys von Pythagoras 82
Tetra Pak 94
Thaleskreis 142
Triadische Entwicklung 112
Trizylinder 153
Turney, Satz von 127

Unendlich
- abzählbar 215
- aktuell 215
- ferne Gerade 124

– ferner Punkt 124
– überabzählbar 113, 219

Vermutung
– von Collatz 131
– von Pólya 134
Vierdimensional
– Kugel 222, 236
– Pyramide 119
– Würfel 116
Vorstellung
– Fehl- 19, 25, 45
– Grund- 25
– hinderliche 20, 44, 64
– individuelle 9, 15, 18, 25
– lebensweltliche 26
– produktive 9, 20, 64
– Schüler- 15, 18, 25
Vorstellungsbild 18, 26
Vorstellungshandlung 26
Vorstellungsschwierigkeit 43
Vorstellungsvermögen 14

Wechselwegnahme, geometrische 88
Würfel
– durchbohrter 156
– Escher- 103
– halbierter 80
– Necker- 103
– rotierter 80
– -schnitt 76
– -stapelung 93
– vierdimensionaler 116

Zahlenfolge
– der Quadratzahlen-Differenzen 148
– von Collatz 131
Zahl, figurierte 82
Zwischenwertsatz 189, 202

Anhang 4: Dank

Mein erster Dank gebührt dem Kallmeyer Verlag, namentlich Hubertus Rollfing, Sibylle Tochtermann, Gabriela Holzmann und Maik Dopheide wie auch Dorothee Landwehr. Ihr Können und ihre Geduld trugen wesentlich zum Erscheinen dieses Buchs bei.

Des Weiteren möchte ich danken ...

... allen Gymnasiastinnen und Gymnasiasten, die sich von Vorstellungsübungen ansprechen und herausfordern ließen,

... allen Studentinnen und Studenten, die mit mir über das Unterrichtsinstrument diskutierten und stritten,

... allen Kolleginnen und Kollegen, die sich dieses Buch wünschten,

... sowie folgenden Personen, die mich beraten oder unterstützt haben (in alphabetischer Reihenfolge, ohne akademische Titel):

Urs Albrecht
Peter Gallin
Christian Rüede
Ingrid Samel
Mirjam Schlesinger
Lev Tkačev
Hans Walser
Jeff Weeks
Felix Winter

... und – last but not least –

Andrea Zink.

Ohne sie wäre dieses Buch nicht geschrieben worden.